这样就能办好家庭肉羊养殖场

主　编　张　文　　王志富

副主编　陈宗刚　　张志新

编　委　黄金敏　　方松涛　　李显锋

　　　　王维礼　　王凤芝　　赵文利

　　　　吕静然　　王　祥　　郝桂艳

科学技术文献出版社

SCIENTIFIC AND TECHNICAL DOCUMENTATION PRESS

·北京·

图书在版编目（CIP）数据

这样就能办好家庭肉羊养殖场 / 张文，王志富主编. —北京：科学技术文献出版社，2015. 5

ISBN 978-7-5023-9588-9

Ⅰ. ①这… Ⅱ. ①张… ②王… Ⅲ. ①肉用羊—饲养管理 ②肉用羊—养殖场—经营管理 Ⅳ. ① S826.9

中国版本图书馆 CIP 数据核字（2014）第 271196 号

这样就能办好家庭肉羊养殖场

策划编辑：乔懿丹 责任编辑：李 洁 责任校对：赵 瑗 责任出版：张志平

出 版 者	科学技术文献出版社
地 址	北京市复兴路15号 邮编 100038
编 务 部	（010）58882938，58882087（传真）
发 行 部	（010）58882868，58882874（传真）
邮 购 部	（010）58882873
官 方 网 址	www.stdp.com.cn
发 行 者	科学技术文献出版社发行 全国各地新华书店经销
印 刷 者	北京时尚印佳彩色印刷有限公司
版 次	2015 年 5 月第 1 版 2015 年 5 月第 1 次印刷
开 本	850×1168 1/32
字 数	231千
印 张	9.5
书 号	ISBN 978-7-5023-9588-9
定 价	25.00元

前　言

　　我国是世界养羊大国,羊的饲养量、出栏率、羊肉产量居世界第一位。改革开放以来,国家相继出台的持续发展"两高一优"农业的有关政策,表明了国家利用丰富资源大力发展肉羊业的决心。相关的政策措施,为发展肉羊业创造了良好的政策环境。特别是近几年随着各项支农惠农政策的进一步落实,科技进步步伐进一步加快,肉羊生产今后仍将保持较高的增长速度。

　　羊肉细嫩、多汁、味美、营养丰富、低脂肪、低胆固醇、低饱和脂肪酸,富含蛋白质、矿物质和多种维生素,属保健型食品,符合现代人的消费需求,近几年在畜产品市场疲软,价格不振的情况下,惟独羊肉保持稳定的高价位。特别是我国加入世贸组织后,国内、国际两大消费市场潜力更大,肉羊生产的发展前景更加广阔。

　　同时,市场对肉羊生产也提出了更高的要求。首先是需求量的增加,传统的饲养方式已不适应需求量迅猛增加的需要,其次是对产品质量要求的提高,羔羊肉、肥羔肉所占市场份额逐渐增加。为了满足市场要求,必须推广应用科学养羊新技术,提高广大养羊从业者的科技水平。

　　为适应肉用羊舍饲生产的需要，我们组织了相关人员编写了本书，以求能给广大养殖户和以肉羊为主要产业的企业带来一些帮助，从而提高经济效益。在编写过程中，参考了相关资料，在此对原作者致谢。限于经验，缺点和错误之处欢迎广大读者批评指正。

编　者

目　　录

第一章　肉羊养殖概述

肉羊是随着羊肉生产的发展而形成的一个专用名词,它通常是指具独特产肉性能的羊,具有生长发育快、早熟、饲料报酬高、产肉性能好、肉质佳、繁殖率高、适应性强等特点。

我国绵羊、山羊品种资源丰富,其中有些地方绵羊、山羊品种在肉用性能上具有一定的优势,适合于舍饲。同时,我国相继培育了一些细毛羊、半细毛羊品种,加之近几年从国外引进一些特殊的肉用品种,这些绵羊、山羊品种资源为羊肉生产提供了基本条件。我国许多地方绵羊、山羊品种具有适应性强、抗逆性强、繁殖力高等特点,具有这些特点的品种,是商品羊肉生产中较理想的亲本,如小尾寒羊就是羊肉生产中很好的杂交母本。目前我国引进的肉用品种具有生长发育快、肉用性能强、成熟早等特点,这些品种资源是商品羊肉生产中理想的终端父本。我国引进的肉用品种有美利奴、夏洛莱、无角陶赛特、杜泊羊、萨福克、特克赛尔、波尔山羊等。

羊肉细嫩、多汁、味美、营养丰富、低脂肪、低胆固醇、低饱和脂肪酸,富含蛋白质、矿物质和多种维生素,属保健型食品,符合现代人的消费需求;肉羊是高效节粮型草食家畜,食性广、耐粗饲、抗逆性强,且投资少、周转快、效益稳、回报率高,符合国情民意。特别是随着我国国民经济的高速发展,以及人们对生态环境保护意识的不断加强,各养殖地区政府制定了封山禁牧,退耕还林、还草及实行舍饲的畜牧政策,舍饲养羊便成为养羊户选择的一种主要饲养模式。

第一节　肉羊的生物学及行为特性

无论是放牧还是舍饲,肉羊群体或个体活动都有其一定的规律性。只有了解和掌握了肉羊的生物学特性、活动模式和行为特点,才能为肉羊提供适合其群体或个体习性的各种条件和设施。

1. 怕热易惊,性情温顺

羊一般怕热不怕冷,喜欢温暖、湿润的气候,胆小、懦弱、易受惊。母羊性情温顺,母性强,易调教。公羊有悍威,喜抵斗,雄性强。

2. 合群性强

羊性喜群聚,出圈、入圈、饮水等,只要有领头羊先行,其他羊便尾随而来。因此,人工养殖,易于驱赶。

3. 适应性强

羊的适应性较其他家畜强,但适应性与品种类型及分布区的自然条件有密切关系。如细毛羊对干燥的环境比较适应,对湿热则不适应;早熟长毛种绵羊则能抗湿热,抗腐蹄病,但不耐干旱及缺乏多汁饲料的环境条件;山羊体制强健,可以适应各种恶劣的环境和气候,在寒带、温带、暖湿带的丘陵、沟壑、盆地、高山、平地均有很强的适应性。

4. 有较强的抗病能力

羊抗病力强,疾病少,一般不易发病。对疾病不像其他家畜敏感,往往很严重时才表现出来。对多汁饲料、精料采食不积极,不饮水,不反刍,都是初发病的征兆,管理中应细心观察,留心注意。

5. 采食性能广、耐粗饲

羊可利用的植物种类很广泛。其嘴尖齿利,唇薄灵活,上下颚强劲,能啃短草,能采食各种天然牧草和农副产品。野草、树叶、农作物秸秆、籽实、茎叶、糠秕等都是羊可利用的好饲料。羊是以草食为主的动物,全部吃草也可以生长,如吃草量不足,喂精料过多,消化器官便要发生疾病,粪便就会变形,甚至一时过多吞食饲料还可能导致死亡。

6. 消化吸收能力强

羊是反刍动物,有瘤胃、网胃、重瓣胃、真胃四个胃,容量大,占消化道 2/3。瘤胃能分解饲料中 $50\%\sim80\%$ 的粗纤维,变成易消化的碳水化合物和低级的挥发性有机酸被吸收,能把非蛋白质含氮物质合成质量高的"细菌蛋白",且能合成维生素 B_1、维生素 B_2、维生素 B_{12} 和维生素 K。羊的小肠很长是其第二个消化特点。肠道长度是体长的 20 倍。小肠内的蛋白酶、脂肪酶、转糖酶能分解、吸收"细菌蛋白",构成绵羊的蛋白质。食物在羊消化道内能被充分消化吸收,饲料消化吸收率高。

7. 性格活泼好动

羊生性胆大,活泼好动,行动敏捷,不畏艰险,喜欢攀登,善于游走。

8. 爱清洁

羊嗅觉灵敏,一般在采食前总要先用鼻子嗅一嗅。往往宁可忍饥挨饿也不愿吃被污染、践踏、霉烂变质、有异味、怪味的草料或饮水。因此,饲喂羊的草料、饮水一定要清洁新鲜。舍饲的羊群要在羊舍内设置水槽、食槽和草料架。

9. 喜欢干燥,厌恶潮湿

羊喜欢干燥的生活环境,舍饲的羊常常喜欢在地势较高的干燥地方站立或休息。羊长期生活在潮湿低洼的环境里,往往易感染肺炎、蹄炎及寄生虫病。所以,羊舍应建在地势高、排水畅通、背风向阳的地方,并在羊舍内建羊床(羊床可距地面 10～30 厘米),供其休息,以防潮湿。

10. 繁殖力强

羊是多胎动物,大多数品种均可一年二胎或二年三胎,每胎可产 1～3 羔,故繁殖周期短,繁殖率高,对于扩繁增群,加快发展很有利。

第二节　部分羊品种及体貌特征

由于品种不同,羊肉的产量、品质及效益有很大差异。我国繁殖率较高的品种,如小尾寒羊、湖羊、黄淮山羊、成都麻羊等,对我国羊肉的生产起到了较大的作用。近些年从国外引进了许多肉用羊品种,如美利奴、夏洛莱、无角陶赛特、杜泊羊、萨福克、特克赛尔、波尔山羊等作为父本,通过二元或多元杂交或轮回杂交的办法,生产商品肉羊。

一、肉用羊的特点

若干世纪以来,自然生态环境的影响和人类有意识或无意识的选择和培育,全世界形成了数百个绵羊和山羊品种,已知绵羊品种和品种群 600 多个,山羊品种和品种群 200 多个,纯属肉用方向的品种约占 10%。

1.体型和外貌特征

无论是绵羊还是山羊,不同的生产用途,其体型外貌亦不一样。就肉用型的绵羊、山羊来说,其外型结构和体躯部位具备以下特征。

(1)皮肤:皮下结缔组织及内脏器官发达,脂肪沉积量高,皮肤薄而疏松。

(2)骨骼:一般因营养丰富,饲料中矿物质充足,管状骨迅速钙化,骨骼的生长早期即行停止,因此骨骼的形状也比较短。

(3)头骨:一般头短而宽,鼻梁稍向内弯曲或呈拱形,眼睛大而明亮,而眼和两耳间的距离较远。

(4)颈部:颈一般较短,由于颈部肌肉和脂肪发达,颈部显得宽深而呈圆形。

(5)鬐甲:鬐甲的部位是由前 5~7 个脊椎骨连同其棘突及横突构成。鬐甲两侧止于肩胛骨的上缘。肉用羊的鬐甲很宽,与背部平行,由于脊椎横突较长和棘突较短,脊椎上长有大量的肌肉和脂肪,显得肌肉发达,鬐甲也显得宽。同时也可以看到发育好的肌肉和皮下脂肪充满了所有脊椎棘突和横突之间的空隙,因而使背线和鬐甲成直线。

(6)背部:由于脊椎的横突较长,肋骨较圆,肌肉和脂肪发达,因而形成宽而平的背。

(7)腰部:腰部平、直、宽,故显肉多。

(8)臀部:臀部与背部、腰部一致,肌肉丰满,后视两后腿间距离大。

(9)胸部:胸腔圆而宽,长有大量的肌肉。虽然脊椎短,胸腔长度不足,但肋骨开张良好,显得宽而深。肉用羊胸腔内的容量较小,心脏不发达。

(10)四肢:四肢短而细,前后肢开张良好,宽并端正,显得坚实有力。

2. 早熟性

家畜在长期的系统发育过程中,在生态环境和遗传特性的影响下,形成了早熟和晚熟品种。早熟性对于肉用家畜(肉牛或肉羊)来说,是一个重要的生理要素,表现在体成熟(即体格和体重的早熟)和性成熟都早。

体成熟早又称生长的早熟,即家畜生长较快,在未到成年的幼年时期,体重的增长就达到成年羊体重的70%~75%或以上。性成熟早也就是初情期早。因此可以利用绵羊、山羊品种早期生长快的特点,生产羔羊肉,而利用性成熟早的特点增加终身的产羔次数。

3. 体重大、生长速度快、胴体品质好

肉羊品种共同的特点是体重大、生长快、肉的品质好。

(1)体重大,生长快:如萨福克成年公羊平均为113千克,成年母羊为75千克,无角陶赛特羊成年公羊为102~125千克,成年母羊为75~90千克。又如肉用美利奴羊,羔羊生后4~6个星期断奶,日增重可达350~400克,3~4个半月就可屠宰,活重可达38~45千克,4个月龄羔羊的胴体重达18~22千克,屠宰率48%~50%。

（2）胴体和肉的品质：如萨福克羊，肌肉细嫩坚实，脂肪不多，肉多汁，产肉量高。又如道莫尔羊，5～6个月龄的羔羊可生产17～22千克重的胴体，羔羊肉好，体表脂肪少，瘦肉多，肉色也佳。

4. 繁殖率高，适应性强

肉用羊一般具有较高的繁殖率和四季发情的特点，一年多胎和一胎多羔，且性早熟，有的母羔当年就可产羔。因此，一只肉用母羊在一年之内可能提供较多的羔羊及生产较多的羊肉。国外衡量羊的产肉能力往往用一只母羊一年的产肉量来表示。目前，我国引进肉羊品种的产羔率高，如美利奴羊150%～250%，得克塞尔羊200%，无角陶赛特羊130%～180%，夏洛莱羊130%～180%，萨福克羊130%～140%，波尔山羊160%～220%。肉用羊的母性较好，泌乳能力较强，羔羊成活率较高。肉用羊适应性强，耐粗饲，对牧草利用率高，既可放牧也可舍饲。

5. 经济效益高

较高的经济效益，也是肉羊品种的重要经济性状，同高繁殖力性状是相互联系的。肉用羊具有性成熟早、四季发情、产羔频率高（即一年两产或两年三产）、每胎产羔数多（两羔以上）等生理特点，决定了肉羊的饲养期短、周转快，充分利用季节性饲草资源，达到当年屠宰，当年收益。在正常的饲养管理条件下，一只产羔母羊年生产（羔羊）胴体重，比繁殖力低的母羊多1.5～2.5倍，甚至更高。

二、常见的肉用羊品种

1. 美利奴羊

美利奴羊原产于德国，该品种早熟，羔羊生长发育快，产肉力强,繁殖力强,被毛品质好。

(1)体形外貌:美利奴羊母羊无角,颈部及体躯皆无皱褶;体格大,胸深宽,背腰平直,肌肉丰满,后躯发育良好;被毛白色,密而长,弯曲明显。

(2)生产性能:体重:成年公羊 100～140 千克,母羊 70～80 千克;羔羊生长发育快,日增重 300～350 克,130 天可屠宰,活重可达 38～45 千克,胴体重 18～22 千克,屠宰率 47%～49%。毛密而长,弯曲明显;公羊剪毛量 7～10 千克,母羊剪毛量 4～5 千克;净毛率 50% 以上。美利奴羊具有高繁殖能力,性早熟,12 月龄前就可第一次配种,产羔率 150%～250%;泌乳能力好,羔羊生长发育快,母羊母性好,羔羊死亡率低。

2.得克塞尔羊

得克塞尔羊原产于荷兰,具有生长快、体大、产肉和产毛性能好等特性。

(1)体形外貌:羊头大小适中,颈中等长、粗,体格大,胸圆,背腰平直、宽,肌肉丰满,后躯发育良好,眼大突出,鼻镜、眼圈部皮肤为黑色,蹄质为黑色。

(2)生产性能:体重:成年公羊 110～140 千克,母羊 70～90 千克;剪毛量 5～6 千克,净毛率 60%,毛细度 48～50 支;性早熟,母羔 7～8 月龄便可配种繁殖,而且母羊发情的季节较长;80% 的母羊产双羔,产羔率为 200% 左右;4～5 月龄体重达 40～50 千克,可出栏屠宰,平均屠宰率为 55%～60%。

3.无角陶赛特羊

无角陶赛特羊产于澳大利亚和新西兰,我国引入该品种后经过初步改良观察,遗传力强,是发展肉用羔羊的父系品种之一。

(1)体形外貌:公羊、母羊均无角,颈粗短,体躯长,胸宽深,背腰平直,体躯呈圆桶形,四肢粗短,后躯发育良好,全身被毛白色。

(2)生产性能:体重:成年公羊 100～125 千克,母羊 75～90 千克。毛细度 50～56 支,剪毛量 25～3.5 千克。胴体品质和产肉性能好,4 月龄羔羊胴体 20～24 千克,屠宰率 50%以上。产羔率为130%～180%。

4. 萨福克羊

萨福克羊产于英国,是体型最大的肉用羊品种。具有早熟,生长快,肉质好,繁殖率高等特点。

(1)体形外貌:体躯强壮、高大。公羊、母羊无角,颈粗短,胸宽深,背腰平直,后躯发育丰满;成年羊头、耳及四肢为黑色,被毛有有色纤维;四肢粗壮结实。

(2)生产性能:体重:成年公羊 100～150 千克,母羊 70～100千克;3 月龄羔羊胴体达 17 千克,肉嫩脂少;剪毛量 3～4 千克,毛细度 56～58 支,净毛率 60%;产羔率 130%～140%。

5. 夏洛莱羊

夏洛莱羊产于法国,是当今世界最优秀的肉用品种,具有早熟,耐粗饲,采食能力强,肥育性能好等特点。

(1)体形外貌:公母羊均无角,体躯圆桶状。头部无毛,脸部呈粉红色或灰色,额宽,耳大灵活,体躯长,胸宽深,背腰平直,后躯丰满,前后档宽,肌肉发达呈倒"U"字型,四肢较短,粗壮,下部呈浅褐色。

(2)生产性能:体重成年公羊 110～140 千克,母羊 80～100 千克;4 月龄育肥羔羊为 35～45 千克,4～6 月龄羔羊胴体重 20～30千克。屠宰率为 50%,胴体品质好,瘦肉多,脂肪少。产羔率高,经产母羊为 180%,初产母羊为 135%。羊毛细度 60～65 支,剪毛量 3～4 千克。

6.杜泊羊

杜泊羊产于南非共和国,因适应性强、早期生长发育快、胴体质量好而闻名。

(1)体形外貌:杜泊羊头颈为黑色,体躯和四肢为白色,也有全身为白色的群体,但有的羊腿部有时也出现色斑。一般无角,头顶平直,长度适中,额宽,鼻梁隆起,耳大、稍垂,既不短也不过宽。颈短粗,肩宽厚,背平直,肋骨拱圆,前胸丰满,后躯肌肉发达。四肢强健,肢势端正,长瘦尾。

(2)生产性能:杜泊羊早熟,生长发育快,100日龄公羔体重约35千克,母羔约32千克;体重成年公羊100~110千克,成年母羊75~90千克。正常情况下,产羔率为140%,其中产单羔母羊占66%,产双羔母羊占30%,产三羔母羊占4%。但在良好的饲养管理条件下,可进行两年产三胎,产羔率180%。母羊泌乳力强,护羔性好。

7.波德代羊

波德代羊产于新西兰,具有早熟,生长发育良好,体型大,繁殖率高,羊毛品质优良,产毛量高,抗逆性强等特点。

(1)体形外貌:体质结实,结构匀称,体格大,肉毛兼用体型明显。该羊头长短适中,额宽、平,眼大有神,公羊、母羊均无角。头与颈、颈与肩结合良好,颈短、粗。胸深,肋骨开张良好,背腰平直,后躯丰满,发育良好。四肢健壮,肢势端正,蹄质坚实,步态稳健。全身被毛白色,但眼眶、鼻端、唇和蹄均为黑色。

(2)生产性能:体重成年公羊平均90千克,母羊60~70千克,羊毛细度48~52支,剪毛量4.5~6千克,净毛率72%。羊毛同质,被毛呈毛丛结构,羊毛密度、匀度、弯曲、光泽良好。繁殖率140%~150%。羔羊生长发育快,所产肥羔胴体长,肉用品质好,母羔 8 月龄活重可达 45 千克。

8. 阿勒泰羊

阿勒泰羊主要产区为新疆北部的福海、富蕴、青河和阿勒泰等县,属肉脂兼用粗毛羊,以体格大,体质结实,肉脂生产性能高而著称。

(1)体形外貌:公羊具有大的螺旋形角,母羊中有 2/3 的个体有角。胸深宽,背平直,后躯高,肌肉肥育好,股部肌肉丰满。其尾型较特殊,在尾椎周围沉积大量脂肪而形成"臀脂"。臀脂发达,腿高而结实。被毛属异质,毛色主要为棕红色,部分个体为花色,纯白、纯黑者少。

(2)生产性能:4 月龄平均体重公羔为 39 千克,母羔为 37 千克;1.5 岁公羊为 70 千克,母羊为 55 千克;成年公羊为 93 千克,母羊体重为 68 千克。毛质较差,主要用以擀毡。成年羯羊的屠宰率为 52.88%,胴体重平均为 39.5 千克,臀脂占胴体重的17.97%。羔羊早期生长发育快,5 月龄的羔羊平均活重 37.7 千克,平均产肉脂胴体重 20 千克,屠宰率 53%。产羔率 110.3%。可利用该品种早熟性好,产肉脂性能好,生长发育快,抓膘能力强等特点,发展肥羔生产。

9. 乌珠穆沁羊

乌珠穆沁羊产于内蒙古自治区锡林郭勒盟,该羊属肉脂兼用短脂尾粗毛羊,具有适应性强、肉脂产量高的特点,而且具有生长发育快、成熟早、肉质细嫩等优点。

(1)体形外貌:体质结实,体格大,头中等大小,额稍宽,鼻梁微隆起;公羊大多有角,少数无角,母羊多无角;体躯长,背腰宽,肌肉丰满,结构匀称;四肢粗壮,小脂尾。

(2)生产性能:6 月龄公羔体重平均为 39 千克,母羔为 36 千克;周岁公羊为 54 千克,母羊为 47 千克;成年公羊 75 千克,母羊为 58 千克;被毛属异质毛,剪毛量平均成年公羊为 1.9 千克,母羊 1.4 千克,成年羯羊 2 千克;在放牧条件下,6 月龄的羔羊,屠宰率 50%,净肉率 33%;产羔率 100%。利用其特点可生产肥羔。

10. 小尾寒羊

小尾寒羊主要产于我国河北南部、河南东部和东北部、山东西部及皖北、苏北一带,其中尤以山东鲁西南地区的质量最好,数量最多。属短脂尾,肉、裘兼用优良品种。具有繁殖力强、生长发育快,产肉性能好等特点。

(1)体形外貌:小尾寒羊体质结实,鼻梁隆起,耳大下垂,公羊有大的螺旋形角,母羊有小角或姜角。公羊前胸较深,背腰平直,身躯高大,侧视呈长方形,四肢粗壮。尾略呈椭圆形,下端有纵沟,尾长在飞节以上,毛色多为白色,少数在头部及四肢有黑褐色斑点、斑块。

(2)生产性能:周岁公母羊体重分别为 91.92 千克和 60.49 千克,成年公母羊体重分别为 113.33 千克和 65.85 千克。6 月龄公羔活重 36.99 千克,屠宰率 51.29%,胴体重 17.60 千克;母羔相应为 34.82 千克、50.43%、16.03 千克。性成熟早,母羊 5~6 月龄即可发情,当年可产羔羊。公羊 7~8 月龄即可用于配种。母羊常年发情,一年二胎或二年三胎。剪毛量:周岁公羊为 1.29 千克,周岁母羊为 1.4 千克,成年公羊为 2.84 千克,成年母羊为 1.94 千克;净毛率:成年公羊为 68.4%,成年母羊为 61.1%。

11. 东北细毛羊

东北细毛羊是我国育成的第二个细毛羊品种,主要产区在辽宁、吉林、黑龙江三省的西北部平原和部分丘陵地区。

(1)体形外貌:东北细毛羊体质结实,结构匀称,体躯长,后躯丰满,肢势端正。公羊有螺旋形角,颈部有 1～2 个完全或不完全的横皱褶;母羊无角,颈部有发达的纵皱褶。被毛白色,毛丛结构良好,呈闭合型。羊毛密度中等以上,弯曲正常,呈白色或淡黄色。羊毛覆盖头至两眼连线,前肢达腕关节,后肢达飞节,腹毛呈毛丛结构。

(2)生产性能:体重育成公羊 42.95 千克,育成母羊 38.78 千克,成年公羊 83.66 千克,成年母羊 45.03 千克;剪毛量育成公羊 7.15 千克,育成母羊 6.58 千克,成年公羊 13.44 千克,成年母羊 6.10 千克;净毛率 35％～40％;羊毛细度以 60 支和 64 支为主;屠宰率成年公羊为 43.6％,不带羔的成年母羊为 52.4％,10～12 月龄的当年公羔为 38.8％。

12. 蒙古羊

蒙古羊耐粗饲,适应性强,具有突出的抓膘能力,冬季可扒雪吃草,抗病力强,和其他羊品种相比饲养成本低。

(1)体形外貌:蒙古羊由于分布地区广,各地的自然条件差异大,体型外貌有很大差别,其基本特点是体质结实,骨骼健壮,头形略显狭长,鼻深隆起,背腰平直。被毛白色居多,头、颈、四肢有黑、黄褐色斑块,公羊多数有角,母羊多无角或有小角,耳大下垂。颈长短适中,胸深,肋骨不够开张。短脂尾,尾的形状不一,尾部脂肪秋冬肥大而春季瘦小。

(2)生产性能:各地差异较大,如分布在内蒙中部地区的成年蒙古羊,体重平均成年公羊为 69.7 千克,成年母羊为 54.2 千克;而分布在甘肃省河西地区的,成年公羊平均为 47.40 千克,成年母羊为 35.50 千克。剪毛量成年公羊为 1.5～2.2 千克,成年母羊为 1.0～1.8 千克,净毛率 77.3％。屠宰率为 50％左右。繁殖力不高,每年一般产羔一次,双羔率 3％～5％。净毛率平均 77.3％。

13. 湖羊

湖羊主要产于浙江省北部、江苏省南部的太湖流域地区。该羊具有繁殖力强,性成熟早,四季发情,早期生长发育快,并以初生羔皮水波状花纹美观而著称于世,为优良的羔皮羊品种。

(1)体形外貌:湖羊头型狭长,耳大下垂,眼微突,鼻梁隆起,公羊、母羊均无角;体躯长,胸部较窄,四肢结实,母羊乳房发达;小脂尾呈扁圆形,尾尖上翘;被毛白色,初生羔羊被毛呈美观的水波状花纹;成年羊腹部无覆盖毛。

(2)生产性能:周岁公羊体重平均为 35 千克,母羊为 26 千克,成年公羊为 52 千克,母羊为 39 千克;剪毛量公羊为 1.5 千克,母羊为 1.0 千克,净毛率 55%;屠宰率 48.51%;在正常情况下,母羊 5 个月龄性成熟,成年母羊四季发情,大多数集中在春末初秋时节,部分母羊一年两产或两年三产,产羔率随胎次而增加,一般每胎产羔 2 只以上,产羔率在 245% 以上。湖羊是发展羔羊肉生产和培育肉羊新品种的母本素材。

14. 波尔山羊

波尔山羊是世界公认的著名超级肉羊品种,体格高大、后躯发达、生长发育快、肉质好、屠宰率高、繁殖无季节性、适应性强。

(1)体形外貌:波尔山羊体形中等,皮肤松弛有皱褶,被毛短密,体躯被毛白色,头平直,头、颈棕色并带有白斑,有角或无角。体躯长、宽、深,胸部发达,背部结实宽厚,肋部发育良好,臀部丰满,四肢结实。

(2)生产性能:成年公羊平均体重 90～110 千克,成年母羊 60～75 千克。生长速度快,出生羔 3～4 千克。断乳前,日增重公羔为 170 克以上,母羔为 160 克以上。断乳重(106 天):公羔为 23.4～41.5 千克,母羔为 22.5～33.0 千克。断乳后,日增重公羔

为 74~168 克,母羔为 46~125 克。波尔山羊 6 月龄即可达到 30
千克体重。性成熟早,通常公羊在 6 月龄,母羊在 10 月龄达到性
成熟。四季发情,性周期为 20 天左右,发情持续时间为 1~2 天,
初次发情时间为 6~8 月龄,妊娠期约 150 天。产羔率为 160%~
220%,60% 为双羔,15% 为三羔。屠宰率超过 50%。

15. 马头山羊

马头山羊产于湖南省的常德、黔阳地区和湖北省的郧阳、恩施
地区,具有早熟,繁殖力高,产肉性能和板皮品质好等特性,是我国
南方山区优良肉用山羊品种。

(1)体形外貌:该品种体质结实,结构匀称;全身被毛白色,毛
短贴身,富有光泽,冬季长有少量绒毛;头大小适中,公羊、母羊均
无角,但有退化角痕;耳向前略下垂,下颌有髯,颈下多有两个肉
垂;成年公羊颈较粗短,母羊颈较细长,头、颈、肩结合良好;前胸发
达,背腰平直,后躯发育良好,尻略斜;四肢端正,蹄质坚实;母羊乳
房发育良好。

(2)生产性能:成年公羊平均体重 43.81 千克,成年母羊为
33.7 千克,羯羊为 47.44 千克;幼龄羊生长发育快,1 岁羯羊体重
可达成年羯羊的 73.23%。肉用性能好,在全年放牧条件下,12 月
龄羯羊体重 35 千克左右,18 月龄以上达 47.44 千克。据测定,12
月龄羯羊胴体重 14.2 千克,花板油重 1.71 千克,屠宰率 54.1%;
性成熟早,5 月龄性成熟,但适宜配种月龄一般在 10 月龄左右;母
羊四季均可发情配种,一般一年产两胎或两年产三胎,产羔率
190%~200%。

16. 南江黄羊

南江黄羊产于四川省南江县,是目前我国山羊品种中产肉性
能最好的品种。

(1)体形外貌:被毛黄色,富有光泽,背成黑条带至十字部,毛细均匀,紧贴皮肤,体躯近似圆桶形。公羊雄壮,母羊清秀。头大适中,额宽面平,眼大有神。公羊颈粗短,母羊颈细长。颈肩结合良好,背腰平直,前胸深广,肋骨开张,鬐甲高平,腹部发育良好,尻部略斜,四肢粗长,蹄质坚实呈黑黄色。母羊乳房发育良好,公羊雄性特征明显。

(2)生产性能:成年公母羊体重分别为 57.3～58.5 千克和38.25～45.1 千克,周岁公母羊分别为 32.2～38.4 千克和27.78～27.95 千克。放牧条件下,6 月龄屠宰前活重为 21.55 千克,屠宰率 45.06%、胴体重 9.71 千克。性成熟早,2 月龄有性行为表现,3 月龄可出现初情期,4 月龄左右就能配种受孕,最早开产日龄为 287 天。最适宜配种的年龄,母羊为 6～8 月龄,公羊 12～18 龄为佳。常年发情,一年二胎或二年三胎。

17. 黄淮山羊

黄淮山羊主要产于河南省周口、商丘地区,安徽省和江苏省徐州地区。具有性成熟早,生长发育快,板皮品质优良,四季发情及繁殖率高等特点。

(1)体形外貌:该品种鼻梁平直,面部微凹,下颌有髯;分有角和无角两个型,有角者公羊角粗大,母羊角细小,向上向后伸展呈镰刀状;胸较深,肋骨拱张,背腰平直,体型呈桶形;母羊乳房发育良好,呈半圆形;被毛白色,粗短。

(2)生产性能:9 月龄公羊平均体重为 22 千克,母羊为 16 千克;成年公羊平均体重为 34 千克,母羊为 26 千克;产区习惯于当年生羔羊当年屠宰,肉质细嫩,膻味小;7～10 月龄羯羊宰前体重平均为 21.9 千克,胴体重平均为 109 千克,屠宰率平均为49.77%;成年羯羊宰前体重为 26.32 千克,屠宰率 45.77%。性成熟早,一般 4～5 月龄的母羔就能发情配种,常年发情,部分母羊一年两产或两年三产;产羔率为 238%。黄淮山羊种质特性较好,板皮的质量好,是主要出口物资。

18. 雷州山羊

雷州山羊产于广东省雷州半岛和海南省,具有成熟早,生长发育快,肉质和板皮品质好,繁殖率高等特性,是我国热带地区以产肉为主的优良地方山羊品种。

(1)体形外貌:该山羊体质结实,头直,额稍凸,公羊、母羊均有角,颈细长,颈前与头部相接触处较狭,颈后与胸部相连处逐渐增大,鬐甲稍隆起,背腰平直,臀部多为短狭而倾斜,十字部高,胸稍窄,腹大而下垂;乳房发育较好呈球形;被毛多为黑色,角、蹄为褐黑色,少数为麻色及褐色,麻色除毛被黄色外,背线、尾及四肢前端多为黑色和黑黄色。

(2)生产性能:周岁公羊平均体重 31.7 千克,母羊 28.6 千克;2 岁公羊平均体重 50.0 千克,母羊 43.0 千克;3 岁公羊平均体重 54.0 千克,母羊 47.7 千克;肉质优良,脂肪分布均匀,肥育羯羊无膻味,屠宰率一般在 50%～60%,肥育羯羊可达 70%左右。性成熟早,一般 3～6 月龄达性成熟,母羊 5～8 月龄就已配种,1 岁时即可产羔;公羊配种年龄一般在 10～11 月龄;多数一年产两胎,少数两年产三胎,每胎产 1～2 羔,多者产 5 羔,产羔率为 150%～200%。

19. 成都麻羊

成都麻羊产于四川盆地西部的成都平原及其邻近的丘陵和低山地区,是乳肉兼用的优良地方良种。

(1)体形外貌:该品种羊全身毛被呈棕黄色,色泽光亮,为短毛型;单根纤维颜色可分成三段,即毛尖为黑色,中段为棕黄色,下段为黑灰色,各段毛色所占比例和颜色深浅在个体之间及体躯不同部位略有差异。整个毛被有棕黄而带黑麻的感觉,故称"麻羊"。在体躯上有两处异色毛带,一处是从两角基部中点沿颈脊、背线至尾根有一条纯黑色毛带;另一处是沿两侧肩胛经前肢至蹄冠又有一条纯黑色毛带,两条黑色毛带在鬐甲部交叉,构成明显的十字型;另外,从角基部前缘,经内眼角沿鼻梁两侧至口角各有一条纺锤形浅黄色毛带。头中等大,两耳侧伸,额宽而微突,鼻梁平直;公羊、母羊大多数有角;公羊前躯发达,体型呈长方形,体态雄壮;母羊后躯深广,背腰平直,尻部略斜,乳房呈球形,体型较清秀,略呈楔形。

(2)生产性能:周岁公羊平均体重 26.79 千克,母羊 23.14 千克;成年公羊 43.02 千克,母羊 32.6 千克;周岁羯羊胴体重 12.15 千克,净肉重 9.21 千克,屠宰率 49.66%,净肉率 75.8%;成年羯羊上述指标相应为 20.54 千克、16.25 千克、54.34% 和 79.1%。常年发情,产羔率 205%;皮板组织致密,乳头层占全皮厚度一半以上,网状层纤维粗壮,加工成的皮革弹性好,强度大,质地柔软,耐磨损,是一般皮制品和航空汽油滤油革的上等原料。

20. 陕南山羊

陕南山羊产于陕西省南部的安康、汉中及商洛地区。

(1)体形外貌:该品种性早熟,抓膘能力强,产肉力好,肉呈红色、细嫩,板皮幅面大、致密而拉力强。羊头轻秀而略宽,额微突,鼻梁平直,颈短而宽厚,胸部发达,肋骨开张良好,背腰长而平直,腹围大而紧凑,四肢粗壮;毛被以白色为主,少数为黑、褐或杂色;分短毛和长毛两个类型;两类型羊中有的有角,有的无角。

(2)生产性能:成年公羊平均体重为 33 千克,母羊为 27 千克;产肉性能 6 月龄的羯羊屠宰前体重平均为 22.17 千克,胴体重为 10.1 千克,屠宰率为 45.56%;1 岁半的羯羊屠宰前平均体重为 35.27 千克,胴体重为 17.84 千克,屠宰率 50.58%。性成熟早,产羔率平均为 259.02%,2 月龄的繁殖成活率为 173.8%。

21.黑山羊

黑山羊主要分布在海拔 2500 米以下地区。

(1)体形外貌:黑山羊体格中等,体躯匀称,略呈长方形。头呈三角形,鼻梁平直,两耳向前倾立,公母羊绝大多数有角、有髯,公羊角粗大,呈镰刀状,略向后外侧扭转,母羊角较小,多向后上方弯曲,向外侧扭转。毛被光泽好,大多为黑色,少数为白色、黄色和杂色。毛被内层生长有短而稀的绒毛。

(2)生产性能:6 月龄公羊平均体重 25.5 千克,母羊 23.8 千克;12 月龄体重公羊 37.2 千克,母羊 34.9 千克;公羊 8～10 月龄、母羊 6～7 月龄开始配种繁殖。产羔率:初产 193%,2～4 胎 246%。屠宰率(6 月龄、12 月龄、成年):母羊分别达到 40.87%、47.81%、49.17%,公羊分别达到 38.87%、49.03%、52.76%,羯羊(6 月龄、12 月龄)分别达到 41.68%、48.51%;净肉率(6 月龄、12 月龄、成年):母羊分别为 30.53%、35.88%、37.26%,公羊分别达到 29.61%、36.06%、39.98%,羯羊(6 月龄、12 月龄)分别达到 31.36%、36.91%。

22.鲁西山羊

鲁西山羊产地主要集中于山东西南部及河南东北部,山东菏泽济宁等周边县区。

(1)体形外貌:鲁西白山羊全身被毛白色,毛短而稀,皮薄而有弹性,头小清秀,白山羊上宽下窄,呈倒三角形,颌下有须,有角和无角的羊只各占 59%和 41%。白山羊公羊颈部粗短,前躯发达,背腰平直,白山羊胸前腹下及四肢有长毛,体高而长,后躯瘦削,侧视呈长方形;白山羊母羊颈细长,前躯较宽,后躯发育好,白山羊四肢较干燥,被毛较短,腹部下垂,侧看呈楔形。白山羊公母羊蹄质均较结实。

（2）生产性能：成年公羊平均体重 73.07 千克，白山羊母羊76.8 千克。白山羊初生重：公羔 2.13 千克，母羔 1.92 千克。羔羊肉细嫩、多汁、膻味小。鲁西白山羊常年发情，初配期为 5～6 月龄，白山羊周岁前大部分可产头胎。白山羊母羊一年四季均可发情，两胎间隔时间 204 天。经产母羊胎繁殖率 261.86％，其中单羔占 0.86％，双羔占 14.19％，三羔 30.97％，四羔 47.79％，五羔 6.19％。

第三节　我国养羊业现状及前景

我国的养羊业历史悠久，品种资源丰富，羊只存栏居世界之首，这是不争的事实。但是，肉羊发展起步晚、基点低、与先进国家差距大，也是客观存在的。如何正确认识生产现状，解决存在的问题，挖掘发展潜力，促进肉羊生产快速、健康发展，是当前养羊业的首要任务。

一、我国羊肉生产现状

1. 传统的羊肉生产方式占主导

国内外羊肉生产归纳起来，仅有两种方式：一是利用地方绵羊、山羊进行羊肉生产，主要是当年羔羊当年屠宰，还有一些老龄或无繁殖力的羊经短期育肥后屠宰；二是利用引进的产肉性能好的、繁殖力强的绵羊、山羊品种之间杂交或同本地品种杂交进行肥羔生产。国外羊肉生产主要是采取第二种方式，而我国主要是第一种方式。这种生产方式有明显的季节性,多为屠宰老龄淘汰母羊和大龄羯羊,羊肉质量不高,羔羊肉产量甚少。虽然饲养数量较多,分布较广,但多为分散饲养,规模化饲养少,多以放养为主,全舍饲较少,致使科学技术不能在养羊生产中推广、普及和应用,仍按传统的"靠天养羊"和"一把草"饲养法,限制了养羊业的快速高效发展。

2.原有的羊肉生产格局未打破

长期以来,因环境、气候、地理等自然条件和农牧业生产、区域经济、人们生活习惯等方面的因素,形成了农区、牧区、半农半牧区等羊肉生产区域,不同的区域的饲养数量、生产方向、经济重要性各不相同。一般来讲,农区及半农半牧区多养以产毛、绒为主的绵羊、山羊,且多为家庭副业,而牧区则多偏重肉和板皮的生产,这种生产格局极大地束缚了肉羊业的发展。

3.羊肉生产水平较低

羊肉生产水平主要通过羊的出栏率、屠宰率、胴体重、个体产肉量和经济效益等指标来衡量。与世界先进国家相比,我国羊肉生产总量虽然是第一位的,但生产水平却是比较落后的。

4.羊肉生产逐步走向标准化

从20世纪80年代末以来,我国陆续从国外引进了肉用型的绵羊、山羊品种,对地方品种进行了杂交改良,提高了本地羊的产肉性能。同时,逐渐注重了饲养管理、羔羊育肥和繁殖技术的研究,取得了明显的成绩。在饲养管理方面,调整羊群结构,增加母羊比例,推行人工授精,改变饲养方式,推行配合饲料,实行羔羊育肥技术,加强羊病防治。在饲养规模上,除了农村实行小群饲养或兴办规模羊场外,在牧区实行规模化、工厂化养殖。在繁殖技术上,积极推广羊的冷冻精液、人工授精、胚胎移植和双羔素的应用,开展羊体外受精技术研究等。这将对提高母羊繁殖率,扩大良种数量,提高羊群性能,增加养羊经济效益起到巨大的作用。

二、舍饲羊存在的主要问题及解决建议

1. 随意搭建羊舍

问题表现:首先是建舍选址不合理,一些农户把羊舍建在低洼、潮湿、背阴、闭塞的地方,不利于羊舍排污、防潮、保暖和通风。其次是圈舍过于简陋,冬季既起不到保暖作用,夏季又不隔热、遮雨,舍内环境条件差,达不到舍饲的要求。

解决建议:搭建羊舍应选择地势高燥、向阳背风、水电条件较好的地方。最好建面南座北的半封闭羊舍,羊舍前边留10～20平方米的饲喂区,安装固定饲槽和饮水器皿。寒冷地区用塑料薄膜扣棚,可以提高羊舍温度4～7℃,以促进羊只冬季生长。

2. 同舍混养

问题表现:受传统放牧养羊习惯影响,大羊、小羊,公羊、母羊,弱羊、壮羊,病羊、羯羊,同舍混养在舍饲户中普遍存在,有的甚至把山羊与绵羊混养在一起。这样饲养管理,很难满足不同年龄、品种、性别、体况羊只不同的生活习性和生理需要,最终造成小羊长不大、弱羊长不壮、病羊好不了,种羊滥交、滥配等许多不良后果。

解决建议:舍饲养羊应按照工厂化生产模式,把不同年龄、品种、性别、体况的羊分舍饲养,设立专用的产房、羔羊舍、肉羊舍、母羊舍、公羊舍、病羊隔离舍,并配以相应饲养管理方法。

3. 不做舍外运动

问题表现：一些舍养户片面地认为舍养不用放，把羊当作猪养，整日关在羊舍里，很少到舍外运动，引起羊只生理机能下降，主要表现在：一是母羊发情不明显、配孕率低、难产。公羊性欲减退、精液质量差、影响种羊繁殖性能。二是羊只体质差，抗病力弱，易患感冒、消化不良、中暑、传染性疾病。

解决建议：实践证明，适量地舍外运动对舍饲羊生长发育、交配繁殖有极其重要作用。一般舍饲小尾寒羊每天要保持 1.5 千米的运动量，山羊比绵羊还要多些。因此，每天要保持羊有充足的运动，才能促进羊的新陈代谢，增强食欲，保持正常繁殖，防御疾病。

4. 饲养密度过大

问题表现：在生产中，部分农户舍饲养羊密度过大，羊只拥挤，相互争夺槽位、相互践踏，极易引起羊只营养不良、母羊流产、羔羊生长受阻、外伤等不良后果。

解决建议：羊属反刍动物，一天中要有较长时间用来采食饲草、进行反刍。所以，圈舍中要保持有足够的槽位、活动空间和休息场地。

5. 近亲交配

问题表现：绝大部分舍养户对种羊管理非常粗放，既未给公羊配戴耳号标识，也未做配种记录，随意选择公母羊进行配种，人为造成近亲交配。其中的一些母羊由于近亲交配，常常产下畸形胎、死胎、弱羔，给农户造成较大的经济损失。

解决建议：定期从外地调换种公羊，给种用公母羊配带耳号，编制配种档案，详细记录配种羊编号、配种时间、配种方式、产羔情况，有计划地控制公母羊本交，是避免羊只近亲繁育引起品种退化的重要措施。

6. 很少喂青绿饲料

问题表现:青绿饲料营养丰富,适口性强,羊特别喜食。然而大多数舍饲户却忽视了这点,终年基本上只喂羊干黄玉米秸粉,仅在夏秋雨季喂给少量的青绿饲料,远远不能满足羊对青绿饲料的需要。在饲喂维生素类添加剂不足情况下,往往会引起羊维生素类缺乏症的发生。

解决建议:要做到一年四季都能有均衡的青绿饲料供给,舍养户应开辟青绿饲料专用地,人工种植紫花苜蓿、黑麦草、鲁梅克斯等牧草,除夏秋两季饲喂外,秋季收割后还可以晾制青干草或制成青贮料,或可种植玉米青贮,供羊长年饲用。

7. 消毒意识不强

问题表现:消毒是控制和防制疫病发生、传播、流行、净化环境卫生的有效措施。据调查,目前绝大部分舍养户消毒意识淡薄,不懂消毒知识,不会使用消毒药剂,长年不搞消毒工作。其中还有一些规模舍饲户,虽然建有消毒池、消毒室,墙上贴有消毒制度,购买了消毒药品和器械,但只成了摆设。

解决建议:应强化消毒防疫意识,克服麻痹思想,搞好日常消毒工作。要轮换选用不同类型的消毒剂对羊舍、运动场、饲槽、饮水器皿、饲养工具及院舍进行消毒。

8. 精料调制太简单

问题表现:这是目前舍饲养羊户普遍存在的问题,舍养户补饲精料只喂未经加工的玉米或者小麦,造成羊只营养摄取不平衡,饲料浪费,无形中增加了饲料成本。

解决建议:精料配制应按照不同品种、不同用途羊的营养需要配制,除要有一定量的玉米外,还要按比例配合豆粕、麸皮、鱼粉等蛋白饲料。此外还要添加适量的维生素和矿物质添加剂。

9. 草料缺乏

问题表现:养殖户多半在春天引进羊,刚开始草料供应还算及时充足,可过一段时间后,因所种植的牧草太少,饲养起步规模太大(基础群母羊少则 40～50 只,多则 100 多只),出现饲草危机,情急之下只能以收购杂草维持。收购也是多则多收,少则少收,无论是草的数量还是质量都不能满足羊的生长需要。有的农户在饲草短缺的情况下便以饲粮饲喂为主,造成羊因缺少饲草,消化系统内的微生物平衡体系被打乱,引起一系列肠道菌群紊乱,使生长受阻。有的养殖户勉强熬过秋季,到了冬天饲草供应还是问题,而且此时大部分母羊已配种受孕,仅凭储存的少量花生藤、油菜籽壳根本不是长久之计,实在无草时便以枯玉米秸秆、枯稻草维持,这样的饲养不仅使怀孕母羊营养得不到保障,而且育肥羊也难以维持生命,难免出现"夏壮、秋肥、冬瘦、春乏"的现象。

解决建议:进羊之前应根据羊群的规模种植相应数量的牧草,既保证了草料供应,质量也得到了保证,同时又节约了精料。种植牧草宜根据牧草的利用时间长短及使用时限分期分批种植,保证青草供应的延续性。另外,豆科与禾本科牧草因营养价值不同,宜均衡种植。在青草充足时期,还要适当晒青干草或制作青贮料以备冬季使用。羊虽然以食草为主,但有些草(枯稻草、枯玉米秸秆等)直接饲用只能提供饱腹感,营养价值低,应在氨化、微贮后饲用,这样既解决了部分饲草短缺问题,又充分利用了农作物秸秆,提高了适口性及利用率。

三、提高羊肉生产效益的途径

根据国外肉羊生产的经验和我国肉羊生产实际,我国肉羊生产可以从以下几方面来提高生产效益。

1. 合理的羊群结构

长期以来我国的羊群结构一直处于不合理状态,在牧区表现较为突出,由于受养长寿羊思想的影响,羊群中,有母羊、有羯羊、有公羊、有幼龄羊。而母羊中,繁殖母羊比例也低,一般在50%左右。羊只质量不高,羊群增殖也慢,最后经济效益低。

羊群结构应以繁殖母羊为基础,按照适当比例配置其他性别、年龄和用途的羊。目的在于有利于组织再生产、降低成本、增加产品产量。各种生产用途的羊群结构要求不同,按年底(或年初)存栏统计,产肉为主的粗毛羊,繁殖母羊应占70%;毛肉兼用羊应为60%～70%。以产肉为主的羊群,若繁殖母羊比例在60%以下时则难盈利。

2. 利用多胎品种

在正常的饲养条件下,每生产1千克羊肉,产双羔的母羊比产单羔的母羊饲料消耗少35%～50%。用多胎的品种进行羔羊肉生产,既可提高母羊的生产比重,又可减少饲养母羊的数量。若把羊群中母羊的比例由60%提高到80%,每100只母羊的产肉量可增加28%,半细毛产量可提高13%以上,而每100只带羔母羊的饲料消耗仅增加16%～18%。

3. 当年羔当年出栏

当年羔羊当年出栏,要改变旧有的养长寿羊的观念。羊只的生长增重规律是前期快,后期慢,到 1.5～2 岁达到体成熟,逐渐停止生长。生后前 3 个月骨骼生长最慢,4～6 个月龄肌肉和体重增长最快,以后脂肪沉积速度增快,到 1 岁时,肌肉和脂肪的增长速度几乎相等。而饲料报酬随日龄增长而降低。所以要善于利用羔羊生长发育快和饲料报酬高的特点及利用夏秋牧草丰富、气候好的优势。用于生产羔肉的羯羊在夏秋青草期放牧育肥,入冬后适时屠宰,是节省饲料,增加收入的有效途径。

4. 广泛利用杂交优势

我国绵羊、山羊品种资源丰富、存栏量多,其中有些品种具有适应性强、繁殖力高等优良特性,这些品种资源为羊肉生产提供了条件。根据已有研究成果,应用引进的优良肉羊品种作终端父本与国内适应性强、繁殖力高的品种进行商品杂交,杂交后代表现出适应性强、生长发育快、肉用性能明显等特点,杂交后代通过短期育肥,6～8 月龄便可出栏屠宰。积极推行杂交和利用杂种优势,是取得养羊优质高产高效益的重要途径。试验结果表明,2 品种杂交,子代产肉量比父母品种平均值提高 12%,至 4 品种为止。每增加一个品种,产肉量可提高 8%～20%。3 品种杂交更能显著地提高产肉量和饲料报酬。但是不能忽视的是,推广良种和利用杂种优势必须和改善饲养管理结合起来,才能取得预期效果。

杂种优势,体现在这几方面:第一,父本优势,可用纯种公羊,也可用杂一代公羊配种,用杂一代公羊配种所生产的肥羔,与用纯种公羊配种所生产的肥羔的差异,就是父本的杂种优势。第二,母本优势,其影响因素较多,通过比较纯种母羊和杂一代母羊的生产性能即可得到。第三,个体杂种优势,如羔羊的断奶重就是杂种优势。把这三种优势巧妙地结合起来,就有可能达到希望达到的生产肥羔和杂种优势的目的。

个体的杂种优势在杂一代时最大,当两个不同的纯种进行杂交时,可以得到最大的杂交优势。只有用杂一代作母本生产杂二代时,母羊的杂种优势才显示出来,肥羔生产是用母羊和羔羊性能的结合。

5. 采用人工授精技术

人工授精可以大大提高种公羊的利用率,减少种公羊的饲养数量,节约饲养费用和优良种公羊的购买费用。而且,优良种公羊价格昂贵,若采用本交方式配种,容易导致某些疾病的传播蔓延,使种公羊失去配种能力,基础母羊失去种用价值。

6. 采用饲草加工调制后喂羊技术

传统养羊所喂的饲草往往不经过任何加工调制,像玉米秸多数以整株干秸饲喂,这样饲喂后消化利用率低,不仅造成饲草资源的极大浪费,而且羊只生长慢,饲养周期长,出栏率低,因此应广泛推广青贮、氨化、发酵等饲料调制加工技术,提高养羊的经济效益。

7. 做好疾病综合防治工作

疾病是养羊生产的一大威胁,应重点搞好传染病的预防接种工作,坚持预防为主的原则,定期驱除羊体内外寄生虫,注意圈舍的卫生消毒,在日常管理中经常观察羊只精神、饮食、粪便等是否正常,做到没病早防,有病早发现、早治疗。

8. 向规模化、产业化方向发展

羊肉生产是集多项技术为一体的综合技术,包括品种配置、繁殖控制、营养平衡、疫病防治、产品贮藏加工、运作机制等技术。高效益的羊肉生产,需要高的科技含量。只有按规模化、产业化经营方式,才能有效利用各项技术,实现传统养羊业向现代化、商品化养羊业转变,从根本上摆脱传统羊肉生产之分散性和脆弱性,提高科技进步贡献率,加快肉羊产业化步伐。

第二章 养羊的场舍与设施

羊舍是羊生活和生产的重要场所,是其采食、饮水、活动、排泄、休息的地方,与羊体健康和生产性能有着密切的关系。

第一节 羊场场址的选择

1. 场地的选择

(1)要符合羊的生物学习性:无论绵羊还是山羊,均喜干燥、爱清洁、怕湿热。因此,羊场应选择地势较高,向阳背风,排水良好,通风干燥的地方,切忌在低洼涝地、山洪水道、冬季风口处建场。建场处地下水位应在 2 米以下,最高地下水位须在青贮坑底部 0.5 米以下。土质要结实,最好是透气渗水的沙壤土质。

(2)要有清洁而充足的水源:羊场内水量要能满足场内职工用水、羊饮用水、消毒用水和防火用水的需要。舍饲羊的需水量一般为成年羊每天每只 10 升,羔羊每天每只 5 升。水质清洁无污染,符合畜禽饮用水的卫生标准。

(3)要符合动物卫生防疫要求:新场址应选在远离居民区、牲畜交易市场、肉品加工厂及化工厂等污染源的地方,并应位于上述污染源的上风向。羊场周围 3 千米以内应无大型化工厂、采矿场、皮革厂、肉品加工厂、屠宰场或畜牧场,羊场距离干线公路、铁路 500 米以外,距离城镇、居民区和公共场所 1 千米以上,远离高压电线。羊场周围设围墙或防疫沟,并建立绿化隔离带。养殖数量较少可利用旧屋、空猪圈等改建而成。

(4)饲料来源要有保证:羊场周围的饲草、饲料资源必须充足,尤其是进行舍饲饲养的肉羊场,周围必须有饲草、饲料基地或足够的饲草、饲料供应条件。

(5)交通运输比较方便:羊场应有道路与主线公路相通,越近越好(但距离要在 300 米以外),以利交通运输。

2.羊场的区划与布局

羊场内建筑物的配置要正确合理,力求紧凑,合理利用土地和节约基本建设投资,要求羊场内建筑物既可避免冬季寒风侵袭,又能保证夏季防暑和雨季防潮,符合生产、兽医卫生及防火要求等。

新建羊场包括生活区、管理区、生产区和隔离区 4 部分。通常生活区和管理区包括食堂、宿舍、办公场所等,一般设在羊场大门口附近或与生产区截然分开,并处在上风向,以防人、畜相互影响。生产区包括羊舍、饲料加工车间、草料库、青贮窖等,要布置在管理区主风向的下风向或侧风向,位于羊场的中心位置。羊舍应布置在生产区的上风向,羊舍要按羊只性别、年龄、生长阶段分设,采用分阶段饲养、集中育肥的饲养工艺。羊舍栋数较多时,应长轴平行设置,前后对齐,羊舍间距 10 米左右,以便于饲养、采光和防疫。羊只运动场可设在羊舍后面,并与羊舍相连,运动场四周应植树绿化,以防风遮阳。饲料加工车间应靠近羊舍和生产区大门,以便于运输草料。草料库要与羊舍保持一定距离,要便于防火和运输。隔离区包括兽医室、病羊隔离室、尸体处理室、贮粪池等,应设在羊场的下风向或侧风向。药浴池应建在羊场外面,最好在下风向。场区内净道和污道应截然分开,互不交叉。

第二节　羊舍建筑

　　圈养羊的羊栏建设与放养羊栏的建设的目的有所不同。放养羊的羊栏是仅供羊群休息睡眠的场地,没有运动场地。羊生性活泼好动,这就要求圈养应有一定面积的运动场地,否则,由于羊群的活动空间过小,羊群运动不足,不仅影响羊群的生长,而且还会给羊群带来一系列的疾病。为此圈养羊不仅要具备通风良好、保暖性强、舒适、干燥卫生的休息睡眠场所,还要在羊舍外修建面积大于羊舍面积 2～3 倍的运动场地,以便羊群活动和进行日光浴,保证羊群的健康和生长需要。同时,建造羊舍应当综合考虑存栏羊只的数量、饲养规模、资金状况、当地资源条件等,以降低生产成本,达到肉羊的高效生产。

1. 环境要求

　　尽量满足羊对各种环境卫生条件的要求,包括温度、湿度、空气质量、光照、地面硬度及导热性等。羊舍的设计应兼顾既有利于夏季防暑,又有利于冬季防寒;既有利于保持地面干燥,又有利于保证地面柔软和保暖。

　　(1)羊舍温度和湿度:冬季产羔舍最低温度应保持在 10℃ 以上,一般羊舍 0℃ 以上,夏季舍温不应超过 30℃。羊舍应保持干燥,地面不能太潮湿,空气相对湿度应低于 70%。

　　(2)通风与换气:对于封闭式羊舍,必须具备良好的通风换气性能,能及时排出舍内污浊空气,保持空气新鲜。

　　(3)采光:采光面积通常是由羊舍的高度、跨度和窗户的大小决定的。在气温较低的地区,采光面积大有利于通过吸收阳光来提高舍内温度,而在气温较高的地区,过大的采光面积又不利于避暑降温。要求窗面积占地面面积的 1/15,窗要向阳,距地面高 1.5米以上,防止贼风直接袭击羊体。

(4)长度、跨度:羊舍的长度、跨度和高度应根据所选择的建筑类型和面积确定。单坡式羊舍跨度一般为 5~6 米,双坡单列式羊舍为 6~8 米,双列式为 10~12 米;羊舍檐口高度一般为 2.4~3 米。

(5)羊舍地面:应高出舍外地面 20~30 厘米,铺成缓坡形,以利排水。羊舍地面以土、砖或石块铺垫,饲料间地面可用水泥或木板铺设。

2.羊舍要求

圈舍养羊技术按照工厂化生产模式,把不同年龄、品种、性别、体况的羊分舍、分栏饲养。

(1)成年羊舍:成年羊舍是饲喂母羊的场所,多为对头双列式,中间带有走廊。一般成年种公羊每只按面积 4~6 平方米设计,母羊每只 0.8 平方米设计。哺乳母羊每只按面积 2 平方米设计。

(2)产房:产房多设在成年母羊舍的一头,其大小根据羊群大小和成年母羊的只数确定。若按 100 只母羊计,最低不少于 30 平方米。产房内要设产羔栏,数量为母羊数的 1/10,还应设单羔栏和双羔栏。单羔栏每栏为 1~1.2 平方米,双羔栏为 2.2 平方米。

(3)青年羊舍:青年羊舍饲养断奶后至分娩前的青年羊。这种羊舍设备简单,没有生产上的特殊要求,舍内设置与母羊相同的颈枷,可采用单列式。青年羊舍每只按面积 0.6~0.7 平方米设计。

3.羊舍结构要求

羊舍的类型依据养羊方式而定,按屋顶可分为单坡式、双坡式和拱形等,根据通风情况分密闭式、敞开式和半敞开式,按平面分为长方形、直角形和半口形等。

(1)长方形羊舍(图 2-1):这是中国普遍采用的形式。羊舍为长方形,屋顶中央有脊,两侧有陡坡(两出水),又称双坡式。墙壁采用砖、石、土坯结构筑成,门设在南墙,门宽 2～3 米(双扇门最好),南墙和北墙都设有窗,南墙窗子面积大,数量多,北墙设一两个小窗口即可。这种羊舍,夏季能通风、透光,比较凉爽;冬天向阳、背风,比较暖和,有利于羊的健康。以舍饲为主的羊场,羊只多在舍内和运动场活动,舍内要有固定的草架、饲槽、饮水槽。如羊舍为双列对头式,则中间为走道,走道两侧修建固定式饲槽等;若为双列对尾式羊舍,则走道、饲槽等靠两侧窗户。为减少跨度,也可盖单坡式(向后面出水又称一出水),前墙高 2.4 米,后墙高 1.8 米即可。

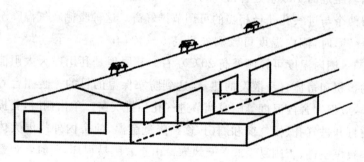

图 2-1　长方形羊舍

(2)棚舍结合羊舍:这种羊舍可大致分为两种形式,一是利用原有羊舍一侧墙体,修成三面有墙、前面敞开的羊舍棚,平时在棚内过夜,冬春产羔期进入羊舍。另一种是三面有墙,向阳通风面为 1.0～1.2 米高的矮墙,矮墙上部敞开,外面为运动场的羊棚。

(3)楼式羊舍:这种羊舍为楼式结构,楼台距地面高 1.8～2 米,楼板多以木条、竹条铺设,间隙 1～1.5 厘米。木条必须结实,宽窄、厚薄均匀、面平,竹片应修平竹节。楼式羊舍的优点是干燥清洁,通风好,适于温暖潮湿的气候特点。羊只不与粪便接触,避免寄生虫的相互感染,也可减少羊只的发病率。缺点是造价高,投资大。楼式羊舍最好利用废旧房屋改建或靠山修建,较为经济。

(4)农膜暖棚式羊舍:这种羊舍适宜于北方寒冷地区。这种羊舍以原有三面墙的敞棚圈舍为基础,在距棚前房檐2~3米处建一高1.2米左右的矮墙,矮墙中间留一约2米宽的舍门,矮墙顶端与棚檐之间用木杆支撑,上面覆盖农膜,再用木条加以固定,农膜与棚檐之间用木杆支撑,上面覆盖农膜,再用木条加以固定,农膜与棚檐和矮墙连接处用泥土压紧,防止透风,也可覆盖两层薄膜,底面一层用木杆撑起展平,上面利用竹片等支成中室,成拱形构造,拱高50厘米,利用中空层形成保温层。舍门用门帘遮挡,在东西两墙距地面1.5米处各留一可关可开的进气孔,在棚顶最高处也留两个与进气孔孔径相当的可调节排气窗。这种暖棚在气温降至0~5℃时,棚内温度可较棚外提高5~10℃;气温降至-20~-30℃,棚内温度可较棚外高20℃左右。其原理是利用白天太阳能的蓄积和畜体自身散发的热量,达到防寒保温的目的。暖棚舍养羊,应根据舍内温度等随时调节进气孔和排气窗。羊出棚时,要提前打开进气孔、排气窗和圈门,逐渐降低舍温,使舍内外气温大体一致再出棚,否则易引起羊只风寒。由于农膜易损坏,要时常观察修补,舍内粪便要及时清除,勤垫干土,保持舍内清洁干燥。

(5)简易羊舍:舍顶用茅草或其他避雨物覆盖,四周用泥土筑墙,向阳面仅筑1.2~1.5米的半墙,上面敞开;或舍墙用泥土筑成或石块砌成,围墙用土石筑成。三面有墙,一面敞开。这种羊舍的优点是结构简单,建筑简便,经济实用,投资较少。夏季空气流通,光线充足,舍内凉爽。缺点是坚固性差,易受风雨侵袭,冬季较寒冷。

(6)山区、高原区在土崖处挖窑洞:这种羊舍冬暖夏凉。

(7)农家羊舍:可利用旧屋、空猪圈等改建而成。也可在夏秋季用铁丝网、木条、木棍等围成一个圈,只要羊钻不出来即可。圈内建一个能遮雨的上盖,冬春季再建一个能遮雪、四周不透风的简易小羊舍。这种羊舍适合于千家万户规模较小的饲养。

4. 建造要求

(1)建筑面积:羊舍面积应根据羊的品种、数量、饲养方式和当地气候条件确定。面积过小,羊只过于拥挤,环境质量降低,不利于羊只生长发育。面积过大,浪费土地和建筑材料,增加投资,而且不利于冬季保温。

(2)地基:土地坚实、干燥,可利用天然的地基。若是疏松的黏土,需用石块或砖砌好地基并高出地面,地基深80~100厘米。地基与墙壁之间最好要有油毡绝缘防潮层。

(3)羊舍高度:羊舍高度应根据羊舍类型、羊群大小及当地气候来定。羊只数量多,可适当增加高度,以保证空气流通,但过高则保温不良,还会增加投资。羊舍高度一般为2.5米左右。数量多,羊群大,适当高些,以保证舍内空气流通。热带地区,羊舍夏季防暑、防潮重于冬季防寒,羊舍适当高些,可达2.8~3米;寒冷地区主要考虑冬季保温,高2.4~2.6米较合理。

(4)建筑材料:羊舍的建筑材料根据各地的自然和经济条件确定,一般以就地取材、经济耐用为原则。土坯、石头、砖瓦、木材、芦苇和树枝等都可以作为建筑羊舍的材料。有条件的地方和规模较大的羊场,可建造坚固的永久性的羊舍。用土坯建造的羊舍,应先用砖石垒砌1米高左右的墙基,以防雨水冲刷。建舍量力而行,尽量压缩固定资产投资,不可盲目建造高标准羊舍,以免造成投资过大或不必要的浪费。

(5)墙体:墙体对畜舍的保温与隔热起着重要作用,一般多采用土、砖和石等材料。近年来建筑材料科学发展很快,许多新型建筑材料如金属铝板、钢构件和隔热材料等,已经用于各类畜舍建筑中。用这些材料建造的畜舍,不仅外形美观,性能好,而且造价也不比传统的砖瓦结构建筑高多少,是未来大型集约化羊场建筑的发展方向。

(6)地面:地面是羊运动、采食和排泄的地方,按建筑材料不同有土、砖、水泥和木质地面等。羊舍地面应高出舍外地面 20~30 厘米。

①土质地面:属于暖地面(软地面)类型。依建筑不同而分为沙土地面、三合土(石灰、碎石、黏土比例为 1:2:4)地面。沙土地面易于去表换新,成本低,但易潮湿,不便消毒,三合土地面比黏土地面好,两者均适合干燥地区采用。

②砖砌地面:属于冷地面(硬地面)类型。因砖的孔隙较多,导热性小,具有一定的保温性能。成年母羊舍粪尿相混的污水较多,容易造成不良环境,又由于易吸收大量水分,破坏其本身的导热性地面易变冷变硬。砖地吸水后,经冻易破碎,加上本身易磨损的特点,容易形成坑穴,不便于清扫消毒。所以用砖砌地面时,砖易立砌,不宜平铺。

③水泥地面:属于硬地面。其优点是结实、不透水、便于清扫消毒。缺点是造价高,地面太硬,导热性强,保温性能差。为防止地面湿滑,可将表面做成麻面。

④漏缝地板:集约化饲养的羊舍可建造漏缝地板,用厚 3.8 厘米、宽 6~8 厘米的水泥条筑成,间距为 1.5~2 厘米。漏缝地板羊舍需配以污水处理设备,造价较高,国外大型羊场和我国南方一些羊场已普遍采用。这类羊舍为了防潮,可隔日抛撒木屑,同时应及时清理粪便,以免污染舍内空气。

(7)羊床:羊床是羊躺卧和休息的地方,要求洁净、干燥、不残留粪便和便于清扫,可用木条或竹片制作,木条宽 3.2 厘米、厚 3.6 厘米,缝隙宽要略小于羊蹄的宽度,以免羊蹄漏下折断羊腿。羊床大小可根据圈舍面积和羊的数量而定。商品漏缝地板是一种新型畜床材料,在国外已普遍采用,但目前价格较贵。

(8)尿粪沟和污水池:为了保持舍内的清洁和清扫方便。尿粪沟应不透水,表面应光滑。尿粪沟宽 28～30 厘米,深 15 厘米,倾斜度 1∶(100～200)。尿粪沟应通到舍外污水池。污水池应距羊舍 6～8 米,其容积以羊舍大小和羊的头数多少而定,以能贮满一个月的粪尿为准,每月清除 1 次。为了保持清洁,舍内的粪便必须每天清除,运到距羊舍 50 米远的粪堆上。要保持尿粪沟的畅通,并定期用水冲洗。

降口是排尿沟与地下排出管的衔接部分。为了防止粪草落入堵塞,上面应有铁箅子,铁箅应与尿沟同高。在降口下部,地下排出管口以下,应形成一个深入地下的伸延部,这个伸延部叫做沉淀井,用以使粪水中的固形物沉淀,防止管道堵塞。在降口中可设水封,用以阻止粪水池中的臭气经由地下排出管进入舍内。

(9)羊舍门窗、地面及通风设施要便于通风、保温、防潮、干燥、饲养管理、确保舍内有足够的光照(只要座北朝南即可)。大门宽度以 1.5～2 米为宜,分栏饲养的栏门宽度不低于 1.5 米;窗门距地面的高度为 1.5 米。楼式羊舍中的楼板以木条和竹条铺设、条间距 1～1.5 厘米,以利粪尿漏下。楼板离地面高度为 1.5～2 米,以利通风、防潮、防腐、防虫和除粪。

(10)屋顶与天棚:羊舍的屋顶与天棚具有防雨水和保温隔热的作用,其材料有石棉瓦、陶瓦、塑料布、油毡、芦苇、麦草等。为保持羊舍内有足够的新鲜空气,避免贼风,可在屋顶上设通气孔,孔上设活门,必要时可关闭。在寒冷地区为增加保温性能,常设置天棚。一般要求冬季产羔舍舍温保持在 8℃以上,一般羊舍在 0℃以上,夏季舍温不超过 30℃。

(11)运动场:舍饲羊场必须设有运动场,单列式羊舍应坐北朝南排列,所以运动场应设在羊舍的南面;双列式羊舍应南北向排列,运动场设在羊舍的东西两侧,以利于采光。运动场地面应低于羊舍地面,并向外稍有倾斜,便于排水和保持干燥。

运动场不小于羊舍的 2 倍,运动场围墙的高度为 2~2.5 米,运动场的地势应向南呈缓倾斜,以易于排水的砂质土壤为好。运动场中间要放置固定式水槽或水盆,用于羊只饮水。四周或中间要放有固定式饲槽或移动式饲槽。

第三节　养羊设施

养羊设备可根据各自的养殖规模自行选择。

1. 饲槽

饲槽是用来饲喂饲草、饲料及青贮饲料的设备,能保护草料不受污染和减少浪费。

(1)移动式饲槽:移动式饲槽多用木板制作,一般长 1.5~2 米,上宽 25 厘米,下宽 20 厘米,深 20 厘米左右,槽底距地面 5~10 厘米,以适应其在地面上啃草的采食习性。为防止羊只踏翻饲槽,可在饲槽两端安装临时性但装拆方便的固定架。此类饲槽适用于各种羊只舍饲喂料。

(2)固定式饲槽:用水泥或砖砌成。若为双列式对头羊舍,饲槽应修在中间走道两侧,若为双列式对尾羊舍,饲槽应修在靠窗户走道一侧。饲槽要求上宽下窄。一般上宽约 50 厘米,深 20~25 厘米,槽高 40~50 厘米。槽长依羊只数量而定,一般按每只大羊 30 厘米,羔羊 20 厘米计算槽长长度。

2. 饲草架

利用草架喂羊,可减少饲草的浪费,减少疾病的发生。据试

验,饲草直接放在地上饲喂,羊食入的草量仅为供给量的40%~
50%,且饲草直接与粪便接触,羊采食后易患疾病。最常见的草架
有以下两种。

(1)单面固定草架:先用砖、石或土坯砌一堵墙,或利用羊舍的
一面墙,然后将数根长1.5米以下的木棍(木条或竹片)下端平行
埋入墙根土里,上端向外倾斜一定角度(45°左右),并将各个木棍
的上端固定在一横杆上。横杆两端分别固定在墙上即可。羊架设
置长度,按每只成年羊30~50厘米,羔羊用20~30厘米设计,竖
棍与竖棍之间距离一般为10~15厘米。

(2)两面联合草架:先制作一个高1.5米,长2~3米的长方形
立体框,再用1.5米长的木条制成间隔10~15厘米的"V"字形草
架,然后将草架固定在立体框之内即成。这种草架的优点是,制作
较简便,能移动,方便实用。

3. 饮水槽

饮水槽一般固定在羊舍或运动场上,可用镀锌铁皮制成,也可
用砖、水泥制成。在其一侧下部设置排水口,以便清洗水槽,保证
饮食卫生。水槽高度以羊方便饮水为宜。

4. 栅栏

用木条、木板、圆竹、钢筋、铁丝网等加工成高1米,长1.5~
3米的栅栏或网栏,可用于各种羊只的特殊管理,据用途不同可分
为五种。

(1)分羊栏:大中型羊场用于羊只分群、鉴定、防疫、驱虫、称
重、打耳号等生产技术性活动中。分羊栏由许多栅板连接而成。
在羊群的入口处为喇叭形,中部有一小通道,只容羊单行前进。通
道长度视需要而定,可根据需要沿通道一侧或两侧设置若干个可
以向两边开门的小圈,通过门的开、关可控制羊只沿通道前进或进

入小圈。

(2)母仔栏:为大、中型羊场产羔期常用设备,是为母羊产羔或瘦弱羊只隔离设计的,一般为两块栅板用铰链连接而成。使用时,将母仔栏在羊舍一隅成直角展开,再把游离的两边固定在墙壁上,即可围成 1.2 米×1.5 米的母仔间,供一只母羊及其羔羊单独使用。如将此栅板直线展开或成任何角度旋转后固定,则既可用于羊舍隔间,也可用于围成需要的空间。母仔栏的数量通常为繁殖母羊数的 10%～15%。

(3)羔羊补饲栏:可用多个栅栏、栅板或网栏,在羊舍或补饲场靠墙围成足够面积的围栏,并在栏间插入一个大羊不能进,羔羊可以自由进出采食的栅门即可。

(4)活动围栏:在养羊生产中,许多环节如抓源补饲、配种产羔等,需要把羊临时隔离出来,这时就需要用活动围栏分隔羊群。活动围栏拆装方便,省时省工,适用范围广,投资小,牢固可靠。活动围栏通常有折叠围栏、重叠围栏和三角架围栏几种类型。

5.药浴设备

为了防治羊只体外寄生虫病,规模化羊场每年均要定期给羊群药浴。没有淋药装置或流动式药浴设备的羊场,应在不对人畜水源、环境造成污染的地点修建药浴池或建造小型药治设施。

(1)大型药浴池:大型药浴池可供大型羊场或羊只较集中的乡村药浴用。药浴池一般用水泥筑成,形状为长方形水沟状。

大型药浴池可用水泥、砖、石等材料砌成长方形,似狭长的深水沟。大型药浴池池深 1～1.2 米左右,长 10～15 米,底宽 30～60 厘米,上宽 60～80 厘米,以羊能通过不能转身为准。池的入口一端为陡坡,出口一端用石、砖砌成或栅栏围成储羊圈,出口一端设滴流台,羊出浴后,可在滴流台上停留片刻,使身上的药液流回池内。储羊圈和滴流台的大小可根据羊只数确定,但要修成水泥地面。

（2）小型药浴槽：小型药浴槽药浴液量 1400 升，可同时药浴 2 只成年羊（小羊 3～4 只），并可用门的开闭来调节入浴时间。一般小型药浴槽适合 30～40 只羊的小型羊场使用。

（3）帆布药浴池：羊数较少的农户可建一个简易临时药浴池，先挖一个长 10 米左右，深 1 米，宽 0.7 米的梯形沟，沟的两端呈斜坡状，然后铺上帆布，使沟的四周不漏水即可；药浴出口处地面也铺上帆布，使羊出浴后身上的药液能流回池中。药浴时应进行人工辅助，将羊逐只放入池中，浴后将羊拦在出口处停留一段时间，以免造成药液浪费。这种设施体积小、轻便，可以循环使用。

6. 青贮设施

青贮饲料是羊只很好的青绿多汁饲料。规模化羊场在设计和建造时均应考虑到青贮设施的位置和修建。青贮设施应建在羊舍附近，以便于取用。青贮设施有青贮塔、青贮窖、青贮壕和青贮袋。规模较大的羊场，青贮饲料用量大，有条件的可修建地上青贮塔。虽投资较大，但经久耐用，青贮饲料损失少，青贮质量高。塔的大小可根据羊只多少确定。

7. 人工授精室及胚胎移植室

大、中型羊场受配母羊较多，为使发情母羊适时配种，优秀种公羊得以充分利用，应建造人工授精室。

人工授精室应设有采精室、精液检查室和输精室。人工授精室要求保温、明亮，采精和输精室要求温度为 20℃左右，精液检查室 25℃。输精室应有足够的面积，采光系数不应少于 1：15。为节约投资，提高棚舍利用率，也可在不影响产羔母羊及羔羊正常活动的情况下，利用一部分产羔室，再增设一个人工输精室即可。

8.饲料库

规模较大的羊场或以舍饲为主的羊场,应建有饲料库及调料库,室内要通风良好、干燥、清洁。夏季要防饲料潮湿霉变。库房地面及墙壁要平整,四周应设排水沟,建筑形式可以是封闭式、半敞开式、或棚式。建筑材料可因地制宜,就地取材。

9.堆草圈

为贮备干草或农作物秸秆,供羊冬春季补饲,羊舍周围应设堆草圈。堆草圈用砖、或土坯砌成,或用栅栏、网栏围成,上面盖以遮雨雪的材料即可。堆草圈应设在地势较高处,或在地面垫一定高度的砖或土,堆草圈周围设排水沟,以利防潮。

10.牧草收获机械

(1)传统式收获机械系统:本系统由牵引式割草机、横向搂草机、悬挂式集草机及推举垛草机组成。本系统适用于天然草场,动力选配方便,适应性广,作业效率高,虽然垛草环节缺乏适宜的机具,但仍是目前我国养羊生产中广泛使用的机械系统。

(2)小方捆收获机械系统:本系统由割草机、搂草机、捡拾压捆机、草捆装载机及运输车辆组成。本系统在我国使用已有 20 年历史,由于机具质量及操作技术等原因,目前推广量不大,但已显示出便于运输和节省运输费用的优点,具有广阔的应用前景。

(3)大圆草捆收获机械系统:本系统包括割草机、搂草机、大圆草捆机和大圆捆装载机等。所打成的大圆草捆外紧内松,防雨性、透气性均好,可在露天储存,继续阴干,因此作业的牧草湿度可达25％。大圆草捆收获机械比小方捆收获机械的结构简单,使用技术水平要求不高,经济性能好。

11. 铡草机

铡草机也叫切碎机,主要用于牧草和秸秆类青饲料、干饲料的切短,分大、中、小 3 型。

(1)滚筒式铡草机:主要部件由上喂入辊、下喂入辊、固定刀刃和切割滚筒等组成。小型铡草机多为此形式。

(2)圆盘式(又称轮刀式)铡草机:主要部件由喂入、切碎、抛送和传动机构组成。大中型铡草机多为此形式,青贮料切碎多用圆盘式铡单机。

12. 饲料粉碎机

用于粉碎各种精粗饲料,使之达到一定的粗细度。目前国内生产的机型主要有锤片式、劲锤式、爪式和对辊式 4 种。

(1)锤片式饲料粉碎机:是利用高速旋转的锤片击碎饲料的机器,结构简单、适用性广、使用和维修方便,在国内应用广泛。既能粉碎谷物精料,又能粉碎含纤维、水分较多的青草、秸秆等饲料,粉碎粒度好。按喂料方向不同,又可分为切向喂入式和轴向喂入式两种。前者喂料口大,适于粉碎体积大,容量小的饲料。后者的特点是在转子上常有两把切刀。将饲料按转子转动方向轴向喂入后,饲料首先被切刀切成两段,然后再被锤片打击粉碎。该机适合粉碎茎秆粗的饲料。

(2)劲锤式饲料粉碎机:与锤片式饲料粉碎机类似,不同之处是锤片固定安装在转盘上,粉碎能力更强。

(3)爪式饲料粉碎机:由带圆齿的动盘和带扁齿的定盘构成。饲料由料斗喂入后,被动盘和定盘上的齿爪打击粉碎,再由卸料口排出。该机结构紧凑,体积小,重量轻,适合粉碎含纤维较少的谷粒饲料,成品较细。

(4)对辊式饲料粉碎机:由一对回转方向相反、转速不等、带有刀盘的齿辊进行粉碎,主要用于粉碎饼粕类饲料。

13.饲料混合机

饲料混合机又称饲料搅拌机,常用的有立式和卧式两种,按工作连续性又可分为间歇式和连续式两种。目前,我国各地生产的饲料搅拌机多为卧式双绞龙间歇式饲料搅拌机,适合大、中型养殖场使用。

14.揉搓机

揉搓是介于铡切与粉碎两种加工方法之间的一种新方法。其工作原理是将秸秆送入料槽,通过锤片和空气流的作用,使秸秆进入揉搓室,通过锤片、定刀、斜齿板及抛送叶片的综合作用,把物料切短揉搓成丝状,经送料回送出机外。

15.颗粒饲料机

该机的作用是将搅拌均匀后的粉料压制成颗粒状的饲料。颗粒饲料分为硬颗粒、软颗粒和膨化颗粒。目前,我国生产的颗粒饲料机主要有环模式和平模式两种,两者均有定型的小批量生产。

16.剪毛机械

绵羊剪毛机,按其动力可分为3种类型。

(1)机械式剪毛机:该机由汽油机或拖拉机输出动力,通过代动装置带动一定数量的剪毛机。该机组具有结构简单,操作方便,重量轻,成本低的特点,适于山区和交通不便、缺少电源的牧区使用。

(2)电动式剪毛机:机组由发动机、发电机和一定数量的剪毛机组成,可分为软轴式电动剪毛机(于没有固定电源的农牧区的地区使用)和柄内驱动剪毛机(与软轴式电动剪毛机比较,具有结构紧凑、重量轻、噪声小、功耗低、使用方便、安全可靠、投资少的优点,已广泛应用)。

(3)气动式剪毛机:该机具有噪声和振动小,润滑好,工作安全,使用灵活的优点。

17.磅秤及羊笼

为了定期称量羊只体重,及时掌握饲养效果,羊场应设置小型磅秤,并在磅秤上设置木制或钢筋制的长方形羊笼。羊笼大小要根据所养羊的大小自行设计。

第三章　羊的饲料

羊的舍饲,改变了传统的放牧方式,在饲养管理上要求得更高、更细。草料的配制、日常的管理及疫病的防治,都要有一套严格的制度。

第一节　羊消化道的特点

一、消化器官结构及功能

羊的消化器官由口腔、食管、胃、小肠、大肠等组成。

1. 口腔和食管

羊嘴尖唇薄,上唇中央有一条纵沟,下颚有四对门齿(俗称切齿)。羊利用嘴唇控制牧草,经下颚门齿与上齿龈的联合作用将牧草啃断,经臼齿稍事咀嚼后经食管送入瘤胃。羊的门齿向外有一定的倾斜度,有利于啃食低矮的牧草和灌木树叶,并能拣拾散落地面的作物籽实和枯枝败叶,羊对籽实咀嚼充分,有利于控制杂草的蔓延。

2. 胃

羊是复胃动物,有四个胃,即瘤胃、网胃、瓣胃、真胃。瘤胃也叫第一胃,为椭圆形,位于腹腔左侧,胃黏膜为棕黑色,表面分布有密集的乳头,是微生物发酵的主要场所;网胃即第二胃,为球形,胃内壁有许多呈蜂巢状的网格;瓣胃即第三胃,其内壁有许多纵列的肌肉皱褶,主要对食糜进行压榨过滤,流体部分输送到真胃进行消化,粗硬的残渣再送回网胃和瘤胃进行发酵,真胃即第四胃,亦称皱胃,为圆锥形,同其他单胃动物一样,羊的真胃有分泌盐酸和胃蛋白酶的功能,食物在胃液的作用下,进行化学性消化。

3. 小肠

小肠是羊消化和吸收的重要器官,长度为 17～34 米(平均为 25 米),分为十二指肠、空肠和回肠,细长而曲折。小肠黏膜中分布有大量的腺体,可以分泌多种酶(如蛋白酶、脂肪酶和转糖酶等)。当胃内容物(包括菌体蛋白)进入小肠后,在各种酶的作用下进行消化,分解为一些简单的营养物质经肠绒毛膜吸收;尚未完全消化的食物残渣与大量水分一道,随肠蠕动而被推进大肠。

4. 大肠

大肠长度为 4～12 米(平均为 7 米),分为盲肠、结肠和直肠 3 部分,主要功能是吸收水分和形成粪便。食物经小肠充分的消化吸收后,含营养物质较少的部分被送到大肠,食物残渣在大肠内微生物及食糜中酶的作用下可继续消化和吸收。大肠的运动少而慢,粪球的形成与结肠的运动有关。

二、消化特点

1. 反刍

羊采食速度很慢,每分钟 60～70 次,2 个小时才能吃饱,然后休息、反刍。反刍时,羊先将食团逆呕到口腔内,反复咀嚼70～80次后再咽入到腹腔内,如此逐一进行。羊每天反刍次数为8次左右,逆呕食团约500个;每次反刍持续40～60分钟,有时可达1.5～2小时。这样有利于瘤胃微生物的活动和粗料的分解。反刍次数及持续时间与饲料种类、品质、调制方法及羊的体况有关,当羊过度疲劳、患病或受到外界的强烈刺激时会造成反刍紊乱或停止,对羊的健康不利。

2. 瘤胃消化机能特点

瘤胃内的温度约40℃,pH在6～8之间,正符合微生物的需要。瘤胃内共生有大量的嫌气性微生物(细菌和原虫),是一个高效且连续接种的活体发酵罐。在1克瘤胃内容物中有细菌500亿～1000亿个;在1毫升中,有20万～400万个原虫。在瘤胃发酵中,细菌起主要作用。微生物与羊实际是"共生作用",彼此有利。

(1)分解粗纤维:羊对粗纤维的消化率达50%～80%(马为30%～50%,猪10%～30%,鸡0%～10%),羊对粗纤维的高消化率主要依靠微生物,羊本身不能产生粗纤维水解酶,而是微生物本身能产生这种酶,把饲草中的纤维分解成容易吸收的碳水化合物,同时也产生了几种低级脂肪酸(乙酸、丙酸、丁酸)。这几种酸一方面可以合成葡萄糖;另一方面可以和尿素分解后产生的氨,由微生物的作用合成氨基酸;第三方面的作用可维持瘤胃正常的酸碱度,用来中和由尿素分解产生的大量氨,不使羊中毒。

(2)合成菌体蛋白:日粮中的含氮化合物在瘤胃微生物作用下,降解为肽、氨基酸和氨,是合成菌体蛋白的原料;一部分氨为瘤胃壁吸收后在肝脏合成尿素,大部分尿素可随唾液再进入瘤胃,为微生物再次降解和利用。

依赖微生物的作用,可以把质量低的蛋白质,合成质量高的蛋白质,甚至能把非蛋白氮结构的含氮化合物,合成重量高的"细菌蛋白"，而后在羊的小肠内，由蛋白酶的作用，把菌体蛋白消化吸收。

（3）合成维生素：瘤胃微生物在发酵过程中可合成维生素 B_1、维生素 B_2、维生素 B_{12} 和维生素 K。羔羊因瘤胃尚未发育完全，应适当补充部分 B 族维生素和脂溶性维生素。成年羊一般不会缺乏 B 族维生素，在舍饲情况下，应适当补充脂溶性维生素。

第二节　羊的营养需求

肉羊的饲养标准就是由维持饲养和生产饲养两部分组成。肉羊维持饲养是肉羊在维持体重不变，身体健康，各种营养物质平衡为零，不生产任何产品的情况下，所需要的营养。维持饲养的营养需要量随其体重和管理方式而不同。体重愈大，需要量愈多，舍饲饲养方式，羊的维持需要量小于放牧饲养。

肉羊对于营养物质的需要量，还同年龄，怀孕与否，泌乳的不同阶段，干奶期等因素的不同而有显著差异，所以在具体应用饲养标准时还要根据肉羊具体条件，进行必要的修正和补充。

一、维持需求

羊与其他家畜一样，在维持生命活动中需要各种营养物质，主要有蛋白质、糖类、脂肪、维生素、矿物质和水六大类，即蛋白质、能量、维生素、矿物质和水。这些营养物质的主要生理功能是用来维持生命活动、生长、繁殖、泌乳、育肥和产毛。其中矿物质和维生素在日粮中所需甚少，但必不可少；除水外，羊生命存在最重要的物质是蛋白质，而大量需要的是能量，若日粮中能量不足，其他营养物质的利用也会受到极大的影响,结果就会限制羊的育肥能力和其他生产的更好发挥。

1. 蛋白质

蛋白质是一种含氮化合物,它的基本组成是氨基酸,氨基酸的种类很多,但组成蛋白质的仅有 20 多种。蛋白质是构成羊体组织、细胞的主要成分,是维持生命正常代谢、生长、繁殖和生产各种产品所必需的营养物质。

由于羊是反刍动物,它能利用瘤胃中的微生物制造氨基酸,合成高品质的菌体蛋白质。因此,对饲料蛋白质的品质要求不是很严格。瘤胃微生物能利用非蛋白质含氮化合物(如尿素、铵盐),将之转化为羊体所需要的蛋白质,根据这一特点,可在羊的日粮中添加适量尿素作为饲料蛋白质的代用品。一般羊日粮中蛋白质含量在 6%～10% 时,添加尿素的效果最好。

2. 能量的需要

能量是机体进行各种活动的能力。能量主要来源于饲料中的糖类,如糖和淀粉等,是由碳、氢、氧三元素组成的。饲料中的糖类进入机体后,经消化吸收和氧化分解后而产生热能。

(1)糖类的类型:糖类可分为无氮浸出物(糖和淀粉)和粗纤维两部分,又叫可溶性和难溶性两部分,可溶性部分主要包括淀粉和糖类,营养价值高,易于消化吸收,又称易溶性碳水化合物,在玉米、高粱、薯类里含量最多,占干物质的 60%～70%。难溶性的部分,主要是粗纤维,粗纤维包括纤维素,半纤维素和木质素等成分,在作物的秸秆和皮壳内含量最多。羊的第一胃中有大量能分解利用粗纤维的微生物,所以羊能较多地利用青粗饲料里的粗纤维。粗纤维除供羊热能外,还是羊奶脂肪的重要来源,饲料中易发酵的粗纤维在胃中分解产生挥发性低级脂肪酸,由胃壁吸收经血液运到乳腺中变成乳脂肪。此外,粗纤维对胃肠有填充作用,使羊采食后产生饱感,并能刺激胃肠蠕动,有利于消化和粪便排泄。

(2)糖类的作用:供给机体热能,以维持体温和各器官的活动,剩余的部分,可变成脂肪储存体内。糖类供应充足时,可减少蛋白质的分解。所以糖类是羊的营养基础,只有提供糖类丰富的饲料,才能更好地发挥其他养分的作用。糖类很容易获得,几乎所有的饲料(除动物性饲料)都含有丰富的糖类,只要让羊吃足草和少许精料,一般就不会缺乏能量。

3. 维生素

维生素就是维持生命的要素。在饲料中虽然含量甚微,但所起作用极大。维生素种类很多,目前已知 20 多种,分为脂溶性和水溶性两大类。羊对维生素的需要量虽然极少,但缺乏了,就会引起许多疾病。如缺乏维生素 A 时,会出现生长停滞、夜盲、流眼泪、咳嗽、流鼻液、肺炎、步法不协调、上皮细胞角质化、食欲下降、消瘦、被毛粗乱、流产死胎等;缺乏维生素 D 会影响对钙、磷的吸收,从而引起佝偻病;缺乏维生素 E 会发生肌肉营养不良的退化性疾病,如白肌病和公羊睾丸萎缩症,这些疾病均影响生育。维生素 B 族对羊维持正常生理代谢也非常重要。羊瘤胃中的微生物可以合成维生素 B,所以不易缺乏。若羊患某种疾病或得不到完全营养时,有机体合成维生素 B 的功能遭到破坏时,应补给维生素 B。青草、胡萝卜、黄玉米、鲜树叶、青干草内含有丰富的胡萝卜素,羊的小肠能把胡萝卜素转化为维生素 A,羊还可以借助太阳光的照射作用,把皮肤中含有的 7-脱氢胆固醇转化为维生素 D,青草中维生素 E 的含量足够羊的需要,所以只要注意羊的优质青干草的供给就不会导致维生素 E 的缺乏。

4.矿物质的需要

饲料经过充分燃烧,剩余的部分就称其为矿物质或灰分。矿物质的种类很多,一般根据其占畜体体重的比例大小可分为常量元素(0.01%以上)和微量元素(0.01%以下)。在常量元素中有钙、磷、钠、氯、硫、镁、钾等。在微量元素中有铁、铜、锰、锌、硅、硒、钴、碘、铬、氟、钼等,其在羊体内含量虽少,但具有重要作用。

(1)钙和磷:钙、磷参与机体的代谢活动,是骨骼的重要组成成分。长期缺钙、磷或由于钙、磷的比例不当和维生素 D 的供应不足,幼羊出现佝偻病,成年羊会发生骨软症和骨质疏松。奶中的钙、磷含量占其矿物质含量的 5%。若饲料中钙磷不足,会影响羊的机体健康。豆科牧草含钙较多,禾本科牧草含钙量低,因此饲喂禾本科牧草应注意补充钙质。

(2)钾、钠、氯:它们主要分布在羊的体液及软组织中,在维持体液的酸碱平衡和渗透压方面起着重要的作用,并能调节体内水的平衡。钠、氯在羊体内主要以食盐形式存在,缺乏时可导致消化不良、食欲减退、采食量减少、异嗜、利用饲料中营养物质的能力下降、发育障碍、生长迟缓、体重减轻、生殖机能减弱、生产力下降等现象。所以在饲料中必须补充食盐,常以 0.5%的食盐配给为宜,喂量过多则引起食盐中毒,钾在普通日粮中不必另行补充。

(3)硫:硫是构成蛋白质、某些维生素、酶激素和谷胱甘肽辅酶 A 的必需成分,是瘤胃微生物合成维生素 B 的重要元素,也是机体中间代谢和去毒过程中不可缺少的物质。缺硫时,可发生流涎过多、虚弱、食欲不振、异食癖、消瘦等现象。

(4)碘:碘是形成甲状腺素不可缺少的元素。缺碘时,新生的羔羊甲状腺肿大、无毛、死亡或生存亦很衰弱,母羊缺碘时,受胎率低,母羊每日只需碘 0.5 毫克左右,实践证明食盐中加入 0.01%碘化钾时,可满足羊对碘的需要。因为碘化钾容易氧化、蒸发或滤过,所以建议用碘化钙。

(5)铁:铁目前尚无证明羔羊或大羊在正常情况下会缺铁,但有时羔羊舍饲在木条或木板地上因缺铁会引起贫血。通常情况下,植物性饲料含有足够的铁,可以满足羊对铁的需要。

(6)钴:钴是羊瘤胃微生物合成维生素 B_{12} 的原料,血液中、肝脏中钴的含量可作为钴在羊体中含量充足与否的标志。缺钴时,羊食欲减退,逐渐消瘦、贫血,受胎率显著下降。饲料中钴含量过多对羊也有害,正常情况下每日可供钴 0.1～1 毫克。日粮中补充钴,则母羊中发情羊增加,公羊精子数增加。严重缺钴还会使泌乳量和剪毛量降低,幼龄羊比成年羊受影响大。

(7)硒:硒是日粮中必需的元素,每千克饲料中必须含有0.1 毫克硒才能满足羊的需要。缺硒时,对羔羊的发育有严重影响,主要表现在羔羊生长慢,特别是白肌病的发生,此病多发生在羔羊2～8周龄,死亡率很高。但硒过量则发生慢性积累性中毒,表现为脱毛、蹄发炎或溃烂,繁殖力下降。

(8)铜:铜可以单独缺乏,也可以和钴、铁同时缺乏。贫血常和铜有关,若羊得不到适量的铜,就会影响铁的正常吸收,其结果使血红蛋白的合成受阻。一只羊每日需铜 15 毫克左右,羔羊缺铜最常见的病是肌肉不协调、后肢瘫痪、神经纤维的骨髓退化,羔羊初生下软弱或死亡。

(9)锰:羊的骨骼发育中需要有锰。缺锰时,母羊受胎率低、流产,羔羊的初生体重减轻,产的公羔比母羔多,而且母羔还比公羔死的多。

(10)锌:锌的主要作用一是维持公羊睾丸的正常发育和精子的正常生成,二是维持羊毛的正常生长,使之不脱毛。公羔日粮中应含 36～40 毫克的锌,才能保持睾丸的正常发育。

5.水

水是家畜机体一切细胞和组织的必须构成成分。在组成畜体的所有化学成分中水的比例为最高。动物体平均有水分55%~60%，年幼动物占的比例更大，羊要生存，一天也离不开水，如果缺乏水，可使动物比缺乏任何营养都死得快。当体内失去10%的水分时，即会导致严重的代谢紊乱。失去20%~25%以上水分时，就会危及生命，可见水分对有机体是非常重要的。水的主要功能是调节体温、保持体形、散发体内热量、运输各种营养、帮助消化吸收、排除废物，缓解关节摩擦，促进新陈代谢等。

二、生毛需求

肉羊虽然主要产品为肉，但其被毛也需要营养。羊毛纤维全由蛋白质所构成，且角蛋白较多。在组成毛纤维蛋白中，含硫氨基酸较多，且大部分以胱氨酸的形式存在，因此在饲料中必须注意含硫氨基酸及含硫化合物的供给。

产毛的营养需要通常与维持需要一起考虑，且与羊的生长、育肥、繁殖、泌乳是并行的，且与其他生产需要相比，占的比例较小。产毛的能量需要包括合成羊毛消耗的能量和羊毛所含的能量。能量水平对产毛的数量和质量有明显的影响，能量水平提高，产毛量增加，毛的直径大；能量水平低，则相反。

羊常用饲料中含硫氨基酸仅为羊毛角蛋白中的30%，羊体其他组织也需要含硫氨基酸，而羊体内蛋白质转化为羊毛蛋白质的比例很小，因此在饲料中，补加含硫氨基酸，可促进羊毛的生长。据报道，给绵羊日粮中补加1克胱氨酸，可提高产毛量14%。

羊饲料中矿物质含量低于需要量。羊毛的生长受摄取铜、锌、硫、硒、钾、钠、氯、氟、钴、钙和磷的量影响。其中铜与羊毛的生长关系密切,缺铜可影响羊毛品质。但羊对铜的耐受力非常有限,每千克饲料干物质中,铜的含量达5～10毫克已能满足羊的各种需要;超过20毫克时,有可能造成羊的中毒。

维生素A对羊毛的生长和羊的皮肤健康十分重要,所以对产毛有明显的影响。供给大量的青草可获丰富的胡萝卜素,因此夏秋季不易缺乏,而冬春季应适当补充。另外,维生素B_2、生物素、泛酸、烟酸也影响皮肤健康,从而影响毛的生长,但瘤胃微生物易合成,一般不易缺乏,对于羔羊必须注意供给。

三、不同类型羊的营养需求

1. 种公羊的营养需要

种公羊饲养的要求是保持健康体况,旺盛的性欲和配种能力,产生正常的精子。因此应根据公羊的体况、配种及采精任务给予合理的营养。一年中,种公羊处于两种不同的生理阶段,即配种期和非配种期。

公羊的射精量平均为1毫升(0.7～2毫升),每毫升精液所消耗的营养物质约相当于50克可消化蛋白质,因此必须保证日粮中真蛋白质占有较大比例。一般对配种任务不大的种公羊的能量需要,是在维持需要的基础上增加20%左右,蛋白质较维持需要提高60%～70%,当采精或配种量大或公羊体质较差,就必须提高蛋白质水平。

钙、磷对公羊的精液有很大影响,日粮中含有0.75%的钙,钙磷比例(1.5～2)∶1即可满足需要。维生素A不足时,公羊的精液品质下降,性欲不强,维生素D可影响钙、磷的吸收。维生素E可影响精子的形成。B族维生素缺乏,则公羊睾丸萎缩,性欲减退。维生素C也是保证公羊正常机能的营养物。

2. 母羊的营养需要

母羊的主要任务是更多、更快繁殖羔羊。母羊的繁殖包括发情、排卵、受精与妊娠等过程。母羊日粮中的营养水平直接影响繁殖机能。

(1)空怀母羊的营养需要:妊娠前要求母羊身体健康,按期发情,正常排卵,受胎率高。若日粮营养水平低,使羊的膘情差,导致发情排卵不正常,即使受精,也会引起流产或胎儿被吸收。如果母羊日粮中能量长期过量,不仅造成饲料浪费,且引起肥胖,以致卵巢被脂肪浸润,不能正常产生卵泡和排卵,甚至引起不育或利用年限缩短。一般空怀母羊(包括后备羊和经产羊)保持 7～8 成膘为宜。

(2)妊娠前期的营养需要:妊娠前期指怀孕前 3 个月,这是胎儿生长发育最快速的时期。胎儿各器官、组织的分化和形成大多在这一时期内完成;但胎儿的增重较少,仅为出生重的 10%～20%。在这一阶段,对日粮的营养水平要求不高,但必须提供一定数量的优质蛋白质、矿物质和维生素,以满足胎儿生长发育的营养需要。此时舍饲羊要补饲一定量的优质精料。从母羊体内能量沉积和代谢变化看,能量需要随妊娠期的延长而增加。妊娠母羊对蛋白质的需要也随妊娠的延长而增加。其需要包括瘤胃降解蛋白和非降解蛋白两部分的需要。

(3)妊娠后期的营养需要:妊娠后期指怀孕后 2 个月,胎儿和母羊自身的增重加快。母羊开始储备哺乳期的营养物质。胎儿贮积纯蛋白质的 80% 均在这一时期内完成。母羊增重的 60%,胚胎增重的 80%～90% 也在这一时期完成的。母体与胎儿共增重达 7～8 千克,双羔可增重 15～20 千克。随着胎儿的生长发育,母羊腹腔容积减少,采食量受限;草料容积过大或水分含量过高,均不能满足母羊对干物质的要求,应给母羊补饲一定的混合精料或优质青干草,妊娠后期母羊的热能代谢比怀孕期高 15%～20%。对蛋白质、矿物质和维生素的需要量明显增加,50 千克体重的成年母羊,日需可消化蛋白质 90～120 克、钙 8.8 克、磷 4 克,钙、磷比例为(2～2.5):1。

(4)泌乳期的需要:泌乳羊的营养需要包括维持和产乳两部分。产乳需要由泌乳量、乳成分含量来确定,也可根据出生羔羊 20～25 天哺乳期的日增重来计算哺乳期的泌乳量,每增重 100 克,就需母羊乳 500 克。而母羊生产 500 克的乳,就需要 0.3 千克的饲料单位,33 克的可消化蛋白质,1.2 克磷,1.8 克的钙。羊乳较其他动物的乳浓,主要成分为蛋白质 6.8%,脂肪 10.4%,乳糖 3.7%,灰分 0.9%,钙 0.18%,磷 0.13%,氯 0.13%,钾 0.08%。

3. 羔羊的营养需求

羊从出生、哺乳到开始配种,经过两个显著的生长发育阶段:即哺乳阶段和断乳阶段,此时新陈代谢特点是同化作用强于异化作用,可塑性很大,营养充足与否,直接影响羊的体形与体重,均匀的饲养条件,才能把羊培育成体大、宽广、胸深及各部位匀称的个体。

羔羊在哺乳前期(0～8 周龄)主要依靠母乳满足其营养需要,而后期(9～16 周龄)必须给羔羊单独补饲。羔羊在哺乳期生长迅速,日增重可达 200～300 克,到了育成阶段,增重虽然没有哺乳期迅速,但在 8 月龄前,肉用羊日增重可达 150～200 克,一般绵羊日增重高于山羊。羊增重的可食成分主要是蛋白质(肌肉)和脂肪。在羊的不同生理阶段,蛋白质和脂肪的沉积量是不一样的,例如,体重为 10 千克时,蛋白质的沉积量可占增重的 35%,而体重在 50～60 千克时,该比例下降为 10%左右,脂肪沉积的比例明显上升,因此应根据不同体重阶段,调整精料中蛋白和能量的比例,以满足其需要。育成前期,精料粗蛋白含量应在 16%～18%,后期为 14%～16%。

生长期羊需要各种微量元素,尤其对于舍饲羊,因采食范围小,容易造成铁、铜、锌、锰、碘、硒、钴等微量元素缺乏,因此必须补充。维生素对于生长期的羊也很重要。维生素 A 的需要按每 100 千克体重需胡萝卜素 7～10 毫克供给,维生素 D 参与钙、磷的代谢,缺乏后羊患佝偻病,B 族维生素由于幼羊瘤胃微生物区系尚未完成,在生产上应考虑由饲粮中供给。

4. 育肥羊的营养需要

羊育肥的目的,就是要增加羊体内的肌肉和脂肪,并改善羊肉的品质。增加的脂肪,主要蓄积在皮下结缔组织,腹腔(肠网膜)和肌肉组织这 3 部分内。

成年羊的育肥,只要能提供充足的能量饲料,就能取得较好的育肥效果。对蛋白质的需要,肥育羔羊比肥育成年羊多。成年羊育肥时,蛋白质的需要量主要满足机体正常代谢和食欲,一般比维持需要略高,羔羊肥育时,生长、肥育同时进行,蛋白质需要应增加 1 倍。

肥育成年羊对矿物质和维生素的需要与维持相似,除食盐一般占精料的 0.3%～0.5%以外,其余不必补充。羔羊肥育时,其需要量与生长羊的需要相似。

第三节　羊饲料的种类

羊的饲料可分为粗饲料和精饲料两大类。粗饲料(以下简称粗料)包括青绿多汁饲料、枝叶饲料、青干饲料、青贮饲料、秸秆(秕)饲料;精饲料(下称精料)是指籽实及其加工后的副产品以及配合饲料、补充饲料等。

一、粗饲料

羊是常年以粗饲料为主的经济动物,在生产季节其粗饲料可占日粮的 50%~70%,尤其在生产淡季,主要靠粗饲料生存,但经常供应的粗饲料种类依地区、种类、季节、料源不同而有明显差异。因此,认识粗饲料的种类及营养差异,对开辟新饲料来源、合理搭配是非常必要的。一般来说粗饲料可分为枝叶类、干牧草类、农副产品类、青绿多叶类及块根、块茎类等。其基本特点是体积大、难消化,可利用养分含量低,粗纤维含量高(>18%)。

(一)青绿多汁饲料

青绿多汁类饲料主要包括天然牧草、人工栽培牧草、叶菜类、根茎类、青绿枝叶、青刈玉米、青割大豆等。青饲料水分含量高,75%~90%。由于青饲料具有多汁性和柔嫩性,羊每天采食量可达 10~15 千克。

青饲料蛋白质含量较高。一般禾本科牧草的粗蛋白质含量为1.5%~4.5%,但赖氨酸不足。青饲料干物质中无氮浸出物含量为 40%~50%,粗纤维不超过 30%。青饲料中维生素含量丰富,特别是胡萝卜素含量较高,每千克饲料中含 50~80 毫克,B 族维生素、维生素 E、维生素 C、维生素 K、烟酸含量较多,但维生素 B_6很少,缺乏维生素 D。青饲料种类很多,现介绍几种主要青绿饲料。

1. 天然牧草及人工牧草

牧草种类很多,分豆科和禾本科两类。豆科牧草除紫花苜蓿外,还有三叶草、沙打旺、小冠花、紫云英、胡枝子、黄花草木樨和黄花苜蓿等。禾本科牧草包括黑麦草、无芒燕麦、芨芨草、紫穗羽茅、羊胡子草、鹅冠草、芦苇、碱草等；菊科牧草包括野艾、驼蒿、香蒿、奶子草等。

2. 青刈玉米

青刈玉米是青饲料中较好的饲料。玉米产量高，含丰富的碳水化合物，味甜，适口性好，质地柔软，营养丰富，羊很喜欢吃。青刈玉米用作羊饲料，一般是在抽雄穗到乳熟之前这段时间。根据羊群需要可分期收割，切碎后饲喂。

3. 青刈大豆

青刈大豆茎叶柔嫩，含纤维较少，含蛋白质多、脂肪较少，氨基酸含量丰富，是羊的优质青刈饲料。

4. 块根(茎)和瓜类饲料

该类饲料含水高，产量高，纤维少，易消化，适口性好，富含维生素，因此是冬春季节维生素的主要补充饲料，被称为多汁青饲料的当家饲料，尤以胡萝卜为主。

(二)干粗饲料

干粗饲料包括枝叶类，如柞树枝叶、混合灌木枝叶、果树叶等，秸秆类如玉米秸、豆秸、麦秸、稻草、谷草等；荚壳类如大豆荚皮、谷秕子、麦壳、棉籽壳、花生壳粉等。青干草类如碱草(羊草)、芨芨草、芦苇、杂草、野干草、山地干草(混合干草)、沼泽干草等；栽培牧草类如青干苜蓿、青干玉米秸、青干大豆等；蒿类如水蒿、艾蒿、大叶蒿等。

1. 枝叶类饲料

大多数树木的叶子(包括青叶和秋后落叶)及其嫩枝和果实都可用作羊的饲料,且营养较高。树叶很容易消化,不仅能作羊的维持饲料,而且可以用作羊的生产饲料。枝叶虽然是粗饲料,但远远优于秸秆和荚壳类饲料。其营养成分随产地、季节、部位、品种、调制方式而有所不同。一般树叶中含胡萝卜素为110~250毫克/千克。在夏季,树叶饲料的粗蛋白质含量最高,约为36%;秋季以后逐渐降低,至冬季可降至12%。在养羊业上常用的枝叶饲料主要来自于柞树、胡枝子、椴树、榆树、柳树、桑树、杨树、桦树和果树等,一般嫩叶的干物质中含有15%~20%的粗蛋白质。

落叶是山区、半山区养羊的主要粗饲料,包括大柞树叶、小柞树叶、各种果树叶和阔叶类杂树叶等,其中以小柞树叶用作羊的饲料最为广泛。东北地区收集柳毛子、杨树、苔条及榛树嫩叶喂羊,特别是公羊,效果良好。落叶类饲料多于霜后和早春收取,其可溶性营养物质流失较多,但优质落叶的营养成分仍高于秸秆类,接近于干草类饲料,通常落叶含粗蛋白质10.3%~26.3%、无氮浸出物37.8%~55.7%、粗纤维16.6%~35.2%、无机盐4.9%~10.3%,其中钙多磷少,且缺乏各种维生素。落叶类的饲料含有较多的鞣酸类物质,对非细菌性腹泻有止泻作用,但长期大量饲喂会影响羊的正常消化功能。

2. 农副产品类饲料

农副产品饲料是农业区及半山区羊秋冬和春季的主要饲料,主要包括作物秸秆和脱壳副产品,统称为稿秕饲料,稿秕是秸秆和秕壳的简称。

秸秆主要由茎秆和经过脱粒后剩下的叶子所组成,如玉米秸、豆秸、稻秸、麦秸等。

秕壳则是从籽粒上脱落下来的屑片和数量有限的小的或破碎的颗粒构成,如大豆荚皮、棉籽壳、稻壳等。

此外还有地瓜秧、花生秧等。大多数农业区都有相当数量的秸秕可用作羊的饲料。秸秆类饲料不仅营养价值低,消化率也低。按全干物质计算,其粗纤维占 28%～48%,无氮浸出物占 40%～50%,粗蛋白质占 3%～8%,维生素的含量很少。秕壳类饲料的营养价值一般高于秸秆类饲料,大豆荚最具有代表性,是一种比较好的粗饲料,其粗纤维含量为 33%～40%,无氮浸出物为 12%～50%,粗蛋白质为 5%～10%。对于秸秆饲料,必须晾干垛好,并且现喂现铡,切不可铡后堆放,以防发霉变质。

3. 青干草

青干草是指青草或其他青饲料植物在未结籽实以前收割下来,经晾干制成。由于干草仍保持部分青绿颜色,故又称青干草。干制青饲料的目的,主要是为保存青饲料中的有效养分,并便于随时取用。青饲料晒制后,除维生素 D 增加外,多数营养物质都比青贮饲料损失多。合理调制的干草,其干物质损失量为 18%～30%。干草的营养价值高低取决于制作原料的植物种类、生长阶段和调制技术。就原料而言,由豆科植物制成的干草,含有较多的粗蛋白质。而在能量方面,豆科、禾本科以及谷类作物制成的三类干草之间没有显著的差别,但是优良干草中,可消化粗蛋白质的含量应在 12%以上。

在山区适时采割的沼泽干草、山地干草、森林干草,可以用来喂羊。由于山地干草和沼泽干草的科属繁多,一般均称为山地杂草,其中包括大量的豆科、菊科等阔叶草本植物。

二、精饲料

精饲料是公羊配种、母羊怀孕泌乳及幼羊生长不可缺少的补充料,它的特点是体积小,营养价值高,适口性强,消化率高,各养殖场可依据自己羊群的情况、季节、粗饲料质量,合理搭配,适量补喂,以满足营养需要。精饲料包括禾本科籽实(能量饲料)、豆类与油料作物籽实(蛋白质饲料)及其加工副产品。禾本科籽实饲料指的是在干物质中粗纤维含量低于 6%、粗蛋白含量低于 20% 的谷实类、糠麸类等,此类饲料属高能饲料。豆类与油料作物籽实及其加工副产品也具有能量饲料的特征,但由于蛋白质含量高,故列为蛋白质饲料。蛋白质饲料是指干物质中粗纤维含量低于 6%、同时粗蛋白质含量在 20% 以上的饼粕类饲料、豆科籽实及一些加工后的副产品。

1. 玉米

玉米中所含的可利用能值高于谷实类中的任何一种饲料,在肉羊饲料中使用的比例最大。黄玉米中含有胡萝卜素和叶黄素,营养价值高于白玉米。玉米中粗蛋白 8.6%,粗纤维 3.5%,无氮渗出物 73%。在满足肉羊蛋白饲料、矿物质饲料及各种添加剂后,能量可全部用玉米代替。玉米喂羊时应尽量粉碎,使羊充分消化吸收。

2. 高粱

高粱的能值因品种而异。高粱壳的籽实,其能量与玉米差不多,是较好的能量饲料。因高粱是酿酒的主要原料,因此是酒糟中主要成分。高粱种皮部分有鞣酸,具有苦涩味,影响适口性,色深的高粱含鞣酸量高。高粱含粗蛋白 8.7%,粗纤维 2.2%,无氮渗出物 72.9%。粉碎后的高粱,可代替部分肉羊饲料中的玉米。

3. 大麦

我国大麦作为饲料用量较少,大多作为啤酒酿造原料。大麦的粗蛋白含量比玉米、高粱高,但粗纤维含量高,因大麦种子有一层外壳。大麦含粗蛋白 10.8%,粗纤维 4.7%,无氮浸出物 68.1%。大麦喂羊时可压扁或粉碎较好,但不宜整粒饲喂。

4. 燕麦

燕麦的蛋白质含量和大麦相似,粗纤维含量较高,为 9%,因此是草食动物优质饲料。燕麦粉碎后饲喂,对肉羊有较好的效果。

5. 豆科籽实

豆科籽实是一种优质的蛋白质和能量饲料。豆科籽实蛋白质含量丰富,为 20%～40%,而无氮浸出物较谷实类低,只有 28%～62%。

由于豆科籽实有机物中蛋白质含量较谷实类高,故其消化能较高。特别是大豆,含有很多油脂,故它的能量价值甚至超过谷实中的玉米。无机盐与维生素含量与谷实类大致相似,不过维生素 B_2 与维生素 B_1 的含量有些种类稍高于谷实。含钙量虽然稍高一些,但钙磷比例不适宜,磷多钙少。

豆科饲料在植物性蛋白质饲料中应是最好的,尤其是植物蛋白中最缺乏的限制性氨基酸——赖氨酸的含量较高。蚕豆、豌豆、大豆饼的赖氨酸含量分别为 1.80%、1.76%和 3.09%。但是豆类蛋白质中最缺乏的是蛋氨酸,其在蚕豆、豌豆和大豆饼中的含量分别为 0.29%、0.34%和 0.79%。

豆类饲料含有抗胰蛋白酶、致甲状腺肿大物质、皂素和血凝集素等,会影响豆类饲料的适口性、消化率及动物的一些消化生理过程。但这些物质经适当的热处理(加热 100℃,3 分钟)后就会失去作用。

6. 大豆饼(粕)

大豆饼(粕)品质居饼粕之首,含粗蛋白 40% 以上。质量好的豆饼为黄色有香味,适口性好,但在日粮中添加量不要超过 20%。

7. 棉籽饼(粕)

棉籽饼(粕)是棉区喂羊的好饲料,去壳压榨或浸提的棉籽饼含粗纤维 10% 左右,粗蛋白 32%～40%;带壳的棉籽饼含粗纤维高达 15%～20%,粗蛋白 20% 左右。棉籽饼中含有游离棉酚等毒素,长期大量饲喂(日喂 1 千克以上)会引起中毒。羔羊日粮中添加量一般不超过 20%。

8. 菜籽饼(粕)

菜籽饼(粕)含粗蛋白质 36% 左右,矿物质和维生素比豆饼丰富,含磷较高,含硒量比豆饼高 6 倍,居各种饼粕之首。菜籽饼中含芥子毒素,羔羊、孕羊最好不喂。

9. 花生饼粕

花生饼是榨取了花生油后所得的副产品,去壳后榨油所得的饼叫花生仁饼,粗纤维含量低于 7%,带壳榨油的花生饼,粗纤维含量约为 15%,含蛋白质较少。花生仁饼的粗蛋白含量为 43%～45%,但由于它含脂量高,不耐久藏,若长期储存,常寄生黄曲霉菌。由它产生的黄曲霉菌素,对羊有严重毒害作用,且花生饼在温度高时易酸败。因此花生饼宜新鲜饲喂,此外,花生饼还具有轻泻作用,牛、羊过食易引起腹泻。

10. 亚麻籽饼粕

亚麻籽饼粕又称胡麻饼,产于我国的东北和西北地区,粗蛋白质含量 34%~38%,粗纤维含量 9%,含钙 0.4%、磷 0.83%。亚麻籽饼含有黏性物质。可吸收大量水分而膨胀,从而可使饲料在肉羊的瘤胃内停留较长时间,以利于饲料的利用。黏性物质对肠胃黏膜起保护作用,可润滑肠壁,防止便秘。

11. 葵花籽饼粕

带壳的葵花籽饼,粗蛋白仅为 17%,粗纤维为 39%,部分去壳或去壳较多的葵花籽饼粗蛋白质含量在 28%~44%,粗纤维9%~18%,是肉羊肥育期很好的饲料。

12. 小麦麸

小麦麸即麸皮,是小麦加工成面粉时的副产品,主要由小麦籽实的种皮、糊粉层、少量的胚乳和胚组成,加工工艺及加工机器的不同,造成了麸皮的营养成分差异较大。麸皮的粗纤维含量约10%,无氮浸出物约 58%,粗蛋白含量为 13%~16%。

13. 米糠

米糠为稻谷加工成大米时的副产品,大米越白,米糠的营养价值越高。米糠的粗蛋白含量为 12.8%,粗脂肪 16.5%,粗纤维5.7%,无氮浸出物 44.5%,因此米糠在所有糠类中脂肪含量最高。粗脂肪中不饱和脂肪酸较高,因此易腐败,不易储藏,钙磷比例不平衡,约为 1∶5。砻糠是稻谷外面的一层坚硬的壳,含粗蛋白质 13%,粗脂肪 1.5%,粗纤维 46%,无氮浸出物 28%,营养价值比秸秆饲料低。统糠是米糠和砻糠的混合物,统糠的营养价值取决于米糠所占的比例。

14. 玉米糠

玉米糠是玉米加工时脱离的外壳,是北方常用喂羊的高能饲料之一。无氮浸出物高达 61.5%,粗蛋白为 9.9%,粗脂肪为 3.6%。

三、矿物质饲料

天然饲料中都含有矿物元素,但存在着成分不全、含量不一等问题。因此,在舍饲繁殖母羊、种公羊和处于生长发育阶段的小羊都要适当补充一些矿物质。食盐可补充羊体所需要的钠和氯,并可刺激食欲,促进消化。含钙的矿物质饲料有贝壳粉、石粉等。含钙、磷矿物质饲料主要有骨粉、磷酸钙类。另外,还需要微量元素——硫酸锌、硫酸锰、氯化钴、硫酸镁等。

1. 食盐

大多数植物性饲料中钠和氯的含量均不足,相反含钾较多。为了使其矿物质代谢平衡,必须在日粮中补饲食盐。给羊补饲食盐,不仅补加了钠和氯,协调日粮的阴阳离子平衡,而且还可以提高饲料的适口性,增加采食量。缺碘地区可用碘化食盐,效果较好。补饲食盐有 4 种办法:一是按饲养标准拌在混合料中;二是拌在青贮饲料中;三是加在饮水中;四是增设食盐槽,让羊根据需要,自由舔食。一般在混合料中食盐所占的比例为 0.8%~1.2%。

2. 含钙的矿物质饲料

常用的为石粉、贝壳粉,它们的主要成分为碳酸钙,石粉含钙38%左右,贝壳粉根据含砂量多少,变化较大,一般为 26%~38%。羊对这类钙的利用率并不高,但来源广,价格低,是生产中常用的含钙矿物质饲料。

3.含磷的矿物质饲料

骨粉是一种动物来源的钙磷补充源。脱胶骨粉的钙在30%以上,磷在12%左右。另一类是蒸骨粉,未脱胶,钙含量为23%左右,磷11%左右。骨粉的钙磷比例比较平衡,利用率也高。

磷酸氢钙是一种化工产品,是各种动物比较理想的钙磷补充源,含钙20%～24%,含磷17%～18%。作饲料用的磷酸氢钙,要求含氟量小于0.1%,并以脱去结晶水的磷酸氢钙为好。

四、动物性饲料

主要指鱼类、肉类和乳品加工的副产品以及其他动物产品的总称。常用的有鸡蛋、鱼粉、肉骨粉、血粉、羽毛粉、蚕蛹、全乳和脱脂乳等。动物性饲料是高蛋白质饲料,一般含蛋白质在50%以上,成本比较高。反刍动物一般很少使用动物性蛋白饲料,但在母羊的泌乳、种公羊配种高峰期、杂交羊的育肥阶段,可适当补充动物性饲料。

五、饲料添加剂

1.羊育肥复合饲料添加剂

由微量元素铁、铜、锰、锌、硒、瘤胃代谢调节剂、生长促进剂及对有害微生物抑制物质组成。适用于当年羔羊与淘汰老羊的育肥,补喂精料、混合料育肥90天,增重速度和饲料转化率分别提高23%和19%。

2. 莫能菌素钠

莫能菌素钠又名瘤胃素、莫能菌素、孟宁素。它的作用是控制和提高瘤胃发酵效率，从而提高增重速度及饲料转化率。舍饲绵羊饲喂瘤胃素，日增重比对照羊提高 35％左右，饲料转化率提高27％。用量为每千克日粮添加莫能菌素钠 25～30 毫克。实际应用时应根据日粮组成确定适宜量。要均匀混合在饲料中，最初喂量可低些，以后逐渐增加。

3. 喹乙醇

喹乙醇又名快育灵、奥拉舍、喹酰胺醇、倍育诺，为合成抗菌剂。喹乙醇能影响机体代谢，具有促进蛋白质同化作用，进食后在24 小时内主要通过肾脏全部排出体外。毒性极低，按有效剂量使用，很安全，不良反应小。用量用法：均匀混合于饲料内饲喂。羔羊每千克日粮干物质添加喹乙醇量为 50～80 毫克。

4. 杆菌肽锌

杆菌肽锌是抑菌促生长剂。对畜禽都有促生长作用，有利于养分在肠道内的消化吸收，改善饲料利用率，提高体重。羔羊用量每千克混合料中添加 10～20 毫克（42 万～84 万单位），在饲料中混合均匀饲喂。

5. 尿素

添加尿素的目的是补充饲料中蛋白质不足，按 1.5％～2％混在精料中饲喂。每天饲喂的数量占羊体重的 0.02％，即成年母羊日喂量 10～15 克，6 月龄以上青年羊 6～8 克，首次喂量只能按规定量的 1/10 喂给，逐渐增加。至 10 天以后可加到规定量。为防止尿素中毒，尿素不可单独喂，也不可溶于水喂。对病羊、弱羊少喂或不喂。

用尿素喂羊的技巧有以下几种方法。

(1)在青贮饲料或碱化处理秸秆时添加：向玉米青贮饲中添加0.5％的尿素，可使其粗蛋白含量达到10％～12％；在碱化秸秆时加入3％的尿素，能够显著提高秸秆的营养价值。

(2)用液氨处理麦草或稻草等秸秆及谷物饲料：液氨是一种无载体物质，无毒，含氮82.5％。用液氨处理秸秆，既能提高粗蛋白含量，又能增强适口性，大大提高消化利用率。

6.磷酸脲

磷酸脲商品名为牛羊乐，其作用是为反刍动物补充氮磷，是一种新型非蛋白氮饲料添加剂。它在瘤胃内的水解速度显著低于尿素，能促进羊的生理代谢及其对氮磷钙的吸收。每日每只羊添加10克左右磷酸脲，平均日增重提高26.7％。

7.玉米赤霉醇

玉米赤霉醇是一种安全有效地促进动物蛋白合成剂。将它制成特殊形状的药丸(12毫克/粒)，使用特制的埋植枪，将药丸埋植于羊耳部皮下软骨之上，不需特殊护理即可使羊在2个月内提高增重率15％～20％，饲料转化率提高10％左右。每只羊1粒，药效持续60天，可重复埋植，累加增重效果。

(1)使用方法

①将注射针以30°的角度完全刺入羊耳部皮下软骨之上，针尖应靠近肌肉边缘，此位置可保持适宜的吸收率。

②注射针全部插入后，轻轻退出大约1厘米，再扣动扳机打入全部弹丸，向外退出注射针时应保持扳机处于扣下状态，以保持弹丸留在原地。

③将注射针退出皮下后，用碘酒消毒埋植部位的皮肤和注射

枪针头。

④弹丸的埋植期一般选在羊屠宰前 50 天左右。

（2）注意事项

①埋植弹丸的羊必须在最后一次埋植 50 天后方可上市销售，即小尾寒羊的埋植与屠宰时间不得少于 50 天。

②药丸只能在耳部埋植，其他任何部位均属违禁。

③弹丸只能用于肉用羊，不能用于繁殖羊和泌乳羊。

8. 缓冲剂

常用的有碳酸氢钠和氯。使用冲剂后可增强菌蛋白在瘤胃中的合成，减缓饲料营养降解速度，增加食欲，提高饲料消化率。使用缓冲剂应逐渐增加，混匀于饲料中。碳酸氢钠、氯化钠的用量分别为混合精料的 1.5%～2% 和 0.75%～1%，二者联合使用时，比例为（2～3）∶1 为宜。

第四节　饲料的加工

舍饲肉羊在枯草期，必须备有足够的干草，以满足饲喂需要。干草含有家畜所必需的营养物质。干草中含蛋白质 7%～14%，可消化碳水化合物 40%～60%，还有丰富的矿物质和一定数量的维生素和微量元素。

一、青干草的加工

干草的调制包括牧草的适时收割、干燥、储藏和加工等几个环节，成品干草的含水量一般在 15% 以下。干草调制过程中，应尽可能缩短牧草干燥时间,加速牧草的干燥,减少由于生理生化作用和氧化作用造成的损失,减少由雨淋、露水浸湿造成的干草腐烂。干草调制的方法大致可分为自然干燥和人工干燥两大类。

1. 割草适期

干草的产量和质量与青草的收割时期关系密切。适时收割青草,能使干草可消化物质的产量增加。牧草成熟后,干物质含量增加,但是消化率降低。因此,收割期应选择干物质含量与消化率的最佳平衡点。禾本科牧草收割适期,应是抽穗期至开花期;豆科牧草是开花初期到盛花期;制干草则应在干物质含量较高的盛花期收割。

以苜蓿为例,收割过晚,因营养价值最高的叶和花序减少,饲用价值降低,产量也减少。干草的质量很大程度上取决于草的茎叶比例,叶的比例越大,干草的品质越好。收割过早(如在开花初期以前),下一年的产草量减低;在开花期收割,则下一年的产草量增加。

2. 割草的适宜高度

割草高度过高,干草产量降低,营养成分减少。割草过低,虽然当年的干草产量提高了,但下一年以及以后几年的产量却下降了,这样做实在得不偿失。

天然草地和人工草地,适宜的割草高度为距地面5～6厘米;当地面不平时可适当提高割草高度;下一年作采种用的多年生牧草和第一年播种的人工牧草,割草高度应为7～9厘米;茎秆下部较粗的高茎牧草,如芦苇和高大的杂草类,割草高度可适当提高,但不宜超过15厘米。

3. 干草的调制

刚收割的新鲜牧草,由于其含水量高而不易长期保存,调制干草的目的是在尽可能不破坏新鲜牧草营养物质的前提下,蒸发掉其大部分水分,并经过轻微的微生物发酵,制成容易保存、质地优良的干草。在干草调制过程中,其所含的营养成分的18%~30%损失。

(1)自然干燥法:自然干燥法不需要特殊设备,尽管在很大程度上受天气条件的限制,但为我国目前采用的主要干燥方法。晒制过程中要尽可能避免雨水淋湿,否则会降低干草的品质。与人工干燥法相比,自然干燥法效率较低、劳动强度大、制作的干草质量差、成本低,自然干燥的方式又可分为地面干燥、草架干燥和发酵干燥3种。

①地面干燥法:也叫田间干燥,牧草刈割后在原地或另选地势较高处晾晒,适合我国北方夏、秋季雨水较少的地区。牧草刈割后,原地平铺或堆成小堆进行晾晒,当水分降至50%以下时,再将牧草集成高0.5~1米的小堆,任其自然风干。

②架上晒草法:在南方地区或夏、秋雨水较多时,可以在专门制作的干草架上进行干草调制。干草架主要有独木架、三角架,铁丝长架和棚架等。将刈割后的牧草自上而下地置于干草架上,厚度不超过70~80厘米,离地20~30厘米,保持蓬松,有一定斜度,以利采光和排水。草架干燥虽花费一定物力,但制得干草品质较好,养分损失比地面干燥减少5%~10%。

③发酵干燥法:阴湿多雨地区,光照时间短,光照强度小,不能用普通方法调制成干草时,可用发酵干燥法调制。将刈割的牧草平铺,经过短时间的风干,当水分降低到50%时分层堆积成3~5米高的草垛逐层压实,表层用土或地膜覆盖,使牧草迅速发热,经2~3天草垛内的温度上升到60~70℃,打开草垛,随着发酵热量

的散失,经风干或晒干,制成褐色干草,略具发酵的芳香酸味,家畜喜食。如遇阴雨连绵天气无法晾晒时,可堆放1～2个月,一旦无雨马上晾晒,容易干燥。褐色干草发酵过程中由于温度的升高,造成营养物质的损失,对无氮浸出物的影响最大,损失可达40%,其养分的消化率也随之降低。

(2)人工干燥法:利用加热、通风的方法调制干草,主要有常温鼓风干燥和高温快速干燥。其优点是干燥时间短,养分损失小,可调制出优质的青干草,也可进行大规模工厂化生产,但其设备投资和耗能较高。

①常温鼓风干燥:牧草的干燥可以在室外露天堆贮场,也可在干草棚中进行干燥,堆贮场和干草棚中都安装常温鼓风机。不论是散干草还是干草捆,经堆垛后,通过草堆中设置的栅栏通风道,用鼓风机强制吹入空气,达到干燥。常温鼓风干燥适于在干草收获时期,大部分白天、早晨和晚间的相对湿度低于75%和温度高于15℃的地方使用。在空气相对湿度高的地方,鼓风用的空气应适当加温。干草棚常温鼓风干燥的牧草质量优于晴天野外调制的干草。

②高温快速干燥:高温快速干燥常用烘干机将牧草水分快速蒸发掉,烘干机有不同型号,有的烘干机入口温度为75～260℃,出口温度为25～1160℃,有的烘干机入口温度为420～1160℃,出口温度为60～260℃。含水量80%～85%的新鲜牧草的烘干机内经数分钟,甚至几秒钟可使水分下降到5%～10%。对牧草的营养物质含量及消化率几乎无影响,如早期收割的紫花苜蓿和三叶草用高温快速干燥法制成的干草粉含粗蛋白20%,每千克含200～400毫克胡萝卜素和24%以下的纤维素。用快速干燥法制成的干草,占原来鲜草干物质的95%和90%～95%的胡萝卜素。

(3)其他加速干燥的方法:除人工干燥法可加速牧草的干燥速度外,压裂草茎和施入干燥剂都可加速牧草的干燥,降低牧草干燥过程中营养物质的损失。

①压裂草茎加速干燥：牧草干燥时间的长短，实际上取决于茎秆干燥所需时间，茎与叶相比干燥速度要慢得多。当豆科牧草叶干燥到含水量 15%～20% 时，茎的水分含量为 35%～40%。所以加快茎的干燥速度可加速牧草的整个干燥过程，同时可减少因茎叶干燥不一致造成的叶片脱落。常使用牧草压扁机压裂牧草的茎秆，破坏茎角质层的表皮，破坏茎的维管束使它暴露出来，这样茎中水分蒸发速度大为加快，茎的干燥速度大致能跟上叶的干燥速度。在良好的天气条件下，牧草茎经过压裂后干燥所需时间，与未压裂的同类牧草相比，前者仅为后者所用时间的 1/2～1/3。干草压扁机有两种类型，圆筒型和波齿型。圆筒型压扁机装有捡拾装置，压扁机将草茎纵向压裂，波齿型压扁机有一定间隔将草茎压裂。牧草刈割后应尽快压裂，最好刈割、压裂和成条连续作业一次完成。

②化学干燥剂加速干燥：近年的研究表明，某些化学物质能够加速豆科牧草的干燥速度。目前应用较多的有碳酸钾、氢氧化钾、碳酸氢钠、碳酸钙、磷酸二氢钾、长链脂肪酸甲基酯等物质，用这些物质的溶液喷洒豆科牧草紫花苜蓿，能破坏牧草表皮，特别是茎表面的蜡质层，促进了牧草体内水分的散发，加快了田间干燥的速度，缩短了干燥的时间，能够减少紫花苜蓿叶量的损失，提高蛋白质的含量和干物质的产量，使其消化率也有所提高。

4. 干草品质的评定

优质干草色泽青绿、气味芳香，植株完整且含叶量高，泥沙少、无杂质、无霉烂和变质，水分含量在 15% 以下。

5. 干草的饲喂

优质干草可采用整株上架饲喂，或粉碎后与精料混合饲喂，亦可用来生产颗粒饲料。

干草饲喂时主要是切短,切短既可减少浪费,又可提高采食量。一般切成3～4厘米的小段,并尽可能把禾本科干草和豆科干草搭配混合饲喂。经切短后的干草可用清水或淡盐水拌湿,再撒些精料一同喂羊,效果会更好。精料根据需要可用些玉米粉、麸皮或配合饲料。

二、青 贮

青贮饲料是指将新鲜的青刈饲料、饲草、野草等,切碎装入密闭的容器(塔、壕、窖、堆、袋)内,经过微生物的发酵作用使青贮料发生一系列物理的、化学的、生物的变化,形成一种多汁、耐贮、适口性好、营养价值高、可供全年饲喂的一种营养丰富的多汁饲料。它基本保持了青绿饲料的原有特点,有青草"罐头"之称。是提高饲草的利用价值、扩大饲料来源和调整饲草供应时期的一种经济有效的方法,也是在冬季或舍饲饲养羊的主要饲料之一。因而,在舍饲肉羊生产上应大力提倡推广。青贮的质量取决于3个因素:所用青饲料的化学成分;青贮窖内空气是否被全部压出;微生物的活动。

1.青贮原理

青贮原理是在缺氧条件下利用植株内碳水化合物、可溶性糖和其他养分,厌氧的乳酸细菌大量繁殖,进行发酵,产生乳酸,当酸度积累到一定浓度后氢离子浓度上升,就抑制了腐败菌和丁酸菌的生长,从而使原料中的养分能够绝大部分保存下来,达到长期保存的目的。

2. 青贮的优缺点

(1)优点

①保存营养:采用青贮工艺保存青饲料。营养的损失率为8%～10%,而制成干草保存营养损失率达20%～30%。

②来源广,成本低。玉米产区、麦类产区、杂粮混种地区,均有大量的可用来制作青贮饲料的原料,牧区利用野草青贮,前途十分广阔。

③用途广泛:青贮饲料可以作为冬春枯草期羊粗饲料来源,尤其对于舍饲羊是不可缺少的饲草。

④保质期:一般在6个月以下。

⑤适口性好:青贮饲料气味酸、香,适口性好,增加了羊的采食量。

⑥受气候影响小:青饲料制成青贮后,不受季节、气候的影响,一年四季均可使用。

⑦防火:青贮饲料无火灾的可能,因此安全性好。

⑧占地面积小:采用青贮时,每立方米体积内可以堆放青贮饲料450～700千克(干物质150千克左右)。如改为干草堆放,则每立方米体积内只能堆放干草70千克(干物质60千克)。

⑨灭菌、杀虫、消灭杂草种子:除厌氧菌种外,各种菌族都不能在青贮饲料中存活,各种植物的寄生虫及杂草的种子也都在青贮过程中被杀死。

⑩易消化:青贮饲料的消化率可达60%以上,而干草的消化率不到50%。

(2)缺点:青贮饲料不足之处是建筑青贮窖一次性投资大,需要管理技术高,饲料维生素D含量低。且不能当作唯一的粗料,更不能当作唯一日粮来源。其次,制作保存不当,也会发生霉烂、酸败、变质。

3.青贮设施的要求

(1)不透气:这是调制良好青贮饲料的首要条件。无论用哪种材料修建,必须做到严密不透气。为防止透气,可在壁内裱衬一层塑料薄膜。

(2)不透水:青贮设施不要在靠近水塘、粪池的地方修建,以免污水渗入。地下或半地下式青贮设施的地面,必须高于地下水位。

(3)墙壁要平直:青贮设施的墙壁要求平滑垂直,圆滑,这样才有利于青贮饲料的下沉和压实。

(4)要有一定的深度:一般宽度和直径应小于深度,宽、深比为1:1.5 或 1:2,以利于青贮饲料借助于本身的压力压紧压实,并减少窖内的空气,保证青贮质量。

(5)防冻:各种青贮设施必须防止青贮冻结,影响使用。

4.青贮设施

青贮设施是指装填青贮饲料的容器,主要有青贮窖、青贮壕、青贮塔、地面青贮设施及青贮袋等。

(1)青贮窖:青贮窖是我国广大农村应用最普遍的青贮设施。按照窖的形状,可分为圆形和长方形窖两种。在地势低平、地下水位较高的地方,建造地下式窖易积水,可建造半地下、半地上式。圆形窖占地面积小,圆筒形的体积比周长等尺寸的长方形窖较大,装填原料多。但圆形窖开窖喂用时,需将窖顶泥土全部揭开,窖口不易管理;取料时需一层层取用,若用量少,冬季表层易结冻,夏季易霉变。长方形窖适于小规模饲养户采用,开窖从一端启用,先挖开1~1.5米长,从上向下,一层层取用,这一段饲料喂完后,再开一段,便于管理。但长方窖占地面积较大。不论圆形窖或长方形窖,都应用砖、石、水泥建造,窖壁用水泥挂面,以减少青贮饲料水分被窖壁吸收。窖底只用砖铺地面,不抹水泥,以便使多余水分渗漏。

长方形窖容积计算公式为:长×宽×深＝容积。

如果暂没有条件建造砖、石结构的永久窖,使用土窖青贮时,四周要铺垫塑料薄膜。第二年再使用时,要清除上年残留的饲料及泥土,铲去窖壁旧土层,以防杂菌污染。

(2)青贮壕:青贮壕是指大型的壕沟式青贮设施,适用于大规模饲养场使用。此类建筑最好选择在地方宽敞、地势高燥或有斜坡的地方,开口在低处,以便夏季排出雨水。青贮壕一般宽4～6米,便于链轨拖拉机压实。深5～7米,地上至少2～3米,长20～40米。必须用砖、石、水泥建筑永久窖。青贮壕是三面砌墙,地势低的一端敞开,以便车辆运取饲料。

(3)地面青贮堆:大型和特大型饲养场,为便于机械化装填和取用饲料,采用地面青贮方法。在宽敞的水泥地面上,用砖、石、水泥砌成长方形三面墙壁,一端开口。宽8～10米,高7～12米,长40～50米。可以同时多台机械作业,用链轨拖拉机压实。国外有的用硬质厚2～3厘米塑料板作墙壁,可以组装拆卸,多次使用。

(4)青贮塔:青贮塔适用于机械化水平较高、饲养规模较大、经济条件较好的饲养场,是有专业技术设计和施工的砖、石、水泥结构的永久性建筑。塔直径4～6米,高13～15米,塔顶有防雨设备。塔身一侧每隔2～3米留一个60厘米×60厘米的窗口,装料时关闭。原料由机械吹入塔顶落下,塔内有专人踩实。饲料是由塔底层取料口取出。青贮塔封闭严实,原料下沉紧密,发酵充分,青贮质量较高。

(5)青贮塑料袋:近年来随着塑料工业的发展,一些小型饲养场,采用质量较好的塑料薄膜制成袋,装填青贮饲料,袋口要求封口严实,不漏气,堆放在畜舍内,使用很方便。袋宽50厘米,长80～120厘米,每袋装40～50千克。但因塑料袋贮量小,成本高,易受鼠害,故在我国应用较少。

5. 用作青贮的原料

作为青贮饲料的原料,首先是无毒、无害、无异味,可以作饲料的青绿植物。其次,青贮原料必须含有一定的糖分和水分。

(1)青贮类型

①玉米青贮:青贮玉米饲料是指专门用于青贮的玉米品种,在蜡熟期收割,茎、叶、果穗一起切碎调制的青贮饲料。这种青贮饲料营养价值高,每千克相当于0.4千克优质干草。每千克玉米青贮中,含粗蛋白质20克,其中可消化蛋白质12.04克。维生素、矿物质含量丰富,适口性强。

青贮玉米含糖量高,制成的优质青贮饲料,具有酸甜、清香味;且酸度适中(pH4.2),羊喜欢采食。适宜采用砖、石、水泥结构的永久窖装贮,如果用土窖装贮时,窖的四周要用塑料薄膜铺垫,绝不能使青贮饲料与土壤接触,防止青贮饲料水分丧失或接触土壤而造成霉变。

②玉米秸青贮:玉米籽实成熟后先将籽实收获,秸秆进行青贮的饲料,称为玉米秸青贮饲料,是充分利用农作物副产品的有效方法。

③牧草青贮:牧草不仅可晒制干草,而且可制作成青贮饲料。在长江流域及以南地区,北方地区的6~8月雨季,可以将一些多年生牧草如苜蓿、草木樨、红豆草、沙打旺、红三叶、白三叶、冰草、无芒雀麦、老芒麦等调制成青贮饲料。但豆科牧草不宜单独青贮,因为豆科牧草蛋白质含量较高而糖分含量较低,满足不了乳酸菌对糖分的需要,单独青贮时容易腐烂变质。

④秧蔓、叶菜类青贮:这类青贮原料主要有甘薯秧、花生秧、瓜秧、甜菜叶、甘蓝叶、白菜等,其中花生秧、瓜秧含水量较低。制作青贮饲料时,甘薯秧及叶菜类含水率一般在80%~90%,收割后应晾晒2~3天,以降低水分。由于原料多数柔软膨松,填装原料

时,应尽量踩实。

⑤混合青贮:混合青贮是指两种或两种以上青贮原料混合在一起制作的青贮。可以根据当地牧草种类和数量选择不同的饲草饲料进行混合青贮。如可将水分含量偏低(如披碱草、老芒麦),而糖分含量稍高的禾本科牧草与水分含量稍高的豆科牧草(如苜蓿、三叶草)混合青贮;也可将高水分青贮原料与干饲料混合青贮,如一些蔬菜废弃物(甘蓝苞叶、甜菜叶、白菜)、水生饲料(水葫芦、水浮莲)、秧蔓(如甘薯秧)等含水量较高的原料,与适量的干饲料(如糠麸、秸秆粉)混合青贮;以及糟渣饲料与干饲料混合青贮,食品和轻工业生产的副产品如甜菜渣、啤酒糟、淀粉渣、豆腐渣、酱油渣等糟渣饲料有较高的营养价值,可与适量的糠麸、草粉、秸秆粉等干饲料混合贮存。

⑥半干青贮:半干青贮也叫低水分青贮或黄贮。半干青贮要求原料含水率降到45%～50%时进行青贮,因含水量较低,干物质相对较多,具有较多的营养物质,优质的半干青贮呈湿润状态,深绿色,有清香味,结构完好,适于人工种植牧草和草食家畜饲养水平较高的地方应用。

(2)制作要求

①原料含有适当水分:青贮原料中最适宜乳酸菌繁殖的水分含量是65%～70%。用手抓挤原料后,慢慢松开,若原料团缓慢展开,手中见水不滴水,说明水分合适。水分不足,青贮料不易压实,空气不易排出,乳酸菌不能充分繁殖,霉菌和腐败菌大量繁殖,影响青贮质量。水分过多时,可再晾晒或加些铡短的稻草、麦秸或等风干物质来吸收水分。

②含糖量适宜:适量的碳水化合物是乳酸菌繁殖的主要养分来源,青贮中以干物质计含糖量不应少于10%～15%。"糖分"不足,产生的乳酸少,有害微生物就会活跃起来,青贮就会霉烂变质。

③适宜的厌氧环境:装填时必须压实,排除空气,顶部封严,防

止透气,促进乳酸菌迅速繁殖,抑制需氧菌的生长繁殖。

④适宜的温度:最适温度是 25～30℃,温度过高或过低,都会妨碍乳酸菌的生长繁殖,影响青贮质量。

6. 青贮方法

青贮方法的要领随割、随运、随切、随装、随踩、随封,连续进行。装填时原料要切碎、装填要踩实、窖顶要封严。

(1)清理青贮设施:已用过的青贮设施,在重新使用前必须将窖中的脏土和剩余的饲料清理干净,有破损处应加以维修。

(2)切碎:通常禾本科牧草及一些豆科牧草(苜蓿、三叶草等),茎秆柔软,切碎长度应为 3～4 厘米。沙打旺、红豆草茎秆较粗硬的牧草,切碎长度应为 1～2 厘米。

(3)配料:按每 50 千克青贮料 250 克食盐、250 克尿素,备好配料。

(4)晾晒:将铡成段的青绿饲料放在干净的水泥地上晾晒。含水率要达到 65%～70%,水分不足时,要及时添加清水,并与原料搅拌均匀。水分过多时,要添加一些干饲料(如秸秆粉、糠麸、草粉等),把含水率调整到标准水分。

(5)装填与压实:切短的原料应立即装填入窖,以防水分损失。如果是土窖,窖的四周应铺垫塑料薄膜,以免饲料接触泥土被污染和饲料中的水分被土壤吸收而发霉。砖、石、水泥结构的永久窖则不需铺塑料薄膜,窖底可用砖平铺而不要水泥挂面。原料入窖时应有专人将原料摊平。

在装填原料的同时,要进行踩实或机械压实。中小型窖需要人工踩实,原料踩得越实,窖内残留空气越少,有利于乳酸菌的繁殖生长,抑制和杀死有害微生物,对提高青贮饲料质量至关重要。大型青贮壕或地面上青贮堆,要用链轨拖拉机反复压实。无论机械或人工压实,都要特别注意四周及四个角落处机械压不到的地方,应由人工踩实。青贮原料装填过程应尽量缩短时间,小型窖应在1天内完成,中型窖2~3天,大型窖3~4天。

(6)密封和覆盖:青贮原料装满压实后,必须尽快密封和覆盖窖顶,以隔断空气,抑制好氧性微生物的发酵。覆盖时,先在一层细软的青草或青贮上覆盖塑料薄膜,而后用土堆上30~40厘米,用拖拉机压实。覆盖后,连续5~10天检查青贮窖的下沉情况,及时把裂缝用湿土封好,窖顶的泥土必须高出青贮窖边缘,防止雨水、雪水流入窖内。

青贮饲料开窖前,要防止牲畜在窖上踩踏或窖周边被猪拱。开窖后要将取料口用木杆、草捆覆盖,防止牲畜进入或掉入泥土,保持青贮饲料干净。

7.品质鉴定

青贮饲料品质的优劣与青贮原料的种类、刈割时期及调制技术有密切的关系。正确青贮,一般经21~30天的乳酸发酵,就可以开窖喂用。可根据微贮饲料的外部特征,用看、嗅和手握的方法鉴定微贮饲料的好坏。

(1)气味:品质优良的青贮料具有芳香的酒糟味或山楂糕味,酸味浓而不刺鼻,给人以舒适的嗅感,手摸后味道容易洗掉。而品质不良的青贮饲料沾到手上的气味,一次不易洗掉。中等品质的青贮饲料具有刺鼻酸味,芳香味轻,不适宜饲喂怀孕母羊。品质低劣的青贮饲料,有如厩肥一样的臭味,这种青贮饲料只能作肥料,不可喂羊。

(2)颜色:青贮饲料的颜色因所用原料和调制方法的不同而有所差异。如果原料新鲜、嫩绿,制成的青贮饲料呈青绿色;如果所用原料是农副产品或收获时已部分发黄,则制成的青贮料是黄褐色。品质好的青贮料,颜色一般呈绿色、茶绿色或黄绿色,有光泽。中等品质的呈黄褐色或暗绿色,光泽差。而品质低劣的则呈褐色或灰黑色(在高温条件下青贮的饲料呈褐色),甚至像烂泥一样的深黑色。

(3)形状质地:良好的青贮饲料,压得非常紧密,但拿到手上又很松散,质地柔软、较湿润,茎叶多保持原来状态,茎叶轮廓清楚,叶脉和绒毛清晰可见。如果青贮料黏成一团,像污泥一样,或者质地软散、干燥而粗硬,或者霉结成千块,说明其品质很差。中等品质的青贮,茎、叶、花部分保持原状,水分稍多。

8.青贮饲料的饲用技术

(1)取料方法:封窖后经 40 天左右时间即可开窖饲用。开窖面的大小可根据羊群规模而定,不宜过大,开窖后,首先把窖口处霉烂变质的青贮饲料除去。取用时不要松动深层的饲料,以防空气进入,最好现用现取,不要存放过夜。为了保持青贮饲料新鲜卫生,有条件的还应在窖口搭一些活动凉棚,以免日晒雨淋,影响青贮料质量。

(2)饲喂方法:初用青贮的羊有几分不适。因此先给少量以便羊逐渐适应。当习惯青贮料后,逐渐增加。含乳酸过多的青贮,适当蒸发后再喂。青贮应与其他粗料配合应用,不可以青贮代替其他粗料。青贮有缓泻作用,因此怀孕母羊到妊娠后期不宜多喂,产前 15 天停喂。劣质青贮应废弃,不可利用,否则导致母羊流产。冰冻青贮待融冰后再用。

一般每天每头(只)青贮料的饲喂量为 5~8 千克。

9.注意事项

(1)制作青贮时含水量、切碎长度、压实程度必须达到要求,使青贮料成为密闭的大块。

(2)秸秆微贮饲料一般需在窖内贮 40 天才能取喂,冬季则需要时间长些。取料时动作要快,取完后应立即封闭窖口。

（3）准确计算用量，1天取1次。计算不准、不足，则增加开窖次数；过量则造成剩余腐败。每次投喂微贮饲料时，要求槽内清洁，对冬季冻结的微贮饲料应加热化开后再用。

（4）霉变的农作物秸秆，不宜制作微贮饲料。

（5）微贮饲料由于在制作时加入了食盐，这部分食盐应在饲喂家畜的日粮中扣除。农作物秸秆微贮饲料应以饲喂草食家畜为主，可作为家畜日粮中的主要粗饲料，饲喂时可与其他饲料搭配，也可与精料同喂。

三、秸秆的加工调制

秸秆包括农作物的秸秆、藤蔓等，来源丰富，价格低廉，但粗纤维含量高，营养价值低，是发展肉羊的重要饲料原料。

秸秆氨化是指在一定的密闭条件下，用氨水、无水氨（液氨）或尿素溶液，按照比例喷洒在农作物秸秆等粗饲料上，在常温下经过一定时间的处理，提高秸秆饲用价值的方法。经过氨化处理的粗饲料叫氨化饲料。经过氨化处理的粗饲料，比原来变得柔软，有一种糊香或酸香的气味，适口性及营养价值显著提高；并且大大降低了粗纤维含量，提高了粗饲料的饲用价值，从而降低了饲养成本。

（一）秸秆的氨化处理

1. 机械处理

氨化用的麦秸或玉米最好是新鲜的，垛放的原料只要不发生霉变，也可使用。原料要求干燥，含水量在10%以下。

（1）切短：切短的目的是利于咀嚼，便于拌料，减少浪费。切短的秸秆，羊不易挑剔。而且拌入适量糠麸后，可以增强适口性，提高采食量。但不宜切得太短，过短不利于咀嚼和反刍。一般羊的粗饲料切短至 2～3 厘米长为宜。

（2）磨碎：磨碎的目的是提高粗饲料的消化率。同时磨碎的秸秆在羊日粮中占有适当比例可以提高采食量，从而增加能量。

（3）碾压：即将干粗饲料、鲜粗饲料分层铺垫，然后用碾子碾压，挤出水分，加速鲜粗饲料干燥的方法。

2. 秸秆的氨化调制

秸秆饲料蛋白质含量低，经氨化处理后，能提高秸秆的适口性，增加羊对秸秆的采食量。氨化后的秸秆质地变得柔软和膨松，具有糊香味，适口性显著提高，对秸秆的采食量可提高 20％以上。氨化能杀死秸秆上的病虫及病菌。氨有杀菌作用，秸秆氨化过程中能杀死秸秆上的病菌和虫卵，防止发生疾病，是羊的良好粗饲料。

（1）无水液氨氨化处理：将秸秆一捆捆地垛起来，上盖塑料薄膜，接触地面的薄膜应留有一定的余地，以便四周压上泥土，使之呈密封状态。在秸秆垛的底部用一根管子与无水液氨连接，按秸秆重的 3％通入液氨，氨气扩散，很快遍及全垛。处理时间长短取决于气温，如气温低于 5℃，需 8 周以上；5～15℃，需 4～8 周；15～30℃，需 1～4 周，喂前要揭开薄膜晾 1～2 天，使残留的氨气挥发。不开垛可长期保存。

（2）农用氨水氨化处理：用含氨量 15％的农用氨水，按秸秆重 10％的比例，把氨水均匀洒于秸秆上，逐层堆放，逐层喷洒，最后将堆好的秸秆用薄膜封严。

（3）尿素氨化处理：秸秆里存在尿素酶，加进尿素后用塑料膜覆盖，尿素在尿素酶的作用下分解成氨，对秸秆进行氨化。按秸秆重量的 3％加进尿素，将 3 千克尿素溶解于 60 千克水中，均匀喷洒在 100 千克秸秆上，逐层堆放，用塑料薄膜盖严。

（4）碳酸氢铵氨化：将稻草切短，均匀拌入 10％～12％碳铵和一定水,塑料膜密封口,20℃需 3 周,25℃需 2 周,30℃需 1 周即可完成氨化。氨化后秸秆呈棕褐色,质地柔软,羊进食量可提高20%,消化率提高 10%,且含氮增加。

3. 氨化秸秆的品质鉴定

简易方法是感官检查饲料的色泽、气味和质地。优质氨化饲料,呈褐黄色、有糊香味、松散柔软。如优良氨化麦秸,呈褐黄色。鲜麦秸氨化后有亮光;旧麦秸发暗。放走余氨后有糊香气味。质地松软,易揉成团,放开后便立刻散开,易撕断。

4. 氨化秸秆的饲用

氨化好的秸秆饲料,若暂不饲用,不可开封,可长期存放。饲用时先从池(垛)的一边揭开塑膜,每次取 1~2 天的用量即可。取后随手盖好塑膜,防止氨散失。取出的料在干净水泥地或塑膜上晾片刻,待余氨散发后才可饲喂。初期喂羊采用由少到多,少给勤添或拌料等方法,使羊逐渐适应,一般氨化秸秆用量占日粮的60%~80%。另外,因秸秆养分不全,应补充适量青绿饲料,在混合料中加少量饼粕类,以确保含氮物的有效利用。

5. 氨化秸秆注意事项

(1)氨化期间无论采用何种氨化方法,一定要经常检查密封情况,绝不可泄漏氨气和进水;若有破孔要及时封好。

(2)使用液氨应注意人身安全,万一发生事故,可采取相应措施:当皮肤沾染氨水后,立刻用凉水冲洗;若氨水溅入眼睛,要用清水反复冲洗,或用 2%硼酸水溶液冲洗 10 分钟左右。之后点入氯霉素眼药水;当严重漏氨时,立即用大量水冲洗漏氨处,以减少氨的弥散。操作时要戴湿口罩。

(二)秸秆的碱化调制

秸秆的碱化处理通常是指用氢氧化钠、氢氧化钙和过氧化氢等碱性物质进行处理的技术。

1.机械处理

碱化调制同样将秸秆铡成2～3厘米的短草。

2.秸秆的碱化调制

用碱处理秸秆主要是提高消化率,也是一种简单易行、成本较低的处理方法。从处理效果和实用性看,目前在生产实践中用得较多的有氢氧化钠处理和石灰水处理两种。

(1)氢氧化钠碱化法:氢氧化钠处理的优点是化学反应迅速,反应时间短;对秸秆表皮组织和细胞木质素消化障碍消除较大;羊对秸秆的消化率和采食量提高明显,易于实现机械化商品生产。缺点是羊食入碱化秸秆饲料随尿排出的大量钠,污染土壤,易使局部土壤发生碱化;秸秆饲料碱化处理后,粗蛋白质含量没有改变;处理方法较繁杂,费工费时,而且氢氧化钠腐蚀性强。

①喷洒碱水快速碱化法:将秸秆铡成2～3厘米的短草,每千克秸秆喷洒5％的氢氧化钠溶液1千克,喷洒并搅拌均匀,经24小时后即可喂用。处理后的秸秆呈潮湿状,鲜黄色,有碱味。羊喜食,比未处理秸秆采食量增加10％～20％。处理后的秸秆pH为10左右。若不补喂其他饲料时,碱化秸秆的氢氧化钠溶液浓度可为5％,若碱处理秸秆饲料只占日粮一半时,碱液浓度可提高到7％～8％。

②喷洒碱水堆放发热处理法:使用25％～45％的氢氧化钠溶液,均匀喷洒在铡碎的秸秆上,每吨秸秆喷洒30～50千克碱液,充分搅拌混合后,立即把潮润的秸秆堆积起来,每堆至少3～4吨。

堆放后秸秆堆内温度可上升到 80～90℃,是因氢氧化钠与秸秆间发生化学反应所释放的热量所致。温度在第 3 天达到高峰,以后逐渐下降,到第 15 天恢复到环境温度水平。由于发热的结果,水分被蒸发,使秸秆的含水量达到适宜保存的水平,即秸秆处理前含水量低于 17%。若水分高于 17%,就会产热不足和不能充分干燥,草堆可能发霉变质。经堆放发热处理的碱化秸秆,消化率可提高 15%左右。

③草捆浸渍碱化法:将切碎的秸秆压成捆,浸泡在 1.5%的氢氧化钠溶液里,经浸渍 30～60 分钟捞出,放置 3～4 天后进行熟化,即可直接喂饲羊,有机物消化率可提高 20%～25%。

(2)石灰碱化法:此方法就是用氢氧化钙处理秸秆的方法。它又可分为石灰乳碱化法和生石灰碱化法两种。石灰处理的秸秆,效果虽不及氢氧化钠处理的好,且易发霉,但石灰来源广,成本低,对土壤无害,且钙对家畜也有好处,故可使用,但使用时需要注意钙磷平衡,适当补充磷酸盐。

①石灰乳碱化喷淋法:先将 45 千克的石灰溶于 2000 千克水中,调制成石灰乳(即氢氧化钙微粒在水中形成的悬浮液),在水泥地上铺上切碎的秸秆,再用石灰乳喷洒数次,然后堆放,经软化1～2 天后即可饲喂家畜。为了增加秸秆的适口性,可以在石灰乳中加入 0.5%的食盐。

②生石灰喷粉法:即将切碎秸秆的含水量调至 30%～40%,然后按每 100 千克秸秆均匀地撒入生石灰粉 3～6 千克,使其在潮湿的状态下密封 6～8 周后,取出即可饲喂家畜。

3. 碱化秸秆的饲用

初期喂羊采用由少到多,少给勤添或拌料等方法,使羊逐渐适应,饲喂时要把碱化秸秆与其他饲料混合饲喂,一般碱化秸秆用量占日粮的 20%～40%。

(三)微贮调制

秸秆微贮技术主要是针对含水量低的麦秸、稻草以及半黄或黄干玉米秸、高粱秸等不宜青贮的秸秆,这类秸秆中的纤维素已经老化、粗硬,营养成分含量也低,适口性差,由于秸秆自身的呼吸作用几乎停止,很难通过秸秆自身的呼吸作用造成厌氧环境,同时秸秆上吸附的乳酸菌数量也大大减少,不具备乳酸菌繁殖的条件,因此很难做成青贮。

1. 微贮原理

一般将微生物(专用菌种)发酵处理后的秸秆称为微贮秸秆饲料,就是在农作物秸秆中,加入高效活性菌,放入密封的容器中贮藏,经一定的发酵过程使农作物秸秆变成具有酸、香味的饲料。其原理是秸秆在微贮过程中,由于秸秆发酵菌的作用,在适宜的温度和厌氧条件下,秸秆中的半纤维素-木聚糖链和木质素聚合物的酯键被酶解,增加了秸秆的柔软性和膨胀度,使 pH 降到 $4.5\sim5.0$,抑制了丁酸菌、腐败菌等有害菌的繁殖,使秸秆能够长期保存不坏。

2. 微贮优点

微贮秸秆与氨化秸秆比较,具有成本低、效益高等优点。同等条件下饲养牛羊的效果优于或相当于秸秆氨化饲料,而且解决了畜牧业与种植业争化肥的矛盾。此外,秸秆微贮饲料可随取随喂,不需晾晒,无毒无害,安全可靠,可长期饲喂。有试验报道,用微贮饲喂肉羊,可提高采食量 49.5%。

3. 微贮方法

秸秆微贮饲料的制作除需进行菌种的复活和菌液配制外,其他步骤和尿素氨化秸秆制作方法基本相同,下面以市售的海星牌秸秆发酵活干菌为例,介绍秸秆微贮的步骤和方法。

(1)菌种的复活:秸秆发酵活干菌每袋3克,可处理秸秆1吨。处理秸秆前先将袋剪开,将菌剂倒入2千克水中,充分溶解,有条件情况下,可在水中加白糖20克,溶解后,再加入活干菌,然后常温下放置1~2小时使菌种复活,复活好的菌剂要当天用完。

(2)菌液的配制:将复活好的菌剂倒入充分溶解的0.8%~1.0%食盐水中拌匀。1000千克秸秆加入发酵干菌3克,食盐8~10千克,水1000~1200千克。微贮饲料含水量达60%~70%最理想。

(3)秸秆的切短:用于微贮的秸秆一定要切短,养羊的切短为3~5厘米,养牛的为5~8厘米。这样易于压实。

(4)装窖:在窖底铺放20~30厘米厚的秸秆,均匀喷洒菌液水,如此重复,直到高出窖口40厘米,再封口。如果当天没装满,可盖上塑料薄膜待继续工作。

(5)封窖:秸秆装满充分压实后,在最上面均匀洒上一些盐,再盖上塑料薄膜,薄膜上面撒上20~30厘米厚的稻、麦秸或杂草,覆土15~20厘米,密封,保证窖内呈厌氧状态。

(6)提高微贮饲料的质量,在装窖时每1000千克秸秆可加1~3千克麸皮、米糠等,为微生物在发酵初期提供一定的营养物质。具体操作时,铺一层秸秆,撒一层料。

(7)贮后管理:秸秆微贮后,窖内贮料慢慢下沉,要经常注意检查是否漏水、漏气,发现问题及时排除。

4.品质鉴定

(1)色泽:优质微贮青玉米秸秆色泽呈橄榄绿,稻草、麦秸呈金黄褐色。如果变成褐色和墨绿色则表明质量低劣。

(2)气味:优质秸秆微贮饲料具有醇香味和果香味,并具有弱酸味。若有强酸味,表明醋酸较多,是由于水分过多和高温发酵造成。若有腐臭味,是由于压实程度不够和密封不严,使有害微生物发酵,则不能饲喂。

(3)手感:优质微贮饲料拿到手里感到很松散,且质地柔软湿润。若发黏,或者黏在一起,说明贮料开始霉烂。有的虽然松散,但干燥粗硬,也属于不良饲料。

5. 饲喂

初喂时要由少到多,让羊有个适应的过程,逐渐增加到正常饲喂量。每天每只羊 1～3 千克。取喂贮料时,要用多少取多少,每次取出量的多少以在当天喂完为准。

6.注意事项

秸秆微贮饲料,一般需在窖内贮 21～30 天后才能取喂,冬季需要的时间则更长些。取料从一角开始,从上至下逐段取用。取料后应立即将料口封严。冬天冻结的料,化开后再用。喂料前食槽内要清洁。牲畜日粮中扣除料中加入的食盐比例。霉变后不能再用。

四、精饲料的加工调制

1. 粉碎、压扁和制粒

大麦、燕麦和水稻有坚实的壳皮,不易透水,不易被消化酶和微生物分解吸收其中的养分,因此需经粉碎或压扁或制成颗粒料后方可饲用。一般粉成 1～2 毫米的粗粉即可。适当的粗度,使精料与消化液接触的面积增大,有利精料的消化吸收。

含脂肪高的精料,如豆类、玉米、燕麦等经粉碎后,细胞呼吸加强,以及与空气接触的面积增大,易氧化变质,所以不能久存。最好现加工现饲喂,最长不过 30 天,尤其是夏秋高温季节以免变质减少养分。

颗粒料是精料经一系列的加工工艺,用颗粒机制成的一种粒状料。该料饲用方便,同时养分比未制颗粒有所提高,如麦麸类饲料。原因是麦麸中的糊粉层细胞,经制粒时的蒸汽处理和压制过程中的压挤,将其厚实的细胞壁破坏,从而使细胞内的养分充分释放出来。同时制粒后麦麸中的淀粉粒被破坏,这样有利淀粉酶对麦麸淀粉的消化。

2. 湿润与浸泡

湿润多用于粉状精料,如玉米粉、麸皮等。浸泡多用于饼状(豆饼、豆粕)和硬实的籽粒精料(豆类)。

3. 蒸煮和焙炒

大豆、豌豆、黑豆和马铃薯,蒸煮后可提高适口性和消化率。焙炒可使饲料中的淀粉部分转化为糊精而产生香味,用作诱食饲料。

4. 制浆

在养羊业中,一般在公羊生茸期和母羊产仔哺乳期,把大豆用水浸泡后磨成豆浆,然后再加热制成熟豆浆,将其拌入精料中或者直接饮饲,每天每只按 100～250 克大豆所制成的豆浆量分次喂给。这种方法不仅可提高大豆的适口性,而且通过熟制后可使大豆中的抗胰蛋白酶的活性丧失,从而提高了蛋白质的生物学效价及利用率。

5. 发芽

籽实发芽是复杂的质变过程。大麦发芽后,一部分蛋白质分解成氨化物,糖、维生素和各种酶大大增加。因此,它是补充维生素的重要饲料。纤维素增加,无氮浸出物减少。芽的长短不同,其营养物种类也不同。芽长 2～3 厘米时富含 B 族维生素和胡萝卜素;6～8 厘米的芽,含维生素多;6 厘米以下的短芽含酶种类多,是制作糖化饲料的催化剂。

选新鲜、粒大饱满、无霉变和虫蛀的麦粒为原料。清除其中的杂质后,于阳光下晒 1～2 天。把麦粒用水淘净,再用 15～20℃ 的温水泡一昼夜。其间要反复换水,保持水温。把泡好的麦粒再用水冲洗,之后平摊在塑料布上,厚 3～4 厘米。上面盖纱布或麻袋片,保持温度和湿度。放于阳光充足和温暖的室内,室温应在 20～30℃。每昼夜洒水 3～4 次。加水时应翻动麦粒。2～3 天即出芽。出芽后停止翻动,揭去覆盖物,每天早晚淋清水。在晴朗无风天气的中午前后,在阳光下晒 2～3 小时。1 周后芽变绿色即可使用。

第五节　饲料的贮存

饲料主要在春秋之间产生,生产时间比较集中,为冬季越冬准备,如果储存不当,造成腐烂变质或其他损害,会降低饲料的营养价值及绝对数量,影响正常生产。

造成饲料损害的原因是微生物的繁殖产生毒素,导致养分分解,营养价值下降,失去食用价值。饲料本身酶活动会消耗饲料养分,造成营养价值下降。由于昆虫或鼠类影响,减少可使用数量。

饲料种类很多,性质和水分含量也有所不同,因此贮存方法也就不同,总体上分粗饲料和精饲料两类。

一、贮存方法

1. 干草的贮藏

干草调制成功后,必须尽快采取正确而可靠的方法进行贮藏,才能减少营养物质的损失和其他浪费。如果贮藏不当,会造成发霉变质,使营养成分消耗殆尽,完全失去干草调制的目的和意义。此外,贮藏不当还会引起火灾。

常见干草的贮藏可采用堆垛、打捆等方法。

(1)散干草的堆藏:当调制的干草水分含量达 15%～18% 时即可进行堆藏,堆藏有长方形垛和圆形垛两种,长方形草垛的宽一般为 4.5～5 米,高 6～6.5 米,长不少于 8 米;圆形草垛一般直径应为 4～5 米,高 6～6.5 米。为了防止干草与地面接触而变质,必须选择高燥的地方堆垛,草垛的下层用树干、稿秆等作底,厚度不少于 25 厘米。垛底周围挖排水沟,沟深 20～30 厘米,沟底宽 20厘米,沟上宽 40 厘米。垛草时要一层一层地堆草,长方形垛先从两端开始,垛草时要始终保持中部隆起,高于周边,便于排水。堆垛过程中要压紧各层干草,特别是草垛的中部和顶部。从草垛全高的 1/2 或 2/3 处开始逐渐放宽,到每边宽于垛底 0.5 米,以利于排水和减轻雨水对草垛的漏湿。为了减少风雨损害,长垛的窄端必须对准主风方向,水分较高的干草堆在草垛四周靠外边,便于干燥和散热。气候潮湿的地区,垛顶应较尖,干旱地区,垛顶坡度可稍缓。垛顶可用劣草铺盖压紧,最后用树干或绳索以重物压住,预防风害。散干草的堆藏虽经济节约,但易遭雨淋、日晒、风吹等不良条件的影响,使干草褪色,不仅损失营养成分,还可能使干草霉烂变质。试验结果表明,干草露天堆藏,营养物质的损失重者可达20%~30%,胡萝卜素损失最多可达50%以上。长方形草垛贮藏1年后,周围变质损失的干草,在草垛侧面厚度为10厘米,垛顶损失厚度为25厘米,其他部分为50厘米,其中以侧面所受损失为最小,适当增加草垛高度可减少干草堆藏中的损失。干草的堆藏可由人工操作完成,也可由悬挂式干草堆垛机或干草液压堆垛机完成。

(2)打捆干草的贮藏:干草捆体积小,密度大,便于贮藏,一般露天垛成干草捆草垛,顶部加防护层或贮藏于干草棚中:草垛的大小一般为宽5~5.5米,长20米,高18~20层干草捆。下面第一层(底层)草捆应将干草捆的宽面相互挤紧,窄面向上,整齐铺平,不留通风道或任何空隙,其余各层堆平(窄面在侧,宽面在上下)。为了使草捆位置稳固,上层草捆之间的接缝应和下层草捆之间接缝错开。从第2层草捆开始,可在每层中设置25~30厘米宽的通风道,在双数层开纵通风道,在单数层开横通风道,通风道的数目可根据草捆的水分含量确定。干草捆的垛壁一直推到8层草垒高,第9层为"遮檐层",此层的边缘突出于8层之外,作为遮檐,第10、11、12层……成阶梯状堆置,每一层的干草纵面从下层缩进2/3捆或1/3捆长,这样可堆成带檐的双斜面垛顶,垛顶共需堆置9~10层草捆。垛顶用草帘或其他遮雨物覆盖。

干草捆除露天堆垛贮藏外,还可以贮藏在专用的仓库或干草棚内,简单的干草棚只设支柱和顶棚,四周无墙,成本低。干草棚储藏可减少营养物质的损失,干草棚内储藏的草捆,营养物质损失在1%~2%,胡萝卜素损失为18%~19%。

(3)草棚堆藏:气候湿润或条件较好的牧场,应建造简易的干草棚贮藏干草。草棚贮藏干草时,应使棚顶与干草保持一定的距离,以便通风散热。

2. 粗饲料的储存

(1)干粗饲料储存：粗饲料经干燥处理后，水分降至15％左右，方可储存，干粗饲料应垛好，放在遮雨避雪、通风干燥的棚舍中，以防霉变，以利储存。

(2)鲜饲料储存：鲜饲料的储存最好方法就是青贮方法，也可采用切短后干燥储存。

3. 精饲料储存

精饲料正常都是以风干状态存在，但其种类不同，要求也有所不同。

(1)谷实类：禾本科籽实的水分含量即使在15％以下，也有呼吸作用，水分越多，温度越高，呼吸作用越旺盛，养分损失也就越多，因此对谷实类饲料最好使其充分干燥，放于低温处。

(2)饼粕、糠麸类：一般不发生呼吸作用，但水分多时，容易发霉变质，对含脂肪量较高的饲料，脂肪易氧化变质，所以对这类饲料，也最好干燥脱脂保存。

对精饲料除了水分、温度要求外，还应注意防虫、防鼠，粮食贮存前应熏蒸或加入杀虫剂，每年5～9月份为害虫活动期，用二硫化碳闭熏1次；此外，仓库应密闭，设置捕鼠装置或鼠药，用来减少鼠害。

二、影响饲料安全的因素

1. 饲料中虫害、螨害与鼠害

(1)虫害：饲料在储藏过程中常受到虫害的侵蚀，造成营养成分的损失或毒素的产生。常见的虫害有玉米象、谷象、米象、大谷盗、锯谷盗等。它们不仅使饲料损失高达 5%～10%,而且还以粪便、结网、身体脱落的皮屑、怪味及携带微生物等多种途径污染饲料,有些昆虫还能分泌毒素,给羊只带来危害。

(2)螨害:在温度适宜、湿度较大的地区螨类对饲料的危害较大。因螨类喜欢在阴暗潮湿的环境下寄生,它的大量存在加剧了饲料中碳水化合物的新陈代谢,形成二氧化碳和水,使能值降低、水分增加,导致饲料发热霉变、适口性差。

(3)鼠害:鼠的危害不仅在于它们吃掉大量的饲料,而且会造成饲料的污染,对饲料厂包装物、电器设备及建筑物产生危害,引发动物和人类疾病的传播。

2.饲料中的微生物污染

(1)霉菌:目前已发现可产生霉菌素的霉菌有 100 多种,其中能导致羊中毒的主要有曲霉菌属、青霉菌属和镰刀菌属等。霉菌可以通过适当的干燥或添加防霉剂进行控制,一旦霉菌素产生就很难去除。目前虽有一些物理、化学或生物法脱毒,但常因工序繁杂或费用较高均难以在生产中应用。

(2)霉菌毒素:较常见的霉菌毒素有黄曲霉素、玉米赤毒素、玉米赤霉烯酮和单端孢霉菌毒素,其中黄曲霉毒素毒性最强。

①黄曲霉毒素:易受黄曲霉毒素污染的有玉米、棉籽、花生及其饼粕。羊摄食了被黄曲霉毒素污染的食物可表现出很强的细胞毒性、致突变性。黄曲霉毒素属肝脏毒素,以引起成年羊的急性肝炎、肝细胞瘤有肝癌、血凝不良、机体免疫功能下降为主要特征。成年羊耐受性较强些,但仍会抑制生长、降低饲料利用率、导致毒素在产品中残留。

②玉米赤霉烯酮:易受玉米赤霉烯酮污染的饲料主要有玉米、小麦、大麦、高粱、燕麦等。它主要由镰刀菌产生,可影响公羊的精子形成和性欲。

③单端孢霉菌素：T-2 毒素和呕吐毒素等单端孢霉菌素存在于玉米、小麦、大麦、黑麦及燕麦中。主要由在线镰孢霉产生。该类毒素的靶器官是肝和肾，属于组织刺激因子和致炎物质直接损伤皮肤和黏膜。主要影响采食，使其生长减慢，发生呕吐、血痢、严重的皮炎、出血等病症，饲料利用率降低。

④沙门菌：是细菌中危害最大的病原微生物，为有鞭毛的杆状细菌。易受沙门菌污染的饲料为鱼粉、肉骨粉、羽毛粉等。

3. 饲料中的有毒有害化学物质

(1)农药污染：近年来，有机氯、有机磷农药造成饲料污染并危害畜禽健康的事件时有发生，有的还会严重危害人类健康。

(2)工业"三废"的污染：工业"三废"能从多渠道渗透到饲料中，常见的有砷、铅、汞、镉、铬、3,4-苯、N-亚硝基化合物、氰化物、氟化物等。若长期饲用受工业"三废"的饲料，羊体内将富集大量的有害物质，引起致畸、致突变，并通过产品等转移给人类，造成公害。

第六节　日粮配合

日粮是一只羊一昼夜采食的各种饲料的总和。日粮配合就是根据饲喂对象的饲养标准按百分比给羊群配出各种饲料的数量。

一、日粮配合原则

羊的日粮配合，是养羊生产中一项技术性很强的工作。"有啥喂啥"的传统养羊习惯已不能适应现代养羊业的发展的需要。这种方法,既不能给羊提供营养平衡的日粮,又造成饲料资源的大量浪费。了解和掌握日粮配合的原理和方法,是搞好科学养羊的基础。

羊是反刍动物,饲料应该以粗料为主。配合日粮要因地制宜,尽可能充分、合理地利用当地的牧草、农作物秸秆和农副加工产品等饲料资源;同时,要根据羊不同生理阶段的营养需要和消化特点,科学地选择饲料种类,确定合理的配合比例和加工调制方法,这样,既能符合羊的生物学特点,又能节约大量的饲料,降低成本,增加效益。

一昼夜供给肉羊的饲料称为日粮。根据肉羊饲养标准和饲料营养成分价值,选用若干饲料按一定比例相互搭配而成日粮。能完全满足肉羊生活和生产需要的日粮,叫全价日粮,否则叫非全价日粮。配合全价日粮是肉羊正常生长和快速增重的保障,具体配合时应掌握配合原则。

1. 饲料要搭配合理

肉羊是反刍畜,能消化较多的粗纤维,在配合日粮时应根据这一生理特点,以青饲料、粗饲料为主,适当搭配精料。

2. 注意原料质量

选用优质干草、青贮饲料、多汁饲料,严禁饲喂有毒和霉烂的饲料。

3. 因地制宜,多种搭配

应充分利用当地饲料资源,特别是廉价的农副产品,以降低饲料成本;同时要多样搭配,既提高适口性又能达到营养互补的效果。

4. 日粮体积要适当

日粮配合要从羊的体重、体况和饲料适口性及体积等方面考虑。日粮体积过大,羊吃不进去,体积过小,可能难以满足营养需要,也难免有饥饿感。所以羊对饲料的采食量大致为每 10 千克体重 0.3~0.5 千克青干草或 1~1.5 千克青草。

5. 日粮要相对稳定

日粮的改变会影响瘤胃微生物。若突然变换日粮组成,瘤胃中的微生物不能马上适应这种变化,会影响瘤胃发酵、降低各种营养物质的消化吸收,甚至会引起消化系统疾病。

二、日粮参考配方

(一)母羊精料补饲配方

1. 空怀母羊

碎玉米 55%,豆粕 18%,麸皮 15%,谷糠 8%,贝壳粉 1.7%,食盐 1%,小苏打 1%,添加剂 0.3%。

2. 妊娠母羊

(1)干草粉 50%,玉米粉 22%,麦麸 8%,熟黄豆粉 6%,糠饼 12%,贝壳粉 1.5%,食盐 0.5%。

(2)黄豆 34%,玉米 30%,大麦 14%,小麦 6%,豆饼 10%,糠麸 5%,食盐 1%。

3.哺乳母羊

(1)单羔补料配方

①玉米 45%,高粱 18%,小麦麸 13.5%,大豆饼 14%,菜籽饼 8%,磷酸钙 1%,食盐 0.5%。

②玉米 48%,高粱 18%,葵花饼 7.5%,小麦麸 17%,磷酸钙 1%,食盐 0.5%,大豆饼 8%。

③玉米 45%,麸皮 30%,麻饼(黄豆)20%,贝壳粉 1.2%,骨粉 1.8%,食盐 1%,多维 1%。

④玉米 49%,高粱 12%,棉仁饼 8%,大豆饼 18%,谷糠 11.5%,磷酸钙 1%,食盐 0.5%。

(2)双羔补料配方

①玉米 66%,高粱 14%,棉仁饼 7%,小麦麸 11.5%,磷酸钙 1%,食盐 0.5%。

②玉米 64%,高粱 9%,棉仁饼 6%,小麦麸 6%,大麦 10%,大豆饼 3.5%,磷酸钙 1%,食盐 0.5%。

③玉米 65%,高粱 20%,棉仁饼 4%,小麦麸 9.5%,磷酸钙 1%,食盐 0.5%。

④玉米 60%,麸皮 8%,棉籽饼 16%,豆粕 12%,食盐 1%,磷酸氢钙 3%。

(二)羔羊精料补饲配方

1.羔羊人工乳

小麦粉 50%,炒黄豆粉 18%,脱脂奶粉 21%,酵母 4%,白糖 4.5%,钙粉 1.5%,食盐 0.5%,微量元素添加剂 0.5%,鱼肝油 1～2 滴,加清水 5～8 倍搅匀,煮沸后冷至 37℃左右代替奶水饲喂羔羊。

2.羔羊补饲

(1)玉米粉 47%,稻糠 20%,豆饼 10%,棉籽饼 5%,麦麸 12%,豆饼 3%,食盐 1%,鱼粉 2%。

(2)玉米 20%,麸皮 10%,燕麦或大麦 20%,豆饼 10%,骨粉 10%,糖蜜 30%。每 10 千克精饲料加金霉素或土霉素 0.4 克。

(3)玉米 30%,小麦 30%,麦麸 15%,大豆 20%,食盐 3%,骨粉 2%。

(三)育成羊精料补饲配方

(1)玉米 60%,小麦麸 30%,大豆饼 8%,酵母粉 1%,碳酸钙 0.5%,食盐 0.5%。

(2)玉米 70%,小麦麸 10%,大豆饼 8%,酵母粉 1%,葵花饼 10%,碳酸钙 0.5%,食盐 0.5%。

(3)玉米 65%,大豆饼 10%,酵母粉 1%,葵花饼 5%,高粱 9%,米糠饼 9%,碳酸钙 0.5%,食盐 0.5%。

(四)种公羊的精料补饲配方

1.非配种期的饲养

(1)玉米 50%,麸皮 27%,豆饼 20%,食盐 1.5%,矿物质添加剂 1.5%。

(2)玉米 53%,麸皮 7%,豆粕 20%,棉籽饼 10%,鱼粉 8%,食盐 1%,石粉 1%。

(3)玉米 45%,大麦 8%,麸皮 7%,豆粕 20%,棉籽饼 10%,鱼粉 8%,食盐 1%,贝壳粉 1%。

2.配种期的饲养

(1)玉米 70%,豆粉 25%,骨粉 1%,食盐 1%,鸡蛋 2.5%,微量元素 0.2%,多种维生素 0.3%。

(2)玉米 73%、饼粕类 25%、骨粉 1%、食盐 1%、微量元素和多种维生素按标准添加,另外可根据具体情况每天补饲鸡蛋 4~6 枚。

(五)育肥羊精料补饲配方

(1)玉米 53%,麸皮 16%,棉粕 15%,菜粕 10%,酵母 2%,石粉 1%,磷酸氢钙 1%,食盐 1%,添加剂 1%。

(2)玉米 55%,麸皮 15%,棉籽粕 20%,豆粕 8%,食盐 1%,维生素、微量元素 1%。

(3)玉米 40%,酒糟 20%,棉籽粕 20%,豆粕 8%,麸皮 10%,食盐 1%,维生素、微量元素 1%。

(4)玉米 60%,麸皮 4%,豆饼 30%,棉籽饼 4%,磷酸钙 1.5%,盐 0.5%。

第四章　羊的引种与繁殖

选择适宜的品种是生产成败、效益高低的又一关键。一个品种不仅要适于当地自然生态条件,而且还应具备高的生产性能,容易引种,投资不大。

第一节　种羊引进及运输

一、引　种

1. 引种羊出发前的准备

在引种羊出发前,根据当地农业生产、饲草饲料、地理位置等因素加以分析,有针对性地考察几个品种羊的特性及对当地的适应性,进而确定引进什么品种,是山羊还是绵羊。要根据自己的财力,合理确定引羊数量,做到既有钱买羊,又有钱养羊,起步基础羊群以不超过 30 只为宜,最好在 15 只左右。准备购羊前要备足草料,修缮羊舍,配备必要的设施。另外,有些新培育或从国外引进的良种,要认真查阅资料,听取各方面意见,如果本地条件适宜生长,可适当引少部分试养,条件成熟后再大批量引入。切不能轻信广告和产品介绍盲目批量引入,以免造成重大经济损失。

2. 引种的季节

引羊最适合季节为春秋两季,这是因为两季气温不高不低,天气不冷不热。最忌在夏季引种,6~9月份天气炎热、多雨,大都不利于远距离运输。如果引羊距离较近,不超过一天的时间,可不考虑引羊的季节。对于引地方良种羊,这些羊大都集中在农民手中,所以要尽量避开夏收和三秋农忙时节,这时大部分农户顾不上卖羊,选择面窄,难以把羊引好。

3. 选择优良品种

舍饲养羊要结合当地的生产实际,选择适应当地生态条件、生产性能高、产品质量好、饲养周期短、经济效益高的优良品种。绵羊和山羊都有很多品种适应舍饲,单纯从舍饲角度来讲,肉用羊舍饲效果较明显。山羊一般选用波尔山羊与莎能奶山羊、当地山羊的杂交后代;绵羊要选夏洛莱羊、无角陶赛特羊、萨福克羊、美利奴羊、小尾寒羊或美利奴羊与当地绵羊的杂交后代。

4. 羊只的挑选

羊只的挑选是养羊能够顺利发展的关键一环,如果要到种羊场去引羊,首先要了解该羊场是否有畜牧部门签发的《种畜禽生产许可证》、《种羊合格证》及《系谱耳号登记》,三者是否齐全。若到主产地农户收购,应主动与当地畜牧部门联系,也可委托畜牧部门办理,让他们把好质量关。

挑选时,要看它的外貌特征是否符合本品种特征,公羊要选择1~2岁,手摸睾丸富有弹性;手摸羊有痛感表现的多患有睾丸炎,膘情中上等但不要过肥过瘦。母羊多选择周岁左右,这些羊多半正处在配种期,母羊要强壮,乳头大而均匀。视群体大小确定公羊数,一般本交配种种公羊与母羊比例为1∶(20~30),人工授精配种种公羊与母羊比例为 1∶50。

5. 羊只检查

(1)群体检查:在"三证"齐全的基础上对量较大的羊群首先进行群检,主要从动、静、食三方面进行观察。

①静的观察:应观察群羊站立或卧下姿态。健康羊在饱食后卧地休息,同时缓慢反刍。病羊精神不好,常离群独卧,不反刍,鼻镜干燥,有的打颤,从鼻腔流出脓鼻涕,呼吸困难、喘气。有的病羊被毛脱落,在墙角、木柱上擦痒,或在无毛部位出现疹块、痂皮等。发现上述症状的羊,应迅速剔除。

②动的观察:在驱赶运动中,发现步态跟跄,离群掉队,跛行或后躯僵硬等病态时,应迅速剔除。

③采食的观察:健康羊食欲旺盛,互相争食,吃饱后肷部臌起,排的粪呈小球形。病羊则少食或停食,饮水少或不饮水,肷部凹下。有的病羊臌气,拉稀粪,粪恶臭常呈深绿或黑色,这些症状都是有病的表现。

(2)个体检查:对挑选好的公羊和母羊进行编号、登记。挑好的母羊暂放一个院子里,公羊拴系。个体检疫以检查口蹄疫、蓝舌病、炭疽、布氏杆菌病、羊痘、疥癣和其他普通病为主。

①体温检查:一般在肛门直肠测 2～5 分钟。测温前应将体温表的水银柱甩到刻度以下。羊的正常体温为 38～40℃。检查体温时,须将羊只保定好,在安静状态下测定。但要注意,一般年幼的比成年的体温高一些,热天比冷天高一些。

②脉搏检查:一般用听诊器听心脏区心音搏动。在正常情况下,羊每分钟的脉搏数为 70～80 次。

③黏膜检查:黏膜检查是指内皮、鼻腔、口腔、阴部和肛门内部(即可视黏膜)的检查。正常黏膜湿润呈粉红色,黏膜颜色发生变化多是有病征兆。如黏膜充血发红,大都是由于体温高,体内有发

炎的部位。有的黏膜呈紫红色,可能是严重的传染病或中毒症状的表现。也有的眼、鼻、口腔黏膜呈苍白色,这是心脏衰弱或体质虚弱所致的贫血现象。

④呼吸器官的检查:主要检查呼吸次数、是否流鼻涕,有没有喘息或咳嗽。检查呼吸次数,可以观察腹部起伏,起伏 1 次就是呼吸 1 次。在安静的时候,羊的呼吸次数为每分钟 12～20 次。在正常情况下,羊的年龄、性别、怀孕与否、天气变化等因素都会影响呼吸快慢。

⑤消化器官的检查:主要是观察饮水、采食情况。采食或饮水突然减少或增多,有可能是患病的表现。比如羊患口蹄疫会影响吃食,用开口器将口腔撑开,就能看出来,在吃草饮水时也能看出来。此外,还应检查粪便,包括排粪量、颜色、硬度、成分等。粪便过干、过稀或颜色不正常,多半是有消化器官疾病或者是其他器官疾病。

⑥泌尿器官检查:主要检查排尿、生殖器颜色和分泌物情况。生殖器外部一般很紧凑、干燥,如肿胀或黏膜充血发红,有分泌物说明有病。但也要注意母羊阴门稍肿胀,也排出分泌物是发情的表现,发情期过后,症状即消失。羊只排尿量和次数也有一定的规律,如果排尿次数过多,尿量过多或过少,都是生病的表现。尿量减少,可能是拉稀、体温高、肾脏疾病或饮水不足引起;尿量增多可能是中毒、慢性肾炎等病所致。

二、羊的运输

种羊运输,无论采用何种途径,都必须防止掉膘,避免途中死亡,防止疫病传播。为此,应注意安排好种羊的"行程食宿"。

1.短途运输

(1)短途赶运:适合于较短距离和交通不便地区。

①赶运前的准备:首先选好赶运道路,要避开疫区和沼泽、砂石地带,尽可能避开牧畜放牧地区。长途赶运应选择水草丰盛地区,如没有适宜放牧地段,须先选定途中各个宿营点,并在该处准备好饲料和饮水。赶运前,应携带检疫证明和有关单据,以及必要的药品和消毒器械,以备途中使用。

②赶运途中的管理和饮喂:适当掌握赶运时间和速度。暑热天气宜在清晨或傍晚赶运,中午至荫凉处休息;寒冷天气应在日出后或日落前赶运,天黑前赶到宿营地。赶运前要注意天气预报,遇有狂风、暴雨、浓雾、大雪及严寒、酷暑天气,应停止赶运。赶运里程和速度应视具体情况而定,如沿途饲草良好,可边赶运边放牧,切忌赶运过快而过度疲劳招致不良后果。注意途中饮水和饲料的清洁卫生。

(2)小四轮车运输(农用三轮车):如果要运的羊很少,距离又较近,则可用小四轮车或农用三轮车拉运。

2.长途运输

交通工具运输包括铁路、公路和水路等运输。

(1)运输前的准备:首先,必须搞好车辆的清洁消毒工作。装载过畜禽、农药、化肥及其他有毒物品的车辆,未经清扫、洗刷、消毒的不准装运。其次,根据装运只数、路程远近、季节应备足饲料、饮水、蓬布、水桶、饲槽、照明灯、绳索、绳网、扫帚、铁锹及常用药品。再次,装运前最好补饲维生素C、丙酰异丙嗪、氮哌酮、芬太尼、埃托啡等抗应激药物,装运前半小时让羊只充分饮水,不吃料或少吃料,并且每只羊都精神状态良好。

(2)装运:借助活动踏板或平台,用低声轰吓或用竹节响声引导羊只驯服登车。禁止用棒打、脚踢、硬拉等粗暴方法,以免使羊只发生外伤、骨折等。装载时根据羊的体型大小适当搭配,用木栏分成一定的格,使羊头朝向车头。车厢上蒙以绳网,以免羊只途中跳车。每只羊所占用面积一般为 0.75~1 平方米,以使其能自由站立或躺下,便于喂料喂水、检查为原则。车厢、船厢地板要平坦、完整无缝隙。若为铁地板应铺垫木板。若羊群较大,可采用双层装载法,此时必须保证上层地板不漏水,并沿两层地板斜坡设排水沟,在下层车厢的适当位置设一容器,接受上层流下来的粪水。

(3)途中的管理和饮喂:运羊途中须有一人看护羊只,至少每隔 1 小时检查 1 次。注意羊只的精神状况,防止聚堆挤压,睡倒的羊要及时拉起来,以免被其他羊压死。天气炎热时,车厢内应保持通风,车厢上设凉棚,设法降低温度。天气寒冷时,应采取防寒挡风措施。途中应充分供应新鲜草料和干净饮水,喂料计划和时间应尽量符合原来的习惯。夏季天热时,应适当增加饮水次数,饮水不足,不仅招致体重减轻,且生理活动常因缺水而紊乱,发生疾病甚至死亡。汽车的车速不应超过每小时 50 千米,上下山路或转弯时必须减速。人们在实践中摸索出"五慢、二快、一停"的运输原则。"五慢"是开始慢,让羊适应;坏路慢,减少颠簸;过城市慢,免出事故;上下坡慢,防止摔倒;快到终点慢,让羊紧张程度缓解。"二快"是中途快,好路快。"一停"是查车时停。除此之外,一般不要停车。同时,途中还必须做好清洁卫生工作,要勤打扫车辆,收集起来的粪便和垫料不得沿途随意抛洒,到达目的地或指定站后,交给清洁工或自行堆积发酵处理。

实践证明,不论短途或长途运输,如果途中护理得好,羊只体重一般不减少。如果途中管理不好,造成掉膘严重,应激过大,则到达饲养地后,需精心照料 1 个月左右,才能恢复至运输前的状况。途中若遇突发疫病,应及时向当地兽医管理部门报告,以便协助处理。

三、到场后的饲养

1. 隔离

羊只到达目的地后应进行隔离观察,不要把引进的羊和原来的羊放在一处。在确定无病后方可混群饲养。同时在饲养过程中,县级以上农牧部门要根据当地羊只传染病流行情况,定期或临时进行检疫。通过检疫把病羊检查出来,特别把临床症状不明显的慢性、隐性病检查出来,采取有效措施,以保羊只健康。对有布氏杆菌存在地区的羊群应进行定期检疫。经检验全群均为阴性,母羊也正常分娩,须再观察1年,并于6个月和12个月各检查1次,两次均为阴性反应时方可认为全群无病。若为阳性反应、疑似阳性反应应及时隔离,并消毒外界的污染物质和栏圈及用具。

2. 饲喂和饮水

种羊经过长途运输都很疲乏,应先让羊充分休息,勿惊吓,待其稳定后再饮水。第一次不可给予与体温相差悬殊的饮水,水一定要干净、新鲜。由于羊长时间空腹,第一次饲喂量不要太多,可给予优质干青草喂至6～7成饱,使胃肠功能得到充分调理,然后逐渐给予和增加精饲料及自由采食草料。

3. 清羊分群

喂后稍事休息,对所有引进羊只进行清点、检查,按性别、年龄、个体大小及体质状况分群。对较瘦弱羊只,适当增加精饲料量和特殊护理,尽快恢复体况。

驱虫和预防注射驱虫根据具体情况分批进行,即羊群结构、妊娠配种情况及羊的体况灵活掌握。预防注射重点是接种三联苗、羊链球菌苗和羔羊痢疾苗等。

4. 及时处理应激反应

种羊经过运输,迁入地的环境条件与产地差异,饲养方式发生改变等,羊在适应期内都会出现不同程度的应激反应,一些条件性病源微生物亦乘羊只抵抗力下降而致病,常见的应激反应多表现为感冒、肺炎、角膜炎、口疮、腹泻、流产等,解决这些应激反应,除了对症处理外,更重要的是要加强饲养管理,注意圈舍等的清洁卫生,特别是不可一下改变饲喂方式,应逐渐过渡,使羊尽可能地减少应激反应,在较短时间内适应当地环境和饲养方式。

5. 及时给羊群免疫接种和驱虫

在进羊 1 个月左右,羊群基本稳定,体质基本恢复,应要给羊群进行免疫接种,增强羊只抵御疫病的能力,并对羊群进行一次全面的驱虫。

第二节　肉羊的繁殖技术

羊的繁殖是一个长期而复杂的过程,其整个过程包括性器官发育、精卵成熟、发情、交配、妊娠、分娩多个环节。

现代化的肉羊生产中,繁育技术是关键环节之一。繁育技术不仅直接影响肉羊业的生产效率,而且也是畜牧科学技术水平的综合反映。随着科学技术的迅速发展,家畜的遗传、营养、繁育、疾病防治等关键技术突飞猛进,生产效率、劳动生产率大幅度提高。在繁育技术上,通过有效地控制、干预繁育过程,使羊肉生产能按人类的需要与要求有计划地进行。

一、羊的生殖器官

1. 公羊的生殖器官及生理功能

公羊的生殖器官包括睾丸、附睾、输精管、副性腺、阴茎等组成。公羊的生殖器官具有产生精子、分泌雄性激素以及交配的功能。

(1)睾丸：睾丸的主要功能是生产精子和分泌雄性激素。睾丸分左右两个，呈椭圆形。它和副睾被白色的致密结缔组织膜包围（白膜）。白膜向睾丸里部延伸，形成许多少隔子，将睾丸分成许多睾丸小叶。每个睾丸小叶有3~4个弯曲的精细管，称曲细精管，这些精细管到睾丸纵隔处汇合成为直细精管，直细精管在纵隔内形成睾丸网。精细管是产生精子的地方，睾丸小叶的间质组织中有血管、神经和间质细胞，间质细胞产生雄性激素。成年公羊双侧睾丸重400~500克。

(2)副睾：副睾是储存精子和精子最后成熟的地方，也是排出精子的管道。此外，副睾管的上皮细胞分泌物可供给精子营养和运动所需的物质。副睾附着在睾丸的背后缘，分头、体、尾三部分。副睾的头部由睾丸网分出的睾丸输出管构成，这些输出管汇合成弯曲的副睾管而形成副睾体和尾。

(3)输精管：输精管是精子由副睾排出的通道。它为一厚壁坚实的束状管，分左右两条，从副睾尾部开始由腹股沟进入腹腔，再向后进入骨盆腔到尿生殖道起始部背侧，开口于尿生殖道黏膜形成的精阜上。

(4)副性腺：副性腺包括精囊腺、前列腺和尿道球腺。副性腺体的分泌物构成精液的液体部分。精囊腺位于膀胱背侧，输精管壶腹部外侧。与输精管共同开口于精阜上。分泌物为淡乳白色黏稠状液体,含有高浓度的蛋白质、果糖、柠檬酸盐等成分,供给精子营养和刺激精子运动。

前列腺位于膀胱与尿道连接处的上方。公羊的前列腺体部分不发达,由扩散部所构成。其分泌物是不透明稍黏稠的蛋白样液体,呈弱碱性,能刺激精子,使其活动力增强,并能吸收精子排出的二氧化碳,有利于精子生存。

尿道球腺位于骨盆腔出口处上方,分泌黏液性和蛋白样液体,在射精以前排出,有清洗和润滑尿道的作用。

(5)阴茎:阴茎是公羊的交配器官。主要由海绵体构成,包括阴茎海绵体、尿道阴茎部和外部皮肤。成年公羊阴茎全长为30~35厘米。

2.母羊的生殖器官及生理功能

母羊的生殖器官主要由卵巢、输卵管、子宫、阴道以及外生殖道等部分组成。

(1)卵巢:母羊的卵巢是主要的生殖腺体,位于腹腔肾脏的下后方,由卵巢系膜悬在腹腔靠近体壁处,左右各一个,呈卵圆形,长0.5~1厘米,宽0.3~0.5厘米。卵巢组织结构分内外两层,外层叫皮质层,可产生滤泡、生产卵子和形成黄体,内层是髓质层,分布有血管、淋巴管和神经。卵巢的功能是产生卵子和分泌雌性激素。

(2)输卵管:输卵管位于卵巢和子宫之间,为一弯曲的小管,管壁较薄。输卵管的前口呈漏斗状,开口于腹腔,称输卵管伞,接纳由卵巢排出的卵子。输卵管靠近子宫角一段较细,称为峡部。输卵管的功能是精子和卵子受精结合和开始卵裂的地方,并将受精卵输送到子宫。

(3)子宫:子宫包括两个子宫角,一个子宫体和一个子宫颈。位于骨盆腔前部,直肠下方,膀胱上方。子宫口伸缩性极强,妊娠子宫由于其面积和厚度增加,其重量比未妊娠子宫能增大10倍。

子宫角和子宫体的内壁有许多盘状组织,称子宫小叶,是胎盘附着母体取得营养的地方。子宫颈为子宫和阴道的通道。不发情和怀孕时子宫颈收缩得很紧,发情时稍微开张,便于精子进入。

发情时,子宫借肌纤维有节律的,强而有力的收缩作用运送精液,分娩时,子宫以其强有力的阵缩排出胎儿。子宫是胎儿发育生长的地方,子宫内膜形成的母体胎盘与胎儿胎盘结合成为胎儿与母体交换营养和排泄物的器官。在发情期前,内膜分泌的前列腺素对卵巢黄体有溶解作用,以致黄体功能减退,在促卵泡素的作用下引起母羊发情。

(4)阴道:是交配器官和产道。前接子宫颈口,后接阴唇,靠外部 1/3 处的下方为尿道口。其生理功能是排尿、发情时接受交配,分娩时为胎儿产出的通道。

二、羊的繁殖生理

1. 性成熟

性成熟是指羔羊和初生后性器官已发育完全、睾丸(卵巢)和性腺中开始产生健壮的性细胞和分泌激素的时期。这一时期,公羊开始表现出明显的性行为,母羊表现发情现象,如果令其交配,则能受孕产生后代。性成熟受品种、年龄、气候、营养、日照、性刺激、激素处理等因素的影响。

(1)公羊的性行为和性成熟:公羔的睾丸内出现成熟的具有受精能力的精子时,即是公羊的性成熟期。一般绵羊、山羊公羊的性成熟期为 6~10 个月。性成熟的早晚受品种、营养条件、个体发育、气候等因素的影响。公羊的性行为主要表现为性兴奋、求偶、交配。公羊表现性行为时,常有举头、口唇上翘,发出连串鸣叫声,性兴奋发展到高潮时进行交配。公羊交配动作迅速,时间仅数十秒。

(2)母羊的初情期与性成熟:性功能的发育过程是一个发生、发展至衰老的过程。在母羊性功能发展过程中,一般分为初情期、性成熟期及繁殖功能停止期。

母羊幼龄时期的卵巢及性器官均处于未完全发育状态,卵巢内的卵泡在发育过程中多数萎缩闭锁。随着母羊生长、发育的进行,当达到一定的年龄和体重时,母羊即发生第一次发情和排卵,即到了初情期。此时,母羊虽有发情表现,但不完全,发情周期也往往不正常,其生殖器官仍在继续生长发育中。自此以后,腺垂体产生大量的促性腺激素释放到血液中,促进卵泡的发育,同时,卵泡产生雌激素释放到血液中,刺激生殖道的生长和发育。绵羊、山羊母羊的性成熟在 4～8 月龄,国内某些早熟多胎品种如小尾寒羊、湖羊初情期为 4～6 月龄,细毛羊性成熟较迟,一般在 8～10 月龄,青山羊 2～3 月龄即有发情表现。

2. 初配年龄

母羊到了一定年龄,生殖器官已发育完全,具备了繁殖能力,称为性成熟期。性成熟后,就能够配种怀胎并繁殖后代,但此时身体的生长发育尚未成熟,故性成熟并不意味着最适宜配种年龄。实践证明,幼羊过早配种,不仅严重阻碍其本身的生长发育,而且也严重影响后代体质和生产性能。母羊的性成熟主要取决于品种、个体、气候和饲养管理条件等因素。早熟种的性成熟期较晚熟种为早,温暖地区较寒冷地区为早,饲养管理好的,性成熟也较早。但是,母羊初配年龄过迟,不仅影响其遗传进展,而且也会造成经济上的损失。因此,要提倡适时配种,在肉羊生产中,配种年龄母山羊为 7～8 月龄,绵羊 1 周岁左右。公山羊的配种适龄为 8～9 月龄,公绵羊为 1.5 岁左右。

3.配种季节

9月、10月是羊配种的好季节,因为山羊的妊娠期是152天,绵羊的妊娠期是150天,母羊如在9月、10月配种怀孕,可于翌年2月、3月产羔。其好处一是气候逐渐暖和,青草也开始长出来,自然环境对母羊泌乳和保证羔羊成活极为有利。二是早春产的母羔,当年8～9月龄体重可达35千克以上,10～12月又可配种。三是母羊按其生理规律产后第3个月进入泌乳高峰期,早春产羔可确保母羊在泌乳高峰期吃上刺槐叶和嫩青草,可提高母羊的产奶量。

绵羊的配种季节存在品种差异。我国大多数羊是在秋季发情,而湖羊、小尾寒羊可全年发情。公羊没有明显的配种季节,但精液的产生及其特征有明显的季节性变化。秋、冬季射精量高于春、夏季,秋、冬季精液质量好于春、夏季。

三、发情鉴定

发情鉴定的目的是及时发现发情母羊,正确掌握配种或人工授精时间,防止误配漏配,提高受胎率。肉用母羊发情鉴定一般采用外部观察法、阴道检查法、试情法等几种。

1. 外部观察法

肉用绵羊的发情短,外部表现不大明显,发情母羊主要表现在喜欢接近公羊,并强烈摇动尾部,当被公羊爬跨时则站立不动,外阴部分泌少量黏液。山羊发情表现明显,发情母山羊神精兴奋不安,食欲减退,反刍停止,外阴部及阴道充血、肿胀、松弛,并有黏液排出。

2. 阴道检查法

阴道检查法是用阴道开膛器观察阴道的黏膜、分泌物和子宫颈口的变化来判断发情与否。发情母羊阴道黏膜充血、红色、表面光亮湿润,有透明黏液流出,子宫颈口充血、松弛、开张,有黏液流出。

做阴道检查时,先将母羊保定好,外阴部清洗干净。开膛器清洗、消毒、烘干后,涂上灭菌过的润滑剂或用生理盐水浸湿。工作人员左手横向持开膛器,闭合前端,慢慢插入,轻轻打开开膛器,通过反光镜或手电筒光线检查阴道变化,检查完后稍微合拢开膛器,抽出。

3. 试情法

试情羊要选择身体健壮、性欲旺盛、没有疾病、年龄 3~4 岁、生产性能较好的公羊。试情公羊的任务是发现发情母羊。为避免偷配,公羊身上结系试情布。试情布用长 35 厘米、宽 30 厘米的白布,四角系上带子,每当试情时拴在试情羊腹下,使其无法直接交配。试情应在每天清晨进行。试情公羊用鼻去嗅母羊,或用蹄去挑逗母羊,甚至爬跨母羊背上,母羊不动、不跑、不拒绝,或伸开后腿排尿,这样的母羊就是发情羊。发情羊应由羊群拉出,立即编上号或涂上记号。

四、配种时机

母羊每次发情后持续的时间称为发情持续期,绵羊发情持续期为 30 小时左右,山羊为 24~28 小时左右。母羊排卵时间为发情开始后 12~30 小时,卵子排出后保持受精能力时间为 15~24 小时,精子到达母羊输卵管时间为 5~6 小时,精子在母羊生殖道存活时间多为 24～48 小时,最长 72 小时。因此,最适宜配种时间是上午发现发情母羊,下午 4～5 点进行第一次配种或输精,第二天上午进行第二次配种或输精。如果在下午发现发情的母羊,则在第二天上午 8～9 点进行第一次配种或输精,下午进行第二次配种或输精。

发情周期,即母羊从上一次发情开始到下次发情的间隔时间。在一个发情期内,未经配种或虽经配种而未受孕的母羊,其生殖器官和机体发生一系列周期性变化,会再次发情,绵羊发情周期平均为 16 天(14～21 天),山羊平均为 21 天(18～24 天)。

五、配种方法

配种时间的确定,主要是根据各地区、各羊场的年产胎次和产羔时间决定。年产一胎的母羊,有冬季产羔和春季产羔两种,冬季产羔时间在 1 月、2 月间,需要在 8 月、9 月份配种;春季产羔时间在 4 月、5 月间,需要在 11 月、12 月份配种。两年三产的母羊,第一年 5 月配种,10 月份产羔;第二年 1 月配种,6 月产羔,9 月配种,次年 2 月产羔。对于一年两产的母羊,可于 4 月初配种,当年 9 月初产羔,第二胎在 10 月初配种,第二年 3 月初产羔。

羊的配种方法为自由交配,人工辅助交配和人工授精三种。

(一)自由交配

自由交配为最简单的交配方式。在配种期内将公母羊按 1:(20～30)混群,或公羊常年与母羊混养,出现发情母羊则随机交配。这种方法的优点是省力、省设备,不漏配;缺点是公母羊易过早交配,影响自身发育;易发生近亲交配,后代退化。同时,母羊发情后公羊乱配,后代亲本不明,也影响公母羊及整个羊群的抓膘,更无法进行选种选育。

(二)人工辅助交配

辅助交配是将公母羊分群隔离饲养,母羊有发情表现时用指定公羊配种。辅助交配克服了自然交配的许多缺点,不仅提高种公羊的利用率,也可以选种选配,提高后代质量。人工辅助交配时,在良好饲养条件下,间隔一定时间,每头公羊每天可交配3～5次,一般饲养条件则可交配2～3次。种公羊过多交配,则易形成空配,而且影响精液品质。

(三)人工授精

人工授精是用器械,以人为的方法采取公羊的精液,经过精液品质检查和一系列处理,再通过器械将精液输入到发情母羊生殖道内,达到母羊受胎的配种方式。人工授精可以提高优秀种公羊的利用率,比本交提高与配母羊数十倍,加速了羊群的遗传进展,并可防止疾病传播,节约饲养大量种公羊的费用。

配种1个月,对参加配种的公羊要进行精液品质检查。一是了解精液品质情况,如发现问题方便及时采取措施,以确保配种工作顺利进行。二是排除公羊生殖器内长期积存的衰老、死亡的精子,促进公羊的性机能活动,产生新精子,每只种公羊至少要采精检查15～20次。

1. 精液品质检查

精液品质和受胎率有直接关系,必须经过检查与评定方可输精。通过精液品质检查,确定稀释倍数和能否用于输精,这是保证输精效果的一项重要措施,也是对种公羊种用价值和配种能力的检验。精液品质检查要快速准确,取样要有代表性。检精室要洁净,室温保持18～25℃。检查项目如下所述。

(1)外观检查:正常精液为乳白色,呈云雾状,无味或略带腥味。用灭菌输精器抽取测量精液量,射精量一般为 0.5～2 毫升,山羊射精量比绵羊少。

(2)精子活率:精子活率是评定精液的重要指标之一。精子活率的测定是检查在 37℃ 左右条件下精液中直线前进运动的精子百分率。检查时以灭菌玻璃棒沾取一滴精液,放在载玻片上加盖玻片,放大 300～500 倍观察。全部精子都做直线前进运动则评为 1 级,90% 的精子做直线前进运动为 0.9,以下依此类推。活率在 0.3 级以上方可适用于输精。

采精后、稀释后以及保存的精液在输精前后都要进行活率检查。

(3)精子密度:密度是指单位体积中的精子数。取一滴新鲜精液在显微镜下观察,根据视野内精子多少分为密、中、稀三级。"密"是指在视野中精子密集、无空隙,看不清单个精子运动(每毫克精液中含精子 25 亿以上者);"中"是指精子间距离相当于一个精子的长度,可以看清单个精子的运动(每毫克精液中含精子 20 亿～25 亿者);"稀"为精子数不多,精子间距离很大(每毫克精液中含精子 20 亿以下者)。为了精确计算精子的密度,可用血球计数板在显微镜下进行测定和计算。先用红血球稀释管吸取原精液至刻度处,用纱布擦去吸管头上黏附的精液,再吸取 3%～5% 的氯化钠溶液到刻度处,以拇指及中指按住吸管两端充分摇动,使氯化钠溶液与精液充分均匀。这样把精液稀释到 200 倍。吹掉管内最初几滴液体,然后将吸管尖放在计算板中部的边缘处,轻轻滴入被检精液一小滴,让其自然流入计算室内,这时即可在 600 倍显微镜下计算精子。

(4)精子形态:精液中变态精子过多,会降低受胎率。凡是精子形态不正常的均为畸形精子,如头部过大、过小,双头、双尾、断裂、尾部弯曲等。

2. 人工授精方法

(1)器械的消毒:采精、输精及与精液接触的所有器械都要求消毒、清洁、干燥,存放在清洁的柜内或烘箱中备用。假阴道要用2%的碳酸氢钠溶液清洗,再用清水冲洗数次,然后用75%的酒精消毒,使用前用生理盐水冲洗。集精瓶、输精器、玻璃棒和存放稀释液及生理盐水的玻璃器皿洗净后要经过30分钟的蒸汽消毒,使用前用生理盐水冲洗数次。金属制品如干腔器、镊子、盘子等,用2%的碳酸氢钠溶液清洗,再用清水冲洗数次,擦干后用75%的酒精或酒精灯消毒。凡士林用蒸汽消毒30分钟。

(2)采精:采精为人工授精的第一个步骤,为保证公羊性反射充分,射精顺利、完全、精液量多而洁净,必须做到稳当、迅速、安全。

采精前应选好台羊,台羊的选择应与采精公羊的体格大小相适应,且发情明显。安装假阴道时,注意内胎不要出褶,装好后用酒精棉球消毒,再用生理盐水棉球擦洗数次。采精前的假阴道应保持有一定的压力、温度和滑润度。安装好的假阴道内温度为40～42℃。为保证一定的滑润度,用清洁玻璃棒沾少许灭菌后凡士林均匀涂抹在内胎的前1/3处,也可用生理盐水棉球擦洗保持滑润。通过气门活塞吹入气体,使假阴道保持一定的松紧度,使内胎的内表面保持三角形,合拢而不向外鼓出为适度。

采精操作是将台羊保定后,引公羊到台羊处,采精人员蹲在母羊右后方,右手握假阴道,贴靠在母羊尾部,入口朝下,与地面成35°～45°角,当公羊爬跨时,轻快地将阴茎导入假阴道内,保持假阴道与阴茎呈一直线。当公羊用力向前一冲即为射精,此时操作人员应随同公羊跳下时将假阴道紧贴包皮退出,并迅速将集精瓶口向上,稍停,放出气体,取下集精瓶。

种公羊的采精次数要根据羊的年龄、体况和种用价值来确定。

对 1.5 岁左右的种公羊每天采精 3～4 次左右,每次采精应有 1～2 小时左右的间隔时间。特殊情况下(种公羊少而发情母羊多),成年公羊可连续采精 2～3 次。采精较频繁时,也应保证种公羊每周有 1～2 天的休息时间,以免因过度消耗养分和体力而造成体况明显下降。

(3)精液的稀释:稀释精液可以增多精液量,扩大母羊授精数,还可供给精子营养,增强精子活力,有利于精液的保存运输和输精。

人工授精所选用的稀释液要力求配制简单,费用低廉,具有延长精子寿命、扩大精液量的效果,最常见的稀释液有生理盐水稀释法、葡萄糖卵黄稀释、牛奶(或羊奶)稀释法。

①生理盐水稀释法:用注射用 0.9％生理盐水作稀释液,或用经过灭菌消毒的 0.9％氯化钠溶液。此种稀释液简单易行,对于稀释后马上输精的情况,也是一种比较有效的方法。此种稀释液的稀释倍数不宜超过 2 倍。

②葡萄糖卵黄稀释液:在 100 毫升蒸馏水中加葡萄糖 3 克,柠檬酸钠 1.4 克,溶解后过滤灭菌,冷却至 30℃,加新鲜卵黄 20 毫升,每毫升加入青霉素、链霉素各 1000 单位,充分混合。此种稀释液的稀释倍数为 2～3 倍。

③牛奶(或羊奶)稀释液:用新鲜牛奶(或羊奶)以脱脂纱布过滤,蒸汽灭菌 10～15 分钟,冷却至室温,除去上层奶皮,每毫升加入青霉素、链霉素各 1000 单位,充分混合。此种稀释液的稀释倍数为 2～4 倍。

(4)精液的保存:为扩大优秀种公羊的利用效率、利用时间、利用范围,需要有效地保存精液,延长精子的存活时间。为此必须降低精子的代谢,减少能量消耗。在实践中,采用降低温度、隔绝空气和稀释等措施,抑制精子的运动和呼吸,降低能量消耗。

①常温保存:精液稀释后,保存在 20℃以下的室温环境中,在

这种条件下,精子运动明显减弱,可在一定限度内延长精子存活时间。常温保存只能保存 1~2 天。

②低温保存:在常温保存的基础上,进一步缓慢降低至 0~5℃之间。在这个温度下,物质代谢和能量代谢降到极低水平,营养物质的损耗和代谢产物的积累缓慢,精子运动完全消失。低温保存的有效时间为 2~3 天。

(5)输精。

①输精方法:适时而准确的将一定量的优质精液输到发情母羊的子宫颈口内,是保证母羊受胎的关键。输精操作中,应先将待输精母羊外阴部用新洁尔灭擦洗消毒,再用水或生理盐水棉球擦洗干净,把母羊后肋放在离地面高度 70~80 厘米左右的横杆上,或者两人把羊后腿抬起,输精人员用开膣器或内视镜插入母羊阴道,通过调节深度和角度找到子宫颈口,将输精器慢慢插入子宫颈口 1~2 厘米,把所需要的精液量(原精 0.05~0.1 毫升,稀释精液 0.1~0.2 毫升)缓慢注入,再来回抽动输精器按摩约 1 分钟,将开膣器或内视镜从阴道内抽出后,拍打母羊股部一掌,使其子宫颈收缩,有助于精液不致外流。

②输精时间及次数:当母羊开始有发情表现后,控制在 8~12 小时以后开始第一次输精(冻精则适当延迟数小时),用子宫颈黏液特征也可作为适时输精的标志,其标志为透明的黏液变为混浊,最终成奶酪状时,此时输精效果最好。一般采取 1 次试情,2 次输精,即当天上午试情后下午进行第一次输精,第二天上午再输 1 次;下午试情,第二天上下午各输 1 次。

③注意事项:准确判断母羊发情是保证受胎率的关键,建议最好采用试情公羊试情法作发情鉴定;深部输精 1.5~2.5 厘米能够有效地提高受胎率,且尽量要深,这样受胎率才有可能高;在气温较低的冬季里,应使输精器加温至体温后再放入精液,防止精子冻休克;输精器用后应及时用水冲洗,并用蒸馏水冲 1~2 次,每输完

一只羊,应用酒精棉球消毒,再用生理盐水冲洗 2 次后使用;避免所有与精子接触的器材带有水,有水可导致精子死亡,所以可用生理盐水冲洗两次以上再用;输精后的母羊,应在原保定位置停留一会再放开活动,以防精液倒流;对处女羊输精,由于其阴道狭窄,输精时到不了子宫颈口内,只能做阴道底部输精,所以输精时,量至少要加 1 倍;对输精母羊要做好记录,按输精行后组群。

六、妊娠与分娩

对配种后的母羊应及早进行妊娠检查,以便及时发现未孕母羊,采取补配措施,同时对确诊妊娠母羊进行合理的饲养管理,避免流产,以提高羊群的繁殖力。

(一)妊娠诊断

1. 妊娠检查

妊娠检查是提高舍饲肉羊经济效益的重要技术环节。

(1)发情观察:观察母羊配种后经 20 天(一个发情周期)是否再次发情,如不再发情可能是怀了孕,但是这种方法可靠性不是100%。因为母羊的发情受各种因素的制约,不发情也不一定怀了孕,有的羊因气候、饲料、疾病的原因可能不再发情。

(2)检查巩膜:当翻开母羊上眼皮,观察巩膜上的血管时,若在瞳孔正上方有了根竖立的、较粗大的微血管充盈而凸起于巩膜表面,并呈紫红色,这是怀孕的征兆。这种现象由怀孕起一直持续到产后 1 周左右。空怀母羊的巩膜没有这种现象。且其微血管也很小而不显露,并呈淡红色,用此办法诊断,准确率在 97% 以上。

(3)阴道黏膜:母羊怀孕 3 周后,阴道黏膜变为苍白色,无光泽,表面干燥,同时阴道收缩,以开膣器打开阴道时,阴道黏膜初为白色,几秒钟后即变为粉红色的即为怀孕。未孕者,阴道黏膜为粉红色,或由白变红的速度较慢。

(4)阴道黏液:怀孕母羊的阴道黏液量少透明,开始稀薄,20天后变稠,能拉成线。阴道黏液量多、稀薄、色灰白者多为未孕。

2. 妊娠期推算

母羊在发情周期内配种受孕后,就不再出现发情,从开始受孕到分娩这一段时间叫妊娠期。山羊的妊娠期是 152 天左右,绵羊的妊娠期是 150 天左右。

3. 保胎措施

(1)分群饲养:怀胎母羊不能与小羊、公羊、育肥羊同群,应单独组群(每群 30 只)饲养。这样可针对胎儿不同发育时期,采取不同的饲养管理方法,以保证胎儿正常发育。

(2)保证营养:为了让母羊增膘保胎,在怀孕期应饲喂较好的饲草,对个别体质瘦弱的母羊,要补充一些精料,可用谷粉、玉米粉、米糠、豆饼等组成混合精料,在晚上一次喂给,每头成年羊每天喂 0.2～0.3 千克。另外,要注意食盐、维生素、微量元素的添加。妊娠后期,要增加一些胎儿生长发育所需的钙磷等矿物质和维生素类饲料。胚胎前期胎儿形成各种组织器官,需要全价营养。

(3)适当增加运动:为了保胎,并不是要求母羊不运动,相反,合理的运动也是增加母羊抵抗力、防止流产的措施,同时,也为将来胎儿顺利娩出,保证母子平安打下基础。

(4)预防疾病:怀孕母羊患病易引起流产,因此,在怀孕期要注意防冷、防暑,不能饲喂霉烂变质饲草和有毒饲料,杜绝疾病发生的诱因。

(二)分娩

做好母羊的分娩产羔工作,对于维护母羊健康,提高幼羔的成活率,促进羔羊的健康生长具有重要的作用。妊娠期满的母羊将子宫内的胎儿及其附属物排出体外的过程,称为产羔。一般根据母羊的配种记录,按妊娠期推测出母羊的预产期,对临产母羊加强饲养管理,产前 3~4 周就应剪去乳房和股内侧的羊毛,以免妨碍初生羔羊吃乳和吃下脏毛,引起消化器官及其他疾病。并注意仔细观察,同时做好产羔前的准备。

1. 产羔前的准备

(1)棚舍、产房的准备:羊产羔一般都在冬季和早春 1~2 月产羔,这时天气都比较寒冷,必须做好产房的防寒保温工作,预防感冒及羔羊肺炎等疾病的发生。产房应宽敞、明亮,保持清洁、干燥和通风良好。为使地面干燥,产羔前 3 天,应对分娩舍、运动场、饲草架、饲槽、分娩栏等进行清扫,并用 3%~5% 的氢氧化钠溶液或 10%~20% 的石灰乳进行彻底的消毒。舍内应备有火炉、水壶等。

冬季的产房一定要掌握好温度,较恒定的温度比温度的高低重要,但冬季产房温度不能过低,以免羔羊冻死和感冒。最适宜的温度是 10℃度左右。产房要干燥,潮湿的产房容易出现各种问题。在冬季产羔时,为保证温度而降低湿度,可用草帘子将大的产羔舍分成几个小的产羔舍,也可用草帘子做天棚,同时垫草要经常更换。特别应该注意的是用棚做产羔舍时,必须防止冷风侵袭,防止母子感冒。

(2)用具和药品准备:一切药品和用具必须在产前准备妥善,如检查产科器械和消毒药品是否齐全有效,工作人员卫生用品如手套、肥皂、毛巾数量要足够,称重、标记和照明灯泡要准备好,哺乳等工具也应必备。

（3）准备好母羊和羔羊的饲料，特别是准备好多羔时用的乳品。

2. 分娩征兆

母羊在分娩前，机体的某些器官在组织学和形态学上发生显著的变化；母羊的全身行为也与平时不同，这些变化是为了适应胎儿产出和新生羔羊哺乳的需要。根据这些变化的全面观察，往往可以大致预测分娩时间，以便做好助产准备。

（1）乳房的变化：乳房在分娩前迅速发育，腺体充实，临近分娩时，可从乳头中挤出少量清亮胶状液体或少量初乳，乳头增大变粗。

（2）外阴部的变化：临近分娩时，阴唇逐渐柔软、肿胀、增大，阴唇皮肤上的皱襞展开，皮肤稍变红。阴道黏膜潮红，黏液由浓厚黏稠变为稀薄滑润，排尿频繁。

（3）骨盆的变化：骨盆的耻骨联合，荐髂关节以及骨盆两侧的韧带活动性增强，在尾根及其两侧松软，凹陷。用手握住尾根做上下活动，感到荐骨向上活动的幅度增大。

（4）行为变化：母羊精神不安，食欲减退，回顾腹部，时起时卧，不断努责和鸣叫，腹部明显下陷，应立即送入产房。

3. 正产与接羔

正常分娩的母羊在羊膜破后 10～30 分钟左右，羔羊即已产出，正常胎位的羔羊应该是头位于两前肢间先出，少数后肢先出，应立即助产，防止羔羊窒息死亡。产双羔时，先后间隔在 5～30 分钟为常见，也有间隔 1 小时以上的，甚至达 10 小时以上。当母羊产出第一个羔羊以后，应立即检查是否还有羔羊。如见到母羊仍然不安，卧地不起，或起立后仍躺下努责，可用手掌在母羊腹部前方适当用力向后推举，如是双羔，则能触到一个硬而光滑的羔体。

对产双羔或多羔的母羊应特别注意,在第二、三只羔羊产出时,母羊已疲乏无力,且羔羊的胎位往往不正,所以多需助产。

羔羊出生后,一般都自己扯断脐带,这时可用 5‰碘酊在扯断处消毒。如羔羊自己不能扯断脐带时,先把脐带内的血向羔羊脐部顺捋几次,在离羔羊腹部 3～4 厘米的适当部位人工剪断,并消毒处理。分娩完毕,用温和的消毒水洗涤乳房,擦干后,挤去最先几滴初乳,辅助羔羊吃奶。在分娩间停留片刻后,将母子移入母子小圈内。在羔羊毛干后称重,进行初鉴定,并登记入册,初生重必须在未吃奶前称量。母羊分娩后 1 小时左右,胎盘即会自然排出,应及时取走胎衣,防止被母羊吞食养成恶习。若产后 2～3 小时母羊胎衣仍不下,应及时采取措施。

4. 产后母羊和出生羔羊的处理

(1)初生羔羊的处理:羔羊产出后,应迅速将羔羊口、鼻、耳中的黏液抠出,以免呼吸困难窒息死亡,或黏液吸入气管引起异物性肺炎。羔羊身上的黏液应让母羊舐净,如母羊恋羔性差,可将黏液涂在母羊嘴上,诱其舐食。如天气寒冷,则用干净布块或干草迅速将羔羊身体擦干,免得受凉。

瘦弱的羔羊或初产母羊,以及保姆性差的母羊,需要人工辅助哺乳。

(2)产后母羊的处理:产后母羊应注意保暖、防潮、避风、预防感冒,保持安静休息。一般而言,母羊将胎儿全部产出后,0.5～4小时内即排出胎衣,7～10 天内常有恶露排出。若胎衣、恶露排出异常,要及时诊治;同时,检查母羊的乳房有无异常或硬块;产后 1 小时左右应给母羊饮 1～1.5 升拌有麦麸、食盐的 12～15℃的温水,3 天内喂质量好、易消化的饲草饲料,减少精料喂量,以后可逐渐改喂正常的日粮。

（三）异常情况的处理

1.难产的处理

难产是羊的常见产科疾病之一，特别是在舍饲，营养不良，运动不足和初产时易发生。主要是由于母羊体质衰弱，产力异常（常见为阵缩及努责微弱）、产道狭窄，胎儿过大和胎位异常等因素引起。

（1）难产的表现：羊膜破水后 30 分左右，羔羊仍未完全娩出，应即助产。遇有难产时，应判定原因，不能随便强行拉出。当见蹄尖时，应区分是前肢还是后肢。如为倒生尾位，则蹄尖在下，蹄背在上；如为正生头位，则先看到头和两个前肢，蹄尖在上，蹄背在下。当难以断定时，可用手指触摸，区别是前肢的蹄或后肢的飞节，根据其先端特征来区别。

（2）应急处理

①助产的主要方法是强行拉出胎儿，助产人员应将手指甲剪短、磨光，消毒手臂，涂上润滑油，根据难产情况采用相应的处理方法。

②胎羔过大，可将羔羊两前肢反复数次拉出和送入，然后一手拉前肢，一手扶头，随母羊努责缓慢向下方拉出。切忌用力过猛，或不依据努责节奏硬拉，以免拉伤。

③头出、前肢不出：可能是前肢膝部前置，或者肘部屈曲，也可能出一前肢，弯一前肢。这时若胎儿活着，产道也较大，可将母羊的后躯垫高，将胎儿送回子宫内中，然后分别将前肢拉引到前面，操作时注意不让蹄尖碰到子宫，造成创伤，如胎儿已死，头部过大或产道狭窄，则请兽医将头部切断，肢解取出。

④前肢出、头不出：头向后仰、下弯、或头颈侧弯。如经过时间较短，则首先寻找头部，如前肢已出产道，则在蹄部先系上纱布，然

后再送回子宫,头部位置轻度不正时容易回复正常,如为显著不正,则将前肢尽可能送入子宫深处,伸手探摸头部,用手固定耳朵、颌部、眼窝等,将头部位置矫正到正常状态。

⑤前肢先出、胎势上仰:可将两前肢用纱布系住,轻轻送回子宫,伸手挡住胎儿起鬐甲下侧,将胎儿回复到正常胎势。如不矫正胎势,可在母羊努责时将胎儿往母羊尾根方向轻拉,也可获得成功。

⑥后肢先出、胎势上仰:首先确定子宫颈开口是否充分,如开张不够,避免子宫颈口破裂,必须多等些时间,待其充分开张,然后用上法将胎势回复正常。

⑦臀部先出:首先将手伸入产道深处,判定为异常胎势,然后将胎儿尽量推回子宫,利用手指操作,将胎儿回复到正常胎势。

⑧四肢先出:应先确定是单羔还是双羔。如果是单羔,则用纱布分别将四肢缚往,可用以下两种方法处理。一种是将胎儿变成尾位胎势,保持后肢纱布,前肢送回子宫。另一种是将胎儿保持正位胎势,即留下前肢纱布,将后肢送回子宫,然后随母羊努责,轻轻拉出胎儿。其次,必须遵照母子保全的原则,在万不得已时,舍子保母。再次,拉出胎儿时必须配合母羊努责。最后,对体弱或生产时间太长的母羊要注意补液。

2.假死羔羊的处理

初生羔羊假死又称窒息。引起羔羊假死的原因很多,天气寒冷,羔羊受冻太久;助产不及时,脐带受压迫造成循环障碍;胎儿过早呼吸,吸入羊水等都可造成假死。一旦发现羔羊假死应立即采取抢救措施,否则会造成死亡。

(1)假死的表现:假死羔羊表现为横卧不动,闭眼,舌外垂,口色发紫,呼吸微弱,甚至呼吸完全停止,口腔及鼻腔积有黏液或羊水,听诊肺部有湿啰音。假死羔羊体温下降,严重时全身松软、反射消失,只有心脏有微弱的跳动。

(2)应急处理:羔羊出现假死现象时,要立即采取以下两方面的措施使羊复苏。

①如假死羔羊尚有微弱呼吸,应立即提起其后腿,使羔羊悬空,并轻拍其背部和胸部,刺激呼吸反射,促使口腔、鼻腔和气管内的黏液和羊水排出。假死羊排出黏液和羊水后用布擦干羊体,然后将其泡在 38～40℃ 的温水中,使头部外露,防止呛水。泡约 10 分钟取出羔羊,用干布迅速摩擦其身体,然后用棉布包住全身,使羔羊口张开,用软布包舌,每隔数秒钟,把舌头向外拉动一次,使其恢复呼吸。待羔羊复苏以后,将其放在温暖处。

②如不见假死羔羊呼吸,应立即将羔羊平卧放倒,在除去鼻孔、口腔内的黏液及羊水后,有节律地按压羔羊胸部,也可将羔羊放入 38～40℃ 的温水中,让其头部外露,并用少量温水反复浇洒心脏区,稍后取出羔羊用干布擦干,再用棉布等包裹全身,同时给羊注射尼可刹米或樟脑水 0.5 毫升,待羔羊复苏后放于温暖处。

3. 子宫脱出

子宫的一部分或者全部翻转到阴道内或者脱出到阴道外称子宫脱出。母羊子宫脱出多发生于产后 6 小时内,经产母羊常在产后 14 小时内发生。子宫脱出主要由于母羊产羔努责过强、助产时拉出胎儿过猛过快、子宫及产道发生弛缓所引起。

(1)子宫脱出的表现:病羊常表现拱腰努责,食欲减少或废绝,精神沉郁,喜卧地,呼吸及脉搏增快。

(2)应急处理:子宫脱出,必须及早施行手术整复。如脱出时间过长,无法送回时,须进行子宫切除术。整复的方法是先把子宫表面污染的泥土、杂草去掉,后用 0.1% 的高锰酸钾水充分冲洗。如果黏膜水肿,可用针刺后冲洗消毒,然后用 2% 普鲁卡因进行后海穴(即尾根与肛门中间凹陷的小窝部位)注射。最后用消毒纱布裹紧子宫,缓慢将子宫送回原位,待患羊不努责后将手臂与纱布一起退回,并向子宫内注射青霉素液。对形成习惯性脱出者,对阴门四周做纽扣法或烟包减张缝合。

4.胎衣不下

胎衣不下是指羊产后 4～6 小时,胎衣仍排不下来的疾病。该病多因孕羊缺乏运动,饲料中缺乏钙盐、维生素,饮饲失调,体质虚弱。此外,子宫炎、布氏杆菌等也可致病。有报道,羊缺硒也可致胎衣不下。

(1)胎衣不下的表现:病羊常表现拱腰努责,食欲减少或废绝,精神较差,喜卧地,体温升高,呼吸及脉搏增快。胎衣久久滞留不下,可发生腐败,从阴户中流出污红色腐败恶臭的恶露,其中杂有灰白色未腐败的胎衣碎片或脉管。当全部胎衣不下时,部分胎衣从阴户中垂露于后肢跗关节部。

(2)应急处理

①药物疗法:病羊分娩后不超过 24 小时的,可用垂体后叶激素注射液、催产素注射液或麦角碱注射液 0.8～1 毫升,1 次肌内注射。

②手术剥离法:应用药物法已达 48～72 小时仍不奏效者,应立即采用此法,宜先保定好病羊,按常规准备及消毒后,进行手术。术者一手握住阴门外的胎衣,稍向外牵拉;另一手沿胎衣表面深入子宫,可用食指和中指夹住胎盘周围绒毛成一束,以拇指剥离开母子胎盘相互结合的周围边缘,剥离半周后,手向手背侧翻转以扭转绒毛膜,使其从小窝中拔出,与母体分离。子宫角尖端难以剥离,常借子宫角的反射收缩而上升,再行剥离。最后宫内灌注抗生素或防腐消毒药液,如土霉素 2 克,溶于 100 毫升生理盐水中,注入子宫腔内;或注入 0.2%普鲁卡因溶液 30～50 毫升。

③自然剥离法:不借助手术剥离,而辅以防腐消毒药或抗生

素,让胎膜自溶排出,达到自行剥离的目的。可于子宫内投放土霉素(0.5 克)胶囊,效果较好。

七、提高肉羊繁殖力的途径

1. 加强选育、选配

(1)种公羊选择:从繁殖力高的母羊后代中选择培育公羊。要求体形外貌标准、健壮,睾丸发育良好,雄性特征明显并通过精液质量检查,后裔鉴定等措施发现和剔除不符合要求的公羊。

(2)母羊选择:从多胎母羊后代中不断选择优秀个体,并注意其泌乳、哺乳性能,也可根据家系选留多胎母羊。

2. 增加可繁母羊比例

每年都要清理羊群,及时淘汰老龄羊和不孕羊、出栏不留种用的小公羊和小母羊,使 3～4 岁母羊的在群比例达到 55%～60%以上,可繁母羊所占比例越大,数量越多,对提高繁殖率越有利。

3. 加强营养

在配种前及配种期,应给予公母羊足够的蛋白质、维生素和微量元素等营养。营养状况直接影响公羊精子生成,对母羊的胚胎早期存活也有很大影响。当体况差时,母羊为胎盘提供葡萄糖的能力差,会长期使胚胎发育不良,甚至造成胚胎着床前死亡。某些微量元素的缺乏也会影响到繁殖性能的各种基本功能。如有人试验,于配种前 15 天开始,每日补喂混合精料(玉米 75%),连续补喂 2 个月,母羊发情期受胎率提高了 29.97%;用含锌、硒和铜等复合添加剂饲喂,母羊的受胎率提高 10%,繁育率提高 10%。在配种前 2～3 周,适当提高母羊的营养水平,能有效地提高母羊的排卵率和发情率。

维生素对繁殖性能也有重要影响。母羊体内维生素 A 不足时,会使性成熟延迟,卵细胞生长发育困难,即使卵细胞可发育到成熟阶段,并有受精能力,但出现流产多,产下羔羊体质虚弱。公羊体内维生素 A 不足,影响精子形成,也可使已形成的精子发生死亡。

机体缺乏维生素 D 时,除肠道吸收钙、磷减少,血钙血磷低于正常水平及成骨过程发生障碍外,还抑制母畜发情征候,推迟发情日期。

机体缺乏维生素 E 时,体内氧化过程加速,氧化产物积累明显增加,对繁殖功能产生不良影响。公羊缺乏维生素 E,则出现睾丸萎缩,曲细精管不产生精子;母畜缺乏维生素 E,则出现受胎率下降,胚胎和胎盘萎缩,常发生流产。

4. 选留多胎母羊及其羔羊

选留第 1～2 胎产羔多的母羊,其以后胎次的产羔率也比较高;再选留其所生的多胎羔羊留种,将来的多胎性也高。这是提高多胎性的重要途径。

5. 频密产羔

对常年繁殖的母羊要缩短空怀期,使母羊间隔 6～7 个月产 1 次羔,1 年产 2 次或 2 年产 3 次羔,可以提早给羔羊断奶,由 4 个月改为 2～3 个月断奶,使母羊早发情配种。还可以适当提早母羊的初配年龄,以使母羊一生的产羔数量增加。频密产羔是增加羔羊数量的有效方法,但对母羊和羔羊都必须加强饲养管理。

6. 导入多胎羊血液

选择多胎品种的公羊与单胎品种的母羊配种,其所生后代具有多胎性,可以提高以后的产羔率。在同一品种内,用多胎公羊作种羊也有同样效果。

7. 药物催情

应用生殖激素类药物,按照一定的程序对母羊进行处理,使之在预定的时期内发情。

(1)激素催情法

①阴道深部激素埋植法:将浸有孕激素甲孕酮 40～60 毫克、甲地孕酮 40～50 毫克、甲基炔诺酮 30～40 毫克、氯地孕酮 20～30 毫克、氯孕酮 30～60 毫克,或者孕酮 150～300 毫克的海绵置于子宫颈外口处 14 天,海绵用绵线扎好,留绵线至外阴口部位能看见即可,14 天后将海绵拉出。停药后注射孕马血清 400～500 单位,经 28～32 小时即可发情,发情当天和次日各输精一次或自然交配 2 次以上。应该注意的是栓塞大小因羊而定,并且必须彻底消毒。

②口服法:将上述药物每天拌入饲料内,连喂 12～14 天,用药量为阴道海绵给药法的 1/5,停药的当天肌内注射孕马血清促性腺激素 400～750 单位。

③前列腺激素法:母羊发情结束后的数天可向子宫内灌入或肌内注射前列腺激素,2～3 天即可发情配种。

④注射法:静脉注射绒毛膜促性腺激素 400～750 单位。

⑤埋植法:使用兽医埋植枪,将激素(常用有甲孕酮、甲地孕酮、孕酮)适量,在母羊耳根皮下埋植。10～20 天,肌内注射孕马血清健性腺激素 400～750 单位,2～3 天后母羊就可发情。激素埋植法安全可靠,有效率达 80% 以上,且技术简便易行。

(2)人工诱导法

①假公羊法:将 1 头正处于发情、寻求交配的母羊放入成年母羊群中。母羊由于求偶的冲动,会忘乎所以地以公羊的姿态追逐、

爬跨母羊,做公羊交配动作。母羊在受到假公羊的诱导刺激后,可陆续进入发情状态。

②形体诱导法:将不发情的母羊有意放入公羊群中,让公羊追逐、爬跨,可有效促使母羊发情。

③精液诱导法:取健康公羊精液 1～2 毫升,经 3～4 倍冷开水稀释后,用注射器注入母羊鼻孔喷雾,一般隔 4～6 小时即可发情,12 小时即达发情高潮。

8. 诱产双胎、多胎

通过人为手段,改善母羊的生理生殖环境,促使母羊每窝产双羔或以上羔羊。诱产双胎、多胎的方法如下。

(1)补饲催情法:在配种前 1 个月,改善日粮组成,提高母羊营养水平,特别补足蛋白饲料。通过补饲手段,既能提高母羊的发情率,又能增加一次排卵数,诱使母羊多产双胎甚至多胎。

(2)激素途径:此途径与超数排卵处理一致,其处理方法也是母羊先经试情,于发情周期第 12 或 13 天皮下注射孕马血清促性腺激素(PMSG)600～1100 单位。

9. 适时配种和多次配种

母羊发情持续期短,要适时配种,防止漏过情期。实践证明,在配种季节开始后 1～2 情期的配种受胎率最高,其所生羔羊的双胎率也高。一些高产母羊排卵数量多,但不是同时成熟排出,而是陆续排出,故要进行多次配种或输精,如采用重复交配、双重交配和混合输精,使所排出的卵子都有受精的机会,就可以提高产羔率。

10. 采用先进的受精技术,提高受胎率

①腹腔镜子宫输精技术:绵羊冷冻精液子宫颈口输精法受胎

率偏低。随着输精深度的增加,受胎率有显著的提高,然而由于绵羊子宫颈管道皱褶多,形状各异,只能在部分母羊中进行子宫颈内输精。近几年借用腹腔镜进行绵羊冷冻精液子宫内输精,受胎率可达 70%以上。

输精方法是将输精的母羊用保定架固定好,使母羊呈仰卧状,剪去术部(乳房前 6～12 厘米腹中线两侧相隔 3～4 厘米)的被毛后用碘酒消毒。在乳房前 8～10 厘米处用套管针将腹腔镜伸入腹腔观察子宫角及排卵情况,在对侧相同部位再刺入一根套管针,把输精器插入腹腔,将精液直接注入两侧的子宫角内。输精完毕取出器械,母羊术部伤口消毒即可。

②胚胎移植技术:胚胎移植是采用外源生殖激素对优秀供体个体进行超排处理。在早期胚胎时期从输卵管或子宫将胚胎冲洗出来,移植到另一只经同期化处理的未配种的受体母羊体内,使其发育成为胎儿。

胚胎移植的基本程序主要包括供体和受体的选择、供体的超排、受体同期化处理、胚胎冲洗,回收、检卵和移植。

胚胎移植多数是采用手术途径进行。手术法易于操作、便于推广,但可能引起绵羊生殖系统的损伤或手术粘连。非手术法可避免上述弊端,但需要的设备投资大、技术难度高,不易于在生产条件下推广。需要请技术熟练并做过上千只肉羊受体以上的专业公司或各农业大学派人来做。

第五章 肉羊的饲养管理

对饲养羊的日常管理应该从多方面去考虑,如羊舍的环境条件是否能够保证羊的正常生命活动需求;卫生防疫状况如何,除日常的卫生清理工作以外,还应对羊舍及各种用具进行定期消毒。因此,饲养管理的水平高低,是决定羊养殖能否成功的关键因素之一。

根据羊不同生长发育阶段的特点,将羊的饲养管理分为母羊的饲养管理、羔羊的饲养管理、育成羊的饲养管理、种公羊的饲养管理,每一阶段的管理重点各有不同,应当分别对待。

第一节 日常管理

羊日常管理中的驱虫、剪毛、药浴等事物性工作也不可忽略,须引起足够重视并认真抓好。

一、保证充足饮水或盐

舍饲羊养要注意羊的饮水和啖盐,要先喂盐、后饮水。

1. 啖盐

给羊啖盐可增进食欲,每只每天可给食盐 5~10 克。食盐可以单放在饲槽或专用盐槽里让羊自由舔食（又称啖盐），也可以放入饲料中或饮水中搅拌均匀喂给。

2.饮水

冬春季节由于气温较低，若给羊饮冷水，甚至冰碴水，羊不愿饮用，会造成羊饮水不足。这样不仅使羊饲料消化过程放慢，体内代谢受阻，膘情下降，还会引发各种疾病。因此，在生产中必须给羊创造饮水条件，保证清洁充足的饮水。

（1）饮水形式：为了促进羊多饮水、饮足水，可给羊饮用精饲料汤。先用开水把精饲料冲开，搅拌均匀，使之变成糊状，然后对上一定数量的水，搅拌均匀给羊饮用即可。若羊饮用的水温度太低，水要吸收羊本身由饲料转化来的热量，这样会降低饲料的利用率。因此，冬春季节羊饮水的温度最好在20～30℃为宜。

（2）饮水时间：空腹饮羊，若水温偏低，会使羊的体温骤降，易使羊感冒发烧，怀孕母羊空腹喝冷水易流产。生产中应在喂草喂料1小时后给羊饮水，这样还能使水与草料在羊瘤胃内充分混合，有助于消化。

（3）饮水次数：给羊饮水以早上和晚上2次为宜。若条件达不到时至少饮1次，但要注意饮足。

（4）饮水数量：羊采食1千克干物质，需要饮水3～5千克。因此冬春要视羊采食饲草饲料的情况，给羊饮用3～5倍干物质量的水。

二、定期驱虫

在羊的寄生虫病发季节到来之前，用药物给羊群进行预防性驱虫，能有效的预防寄生虫病，通常在春季和秋季进行。但在肉羊生产中，在羊进入正式育肥之前驱虫，能提高育肥效果。在定期驱虫时,羊圈的墙壁、栅栏、门框、饲槽等也要用该药液全面喷洒消毒羊舍 1 次。

1. 药浴

药浴是为了预防和驱除羊疥癣、蜱、虱子等体外寄生虫,避免体外寄生虫病的发生。一般是在剪毛后 7～10 天进行,药液深度一般为 70 厘米,可根据羊体高增减,以没及羊体为原则。

药浴应选择晴朗天气,浴前 8 小时停止喂料,入浴前 1～3 小时给足饮水,以免一进药浴池后吞饮药液。药浴前要检查羊身上有无伤口,有伤口时不能药浴,以免药液浸入伤口,引起中毒、发炎。药浴液配好后,先用几只体弱的羊试浴,无中毒现象后再整群药浴。对个别体弱羊和羔羊要人工帮助它通过药浴池。当羊行至池中间时,要用木棒压下羊的头部入液内 1～2 次,以使头部也能药浴。羊药浴完后,要等被毛阴干后又无中毒现象再喂饲。药浴时先浴健康羊,后浴病羊,凡妊娠两个月以上的母羊,应禁止药浴,以防流产。另外参加药浴的人员要带好橡皮手套和口罩,以防中毒。药浴结束后要妥善处理残液,防止人畜中毒。

常用的药浴液有 0.1%～0.2% 杀虫脒溶液、1% 敌百虫溶液、$(80～20) \times 10^{-6}$ 质量百分比浓度速灭菊酯溶液、$(50～80) \times 10^{-6}$ 质量百分比浓度溴氢菊酯溶液及石硫合剂。石硫合剂的配方是生石灰 7.5 千克、硫磺粉末 12.5 千克,用水拌成糊状,加水 150 毫升,煮沸,边煮边搅拌,至浓茶色为止。弃去下面的沉渣,上清液即为母液。在母液内加温水 500 升,即成石硫合剂浴液。第一次药浴后隔 8～14 天,最好再重复药浴 1 次。

2. 体内驱虫

(1)驱虫程序。

①每年对全群驱虫 2 次,晚冬早春(2～3 月)和秋季(8～9 月)

驱虫。对于寄生虫严重的地区,在5～6月可再增加1次驱虫,避免冬春季发生体表寄生虫病。

②羔羊一般在当年8～9月进行首次驱虫,保护羔羊的正常生长发育。另外,由于断奶前后的羔羊受到营养应激,易受寄生虫侵害。因此,此时要进行保护性驱虫。

③母羊在接近分娩时进行产前驱虫,在寄生虫污染严重地区必须在产后3～4周进行驱虫。

(2)驱除寄生虫:每年春秋两季都要进行预防驱虫,包括全部有被感染嫌疑的羊只。体内寄生虫严重地区要增加驱虫次数。驱虫后1～3天内,羊群要安置固定的羊舍,以防再次被寄生虫及虫卵污染。常用的驱虫药物有四咪唑、驱虫净、丙硫咪唑、灭螨灵、20%林丹乳油、虫克星粉、灭虫丁粉、敌百虫等。使用驱虫药时,注意剂量应准确,最好是先做小群驱虫试验,取得经验后再进行全群驱虫。

(3)注意事项。

①在临床应用虫、孕畜用药应严格控制剂量,按正常剂量的2/3给药。

②为慎重起见,羊用药后,14日方可宰杀。

③对羊体外寄生虫在7～10日后重复用药1次,以巩固疗效。

④一般认为,寄生虫严重感染时应采取针剂疗效更为显著,若选用其他剂型,则操作方便省力。因此使用时应当根据本地实际情况选择适当剂型。

⑤作为程序化防治,必须强调整体性。研究表明同群中亚临床的寄生虫的侵袭也同样引起相应损失。因此,不能只对生长不良、已表现寄生虫病临床症状的动物驱虫。

⑥很少有驱虫药能杀灭蠕虫子宫内、已排在消化道及呼吸道的虫卵,因此,若驱虫后含有崩解虫体的排泄物任意散布,就会严重污染环境。为保证驱虫效果,防止环境中寄生虫卵的重复感染,

发挥驱虫药最大经济效益,驱虫时必须注意环境卫生。妥善处理畜群排泄物,若有可能,应对粪便中寄生虫卵定期监测。

三、免疫接种

免疫接种疫苗是激发动物机体对某种传染病发生特异抵抗力,是其从易感转为不易感的一种手段。在平时常发生某种传染病的地区,或有某些传染病潜在危险的地区,有计划地对健康羊群进行接种是预防和控制羊传染病的重要措施之一,各地区、羊场可能发生的传染病各异,而可以预防这些传染病的疫苗又不尽相同,免疫期长短不一,因此,羊场往往需用多种疫苗来预防不同的羊传染病,这就要根据各种疫苗的免疫特性和本地区的发病情况,合理安排疫苗的种类、免疫次数和间隔的时间。目前国内还没有一个统一的羊免疫程序,只能在实践中探索,不断总结经验,制定出适合本地、本羊场具体情况的免疫程序。

(1)无毒炭疽芽孢苗:预防羊炭疽。绵羊皮下注射 0.5 毫升,注射后 14 天产生坚强免疫力,免疫期 1 年。山羊不能用。

(2)第Ⅱ号芽孢苗:预防羊炭疽。绵羊、山羊均皮下注射 1 毫升,注射后 14 天产生免疫力;免疫期 1 年。

(3)炭疽芽孢氢氧化铝佐剂苗:预防羊炭疽。此苗一般称浓芽孢苗,系无毒炭疽芽孢苗或第Ⅱ号炭疽芽孢苗的浓缩制品。使用时,以 1 份浓苗加 9 份 20%氢氧化铝胶稀释剂,充分混匀即可注射。其用途、用法与各自芽孢苗相同。使用该疫苗一般可减轻注射反应。

(4)布氏杆菌猪型 2 号弱毒苗:预防羊布氏杆菌病。山羊、绵羊臀部肌内注射 0.5 毫升(含菌 50 亿);阳性羊、3 月龄以下羔羊和怀孕羊均不能注射。饮水免疫时,用量按每头羊服 200 亿菌体计算,两天内分两次饮服;免疫期,绵羊 1 年半,山羊 1 年。

(5)布氏杆菌羊型 5 号苗:预防羊布氏杆菌病。羊群室内气雾免疫,按室内空间计算,用量为每立方米 50 亿菌,喷雾后停留 30 分钟;按室外只数计算,每只羊 50 亿菌,喷雾后原地停留 20 分钟。也可将疫苗稀释成每毫升 50 亿菌,每只羊注射 10 亿菌。免疫期 1 年。

(6)破伤风明矾类毒素:预防破伤风。绵羊、山羊各颈部皮下注射 0.5 毫升。平时均为 1 年注射 1 次;遇有羊受伤时,再用相同剂量注射 1 次。若羊受伤严重,应同时在另一侧颈部皮下注射破伤风抗毒素,即可防止发生破伤风。该类毒素注射后 1 个月产生免疫力;免疫期 1 年。第二年再注射 1 次,免疫力可持续 4 年。

(7)破伤风抗毒素:供羊紧急预防或治疗破伤风之用。皮下或静脉注射,治疗时可重复注射数次。预防剂量:1 万～2 万单位;治疗剂量:2 万～5 万单位。免疫期 2～3 周。

(8)羊快疫、猝疽、肠毒血症三联苗:预防羊快疫、猝疽、肠毒血症。成年羊和羔羊一律皮下或肌内注射 5 毫升,注射后 14 天产生免疫力;免疫期 1 年。

(9)羔羊痢疾苗:预防羔羊痢疾。怀孕母羊分娩期 20～30 天第一次皮下注射 2 毫升;第二次于分娩后 10～20 天皮下注射 3 毫升。第二次注射后 10 天产生免疫力。免疫期母羊 5 个月。经乳汁可使羔羊获得母源抗体。

(10)黑疫、快疫混合苗:预防黑疫和快疫。氢氧化铝苗,羊不论大小均皮下或肌内注射 3 毫升,注射后 14 天产生免疫力;免疫期 1 年。

(11)羔羊大肠杆菌病苗:预防羔羊大肠杆菌病。3 月龄至 1 岁的羊,皮下注射 2 毫升;3 月龄以下的羔羊,皮下注射 0.5～1 毫升。注射后 14 天产生免疫力;免疫期 6 个月。

(12)羊厌气菌氢氧化铝甲醛五联苗:预防快疫、羔羊痢疾、猝疽、肠毒血症和黑疫。羊不论年龄大小均皮下或肌内注射 5 毫升,注射后 14 天产生可靠免疫力;免疫期半年。

(13)肉毒梭菌(C 型)苗:预防羊肉毒梭菌中毒症。绵羊皮下注射 4 毫升;免疫期 1 年。

(14)山羊传染病胸膜肺炎氢氧化铝苗:预防由丝状支原体山羊亚种引起的山羊传染病胸膜肺炎。皮下注射,6 月龄以下的山羊 3 毫升,6 月龄以上的山羊 5 毫升,注射后 14 天产生免疫力;免疫期 1 年。

(15)羊肺炎支原体氢氧化铝灭活苗:预防绵羊、山羊由绵羊肺炎支原体引起的传染性胸膜肺炎。颈侧皮下注射,成年羊 3 毫升,半岁以下幼羊 2 毫升;免疫期可达 1 年半以上。

(16)羊痘鸡胚化弱毒苗:预防绵羊痘,也可用于预防山羊痘。冻干苗按瓶签上标注的疫苗量,用生理盐水 25 倍稀释,振荡均匀;不论羊大小,一律皮下注射 0.5 毫升,注射后 6 天产生免疫力;免疫期 1 年。

(17)狂犬病疫苗:预防狂犬病。皮下注射,羊 10~25 毫升。羊如被病畜咬伤时,也可立即用本苗注射 1~2 次,两次间隔 3~5 日,以做紧急预防。

(18)羊链球菌氢氧化铝苗:预防羊链球菌病。绵羊及山羊不论大小,一律皮下注射 3 毫升;3 月龄以下羔羊第一次注射后 14~21 天再重复注射 1 次,剂量相同。注射后 14~21 天产生免疫力;免疫期半年。

四、剪毛与抓绒

1. 剪毛

羊毛是绵羊类品种的主要副产品,通常在每年春秋季各剪毛 1 次。细毛羊、半细毛羊一般一年剪 1 次,粗毛绵羊每年可剪 2

次。春季剪毛一般在 5~6 月天气和煦时进行,过早易引起感冒,过迟影响体热散发,不利采食和生长。秋季剪毛大都在 9 月进行,延迟剪毛会使羊毛混杂较多杂质,且由于冬季来到之前长不出足能御寒的羊毛而受冻。我国幅员辽阔,各地气候差异很大,所以适宜剪毛的时间各地灵活掌握。

(1)剪毛顺序:剪毛先从价值低的羊群开始,借以熟练剪毛技术。从羊的品种讲,先剪粗毛,后剪半细毛羊、杂种羊,最后剪细毛羊。在同一品种内,先剪羯羊、幼龄羊,后剪种公羊、种母羊。患病羊,特别是患体外寄生虫病的羊,留在最后剪,以免传染疾病。

(2)剪毛前的准备:剪毛前应准备好剪毛场地,场地要求干净,宽敞和干燥,特别要防止杂草和粪土等混入羊毛内。场地要打扫干净,最好铺上苇席或木板、帆布等。场地大小可视羊群数量而定。

剪毛分手工剪和机械剪两种。无论手工剪或机械剪,要求剪毛者有熟练的技巧,做到速度快,剪毛净,毛被成套。剪毛要紧贴羊的皮肤剪,毛茬要整齐、不漏剪、不重剪、不伤羊,尤要注意不要剪伤母羊奶头、公羊阴茎和睾丸。

剪毛一般安排在上午进行,羊群在剪毛前 12 小时,停止饮水和喂料,以免剪毛时粪便污染羊毛和发生伤亡事故。

(3)剪毛的方法与顺序:首先将羊左侧卧在剪毛台或席子上,羊背靠剪毛者,剪毛从右后肋部开始,由后向前,剪掉腹部、胸部和右侧前后肢的羊毛。然后使羊右侧卧下,剪毛者面向羊的腹部,用右手提直羊左后腿,从左后腿内侧到外侧,再从左后腿外侧到左侧臀部、背部、肩部、颈部,纵向长距离剪去羊体左侧羊毛。然后使羊坐起,靠在剪毛员两腿之前,从头顶向下,横向剪去右侧颈部及右肩部羊毛,在用两腿夹住羊头,使羊右侧突出,再横向自上而下剪去右侧被毛。最后检查全身,剪去遗留的羊毛。

(4)剪毛的注意事项:剪毛要选择无风晴天,防止羊因剪去被毛而着凉感冒。剪毛剪应均匀地贴近皮肤把羊毛一次剪下,留毛茬要低。若剪不齐,也不要重剪,以免造成二刀毛,影响羊毛的利用。在剪乳房、阴囊和脸颊部的羊毛时要小心慢剪。如有剪破皮肤的地方,要涂上碘酊消毒。

不要让粪土、草屑等混入毛被。毛被应保持完整,以利羊毛分级分等。剪毛动作要快,时间不宜久拖。翻羊时动作要轻,以免引起瘤胃臌气、肠扭转而造成不应有的损失。

剪毛后,不可立即大量喂饲,因剪毛前羊只已禁食十几个小时,喂饲宜贪食,往往引起消化道疾患。剪毛后1周内,应注意羊舍保暖。

2. 抓绒

羊绒是山羊的副产品。每年春季4～5月间,是山羊抓绒季节。山羊的毛被分为外层和内层两层毛。外层毛长而粗,称为粗毛,没有什么经济价值。内层毛细而柔软,称为绒毛,山羊绒是价值较高的精纺原料。不同地区气候条件有差异,抓绒的时间略有不同。一般情况下,自4月上旬当天气变暖时,山羊的绒毛逐渐开始脱落。此时,当拨开毛被发现绒毛脱离皮板时,即是抓绒的适宜时间。

抓绒时,要用专门抓绒的铁梳子(一种是稀梳,一种是密梳)抓绒,先将要抓绒的羊捆好,抖掉羊身上的草屑、粪便和沙土,然后用稀梳顺毛由羊的颈、肩、胸、背、腰及肥肉的部位梳一遍,再用密梳抓一遍,最后用密梳逆着毛再抓一遍。抓绒时梳子要贴近皮肤,用力均匀。同一个体不同部位绒毛脱落时间并不一致,为保证绒抓的干净,不造成损失,一般在第一次抓绒后相隔2周时间再抓一次。

为保证抓绒时的安全,对妊娠后期母羊抓绒时要格外注意,以免动作过大引起流产。

绒的颜色不同,经济价值不同,在抓绒前要把羊群按绒的颜色分开,通常分为白绒、青绒和紫绒。

抓绒后根据天气情况在 7~10 天进行药浴。

五、修 蹄

羊蹄是其肌体的衍生物,不断生长。舍饲羊如长期不修剪,不仅影响羊行走,而且会引起蹄病,使蹄尖上卷、蹄壁裂开、四肢变形,不便采食。严重时,公羊不能配种;母羊妊娠后期行动困难,常呈躺卧姿势,影响采食,也影响腹内胎儿的正常发育。舍饲羊每 2~3 个月就要修蹄 1 次。修蹄最好在雨后进行,这时蹄质变软,容易修理。

修蹄需要 2 人配合,协同操作。先修前蹄,后修后蹄。修蹄时,将羊蹲坐在地上,修蹄者用两腿夹住羊体两侧,手握前腿系部,右手持剪枝剪子,修平角质,当看到微血管时立即停止,以免削得太深伤及蹄肉,造成跛行,影响走路。一旦出血,可用烧烙法止血。修好的蹄,底部应平整,形状方圆,站立端正。变形蹄,需经过几次修理才能矫正。

六、捕羊和导羊

1. 捉羊

捕捉羊是养羊管理中经常遇到的工作。羊性情怯懦,怕人,不易捕捉,为了避免捉羊时伤羊,捕捉时,趁羊不备迅速伸手抓住羊的腿,因为肋部的皮肤松弛、柔软,不会使羊受伤。除去这些部位抓羊捕羊外,抓其他部位都对羊有伤害。

2. 抱羊

把羊捉住后,人站立在羊的左侧,左手由前两腿蹭伸进托住胸部,右手先抓住右侧后腿关节将羊抱起,再用胳膊由后外侧把羊抱紧。

3. 导羊

羊的性情顽强,不能强拉硬拽,尽量顺其自然前进。喂过料的羊,可用料斗逗引前进;对个体鉴定的羊只,可站在羊左侧面,左手托住脖子,然后右手用小棍或手轻轻搔动羊的尾根,羊就往前走。切忌扳羊头角或抱头硬拉。

七、杀虫与灭鼠

羊场常有苍蝇等有害昆虫和鼠类危害。蚊、虻吸血传染疾病;蝇扰乱羊只休息反刍。蝇身上常携带数百万个微生物。鼠类能吃掉饲料咬坏什物,是传染病病原体的机械携带者,所以养殖场要定期杀虫、灭鼠。

1. 杀虫

(1)最常用的是化学法,选择化学药物的要求是对昆虫有致死作用而对人、羊等毒性小;药效快、用量小、稳定,不受温度和日光灯影响;余效时间长,不易燃易爆,价格低廉。

常用的化学杀虫药有敌敌畏、敌百虫、二溴磷、除虫菊等。场内驱除羊体内寄生虫或体外杀虫、环境灭虫除害时,应详细核对药量及使用浓度,并且最好是由点到面,先于小群和小面积取得经验,再全面铺开,以保证工作安全和有效地进行。

(2)及时清除舍内粪便污水,应特别注意死角中的粪便和污水,尽可能保持粪便干燥,尽可能做到每天清理一次。搞好舍内外的清洁卫生,定期消毒。妥善处理清除的粪便,及时拉走并进行无害化处理。场内的废旧垫料和病死畜禽也要妥善处理。

(3)对墙面、过道、天花板、门窗、料位、饲料桶、饮水器等所有苍蝇可能栖身的地方用左旋氯菊酯喷施,可有效杀灭外来苍蝇,有效期长达 45～60 天。

(4)定期进行环境消毒。使用含氯的消毒剂,苍蝇不喜欢氯的特殊气味,从而起到趋散的作用。

(5)在饲料中按说明使用添加环丙氨嗪,隔周饲喂或连续饲喂4～6 周。环丙氨嗪通过饲料途径饲喂动物,进入动物体内基本不被吸收,绝大部分都以药物原形的形式随粪便排出体外,分布于动物的粪便中,直接阻断幼虫(蛆)的神经系统的发育,使得幼虫(蛆)不能蜕皮而直接死亡,从而使蝇蛆不能蜕变成苍蝇,在粪便中发挥彻底的杀蝇蛆作用,能够从根本上控制苍蝇的产生,达到彻底控制苍蝇的目的。环丙氨嗪必须采用逐级混合的办法搅拌均匀后使用;在 4 月中旬出现苍蝇季节前及时使用。

2. 灭鼠

灭鼠方式包括夹、压、扣、套、吊、淹等。常用工具有鼠夹、鼠笼、千斤闸等。化学灭鼠药种类很多,使老鼠一次食药立即死亡的药有氟乙酸钠、氟乙酰胺、磷化锌、硫酸铊和毒鼠磷等,这类药毒性较大,对人、畜不安全,用时应十分注意。使老鼠每天吃少许药,蓄积中毒而致死的药有鼠完、杀鼠酮、敌害鼠、杀鼠速(立克命)等。

八、坚持进行健康检查

在日常饲养管理中,注意观察羊的精神、食欲、运动、呼吸、粪便等状况,发现异常及时检查,如有疾病及时治疗。当发生传染病或疑似传染病时,应立即隔离,观察治疗,并根据疫情和流行范围采取封锁、隔离、消毒等紧急措施,对病死羊的尸体要深埋或焚烧,做到切断病源,控制流行,及时扑灭。

第二节　种母羊的饲养管理

母羊是羊群发展的基础。母羊数量多,个体差异大。为保证母羊正常发情、受胎,实现多胎、多产,羔羊全活、全壮,母羊的饲养不仅要从群体营养状况来合理调整日粮,对少数体况较好的母羊,应单独组群饲养。对妊娠母羊和带仔母羊,要着重搞好妊娠后期和哺乳前期的饲养和管理。一年中母羊的饲养管理可分为空怀期、妊娠期、哺乳期等三个阶段。

1. 空怀期母羊的饲养

空怀期是母羊抓膘复壮,为妊娠贮备营养的时期。

(1)空怀期母羊的生理特点:此时母羊营养水平好,体况佳,就能促进母羊的发情、排卵及受孕。相反,如果营养严重缺乏,就会导致脑垂体分泌失常,卵泡不能正常生长,因而妨碍母羊的正常发情和排卵,甚至造成不育症。因此,加强空怀期母羊的饲养管理,尤其是配种前期的饲养管理,对提高母羊的繁殖性能至关重要。

(2)组群:每栏 30 只。

(3)饲喂:在配种前 1～1.5 个月,要加强饲养,提高饲草供给量。对个别体况欠佳者,给予优饲,日喂精料 3 次,使羊膘情一致,发情整齐,产羔整齐,便于管理。

2. 妊娠期的饲养

此期的管理应围绕保胎来考虑,要细心周到,喂饲料饮水时防止拥挤和滑倒,不打、不惊吓。增加母羊户外活动时间,干草或鲜草用草架投给。

(1)妊娠期母羊的生理特点:妊娠前期(前 3 个月)胎儿发育较慢,饲养的主要任务是维护母羊处于配种时的体况,满足营养需要。怀孕前期母羊对粗饲料消化能力较强,可以用优质秸秆部分代替干草来饲喂,还应考虑补饲优质干草或青贮饲料等。

妊娠后期胎儿的增重明显加快,母羊自身也需贮备大量的养分,为产后泌乳做准备。妊娠后期,母羊腹腔容积有限,对饲料干物质的采食量相对减小,饲料体积过大或水分含量过高均不能满足母羊的营养需要。因此,要搞好妊娠后期母羊的饲养,除提高日粮的营养水平外,还必须考虑组成日粮的饲料种类,增加精料的比例。在妊娠后 2 个月中胎儿 90% 的出生重是此期增长的,因而必须供给充足的营养。如果此期营养不足,羔羊出生重小,成活率低。营养良好的母羊,到分娩前体重应增加 10~15 千克以上。

(2)组群:每栏 20 只。

(3)饲喂:母羊怀孕的各阶段对营养的需求不同,必须针对不同阶段合理饲喂。

母羊怀孕初 1 个月左右是胎儿生长发育的关键时期,母羊补喂采食达到饱腹后,还应根据母羊的营养状况适当补喂精料。

母羊怀孕 2 个月后,逐渐增加精料的补喂量,每天补喂 2~3 次,每只羊每次喂给 50~100 克,青年母羊适当增加喂量。

母羊怀孕 3 个月后,适当控制喂给饲草的总容积,补喂饲草和精料应少喂勤添,以防一次性喂量过多压迫胎儿。

母羊怀孕 4 个月后,精料的饲喂量增加到怀孕前期的 2 倍,并多喂嫩牧草、胡萝卜等青绿多汁饲料,禁喂马铃薯、酒糟和未经去毒处理的棉籽饼、菜籽饼,禁喂霉烂变质、过冷或过热、酸性过重的饲料,以免引起母羊流产、难产和发生产后疾病。

产前1个月左右,适当控制粗料饲喂量,尽量喂给质地柔软、青绿多汁的饲料,精料中增加麸皮喂量,以通肠利便。

分娩前10天左右,根据母羊消化、食欲状况,减少饲料喂量。产前2～3天,母羊乳房胀大并伴有腹下水肿,应从日粮中减少1/2～1/3的饲料喂量,以防分娩初期奶量过多或奶汁过浓引起乳房炎、回乳和羔羊下痢。瘦弱母羊产前1周乳房干瘪,除减少粗料喂量外,还应适当增加麻饼、豆饼、豆浆、豆渣等富含蛋白质的催奶饲料以及青绿多汁的轻泻性饲料,以防母羊产后缺奶。

3. 哺乳期的饲养

(1)哺乳期母羊的生理特点。

①哺乳前期:母羊产羔后,泌乳量逐渐上升,在4～6周内达到泌乳高峰,10周后逐渐下降(乳用品种可维持更长的一段时间)。随着泌乳量的增加,母羊需要的养分也增加;当草料所提供的养分不能满足其需要时,母羊会大量动用体内贮备的养分来弥补。泌乳性能好的母羊往往比较瘦弱,这是一个重要原因。

②哺乳后期:哺乳后期2个月,母羊的泌乳量下降,即使加强母羊的饲养,也不能继续维持其高的泌乳量。此时单靠母羊已不能满足羔羊的营养需要;此期羔羊的胃肠道功能已完善,可以大量利用饲草和粉碎的饲料,对母乳的依赖程度减小。

(2)组群:每栏15只。

(3)饲喂。

①哺乳前期:在哺乳前期2个月内,母乳是羔羊获取营养的主要来源。为满足羔羊生长发育对养分的需要,保持母羊的高泌乳量是关键。母羊泌乳越多,羔羊的生长越快,发育越好,抗病力越强,因此,为了促进母羊泌乳,应加强泌乳前期母羊的饲养管理。

此期除供给优质的饲草外,还应根据带羔的多少和泌乳量的高低,搞好母羊的精料补饲,带单羔母羊,每天应补饲精料每天喂精料0.5千克,青贮料及鲜草5千克;产二羔母羊每天喂精料0.75千克,青贮或鲜草5千克;产三羔母羊每天喂精料1千克,青贮及鲜草7.5千克;产四羔以上母羊每天喂精料1.5千克,青贮或鲜草10千克。

对体况较好的母羊,产后1～3天内可不补喂精料,以免造成消化不良或发生乳房炎。为调节母羊的消化机能,促进恶露排出,可喂少量轻泻性饲料(如在温水中加入少量麦麸喂羊)。3日后逐渐增加精饲料的用量,同时,给母羊饲喂优质青干草和青绿多汁饲料,可促进母羊的泌乳机能。

②哺乳后期:在泌乳后期应逐渐减少对母羊的补饲,其饲养方法与空怀母羊相同,但对体况下降明显的瘦弱母羊,应加强饲养,使母羊在下一个配种期到来时能保持良好的体况。

4. 母羊的淘汰

母羊的最适繁殖年龄为3～6岁,超过6岁的母羊假如仍然具有较高的产仔量,则可适当延长利用年限。

第三节　羔羊的饲养管理

从出生至断奶这一阶段的羊叫羔羊。羔羊是羊一生中生长发育最快的时期。对羔羊进行培育,使之充分发挥生长优势,可为育成期的生长发育打下基础。

1. 哺乳期羔羊的生理特点

出生羔羊体温调节机能很不完善,对外界温度变化很敏感,因此保温防寒是出生羔羊护理的重要环节。一般羊舍温度应保持5℃以上。室温是否适宜,可从母子表现来判断,如母子安闲地卧在一起,说明室温适宜。如羔羊卧在母体上,说明室温过低,此时应检查羊舍门窗是否闭严,墙壁是否有漏洞,对有可能有寒风侵袭之处,进行封严加固。另外,还应设置取暖设备,以及在地面铺洁净的干草或沙土,使羔羊不致受到寒冷的侵袭。

2. 哺喂

(1)吃足初乳:羔羊出生后1～3日内,一定要使羔羊吃上初乳。初乳系指母羊分娩后1～3日内分泌的乳。初乳不同于正常的乳,色黄浓稠,含丰富的蛋白质、脂肪,氨基酸组成全面,维生素较为齐全和充足,含矿物质较多,特别是镁多,有轻泻作用,可促进胎便排除,含抗体多,是一种自然保护品,具有抗病作用,能抵抗外界微生物侵袭。初乳对羔羊的生长发育和健康起着特殊而重要的作用。初乳没吃好,将带来羔羊一生中难以弥补的损失。

羔羊出生后立即检查母羊的乳房,将最初的几滴奶挤去,在1小时内帮助羔羊吃上初乳。初生羔羊,健壮的自己能吸乳,用不着人工哺乳,每隔2～3小时哄起母羊哺1次奶即可。

要仔细观察泌乳和哺乳情况,羔羊生后弱小、初产母羊母性不强、母羊乳头短小、乳房下垂严重、母羊产后有病时,常使羔羊吃不足初乳,表现为被毛蓬松、肚子扁、拱腰鸣叫等,这就需要人工辅助。其方法是饲养员将母羊保定住,将羔羊推到乳房跟前,反复多次帮助羔羊吸乳。若母羊有生理缺陷、有病、死亡等,应及时采取补救措施,设法让羔羊采食其他母羊的初乳。初乳吃得好,羔羊昂头、挺胸、腿粗、腰展、毛光、体壮。

此间,还要注意检查母羊乳房、羔羊脐带和眼睑部等有无异常。如母羊乳房变硬患乳房炎,羔羊脐带炎和眼睑外翻应及时处理。种羊群据初生鉴定标准还要进行羔羊的初生鉴定,配带耳标等工作。

(2)寄养:母羊一胎多产羔羊(或母羊产后意外死亡),可将一窝产羔数多的羔羊分一部分给产羔数少的母羊寄养。采用羔羊寄养时,为确保寄养成功,一般要求两只母羊的分娩日期比较接近,相差时间应在 3～5 天之内,两窝羔羊的个体体重大小不宜悬殊过大。另外,母羊的嗅觉较为灵敏(特别是本地母羊),为避免母羊嗅辨出寄养羔羊的气味而拒绝哺乳,一般羔羊寄养提倡在夜间进行,寄养前将保姆羊的胎液、羊水或母羊身上分泌物(唾液、尿液)涂在羔羊的尾部周围,再将两窝羔羊用箩筐装着放在一起喂养 30～60 分钟,使受寄养母羊嗅辨不出真假,从而达到寄养的目的。刚开始时人要帮助对奶,把保姆羊的乳头对准羔羊的嘴,轻轻挤进嘴里几滴奶,或人用食指蘸几滴初乳,伸进羔羊口内,引起食欲,再直接让羔羊吸吮保姆羊乳头。

如果找不到合适初乳的保姆羊,或羔羊无力吸吮乳头,就要采用人工喂乳。

(3)人工哺乳:人工喂养就是用牛奶、羊奶、奶粉或代乳粉喂养缺奶的羔羊。关键是掌握好定时、定温、定量、定人和卫生条件,才能把羔羊养活养好,不发生疾病。

喂羔羊的牛奶、羊奶应用鲜奶或消毒奶,避免病菌侵入。用奶粉或代乳粉喂羔羊,应用温开水稀释 5～7 倍,羔羊小时,由于其胃容积较小,这时奶应相对较浓些,这样羔羊就可食入较多的干物质,获得较多的营养物质。随着羔羊日龄的增大,奶粉及代乳粉浓度可适当降低,在奶粉或代乳粉中应添加植物油、鱼肝油、胡萝卜汁、多种维生素、多种微量元素等,以确保营养的全价性。

人工喂养中的"定人"是指从始至终固定专人喂养,这样可以熟悉人工喂养羔羊的喂养特点、生活习性、吃奶程度、表现形式、精神状态、食欲等方面的情况,正确掌握温度、喂量等。

"定温"是指羔羊所食食物要掌握好温度。一般冬天喂 1 个月内的羔羊,应凉到 35～41℃,夏季温度可以略低些。羔羊的日龄越小温度也应略高些,随着羔羊日龄增加,喂奶温度可以降低。掌握好温度对人工喂养十分重要,温度过高,会伤害羔羊,容易发生便秘;温度过低往往容易造成消化不良、拉稀和腹胀等。

定量是指每次喂量应适中,即不过多也不过少。一般以七八成饱为宜。具体喂量应按羔羊体重或体格大小来决定。一般出生羔羊全天给奶量相当于出生重的 1/5,以后每隔 7～8 天比前期喂量增加 1/4～1/3。给代乳料、粥、汤等的量,应根据浓度大小来定量,应略低于喂奶量标准,尤其最初喂的 2～3 天内,先少喂,等慢慢适应后再加量。全天饲喂次数一般这样安排:10 日龄以内的羔羊,每天喂 5～6 次,每隔 3～5 小时喂 1 次,夜间睡眠时可以延长或减少次数;10～20 天每天喂 4～5 次,20 天以后羔羊已能吃草料,每天喂奶次数可减少到 3 次。

初生羔羊,尤其是缺奶羔羊往往体质较弱,生活力差,消化机能不完善,对疾病的抵抗能力弱,极易发病,所以人工喂养的卫生状况越发显得重要,首先要保持羔羊所食奶类、豆浆、汤、粥,以及饮水、草料等的洁净卫生。保持现配现喂,喂多少配多少,尽量选择质量高、味道好、鲜嫩柔软容易消化的食物饲喂。其次要注意饲喂人员的卫生消毒。饲喂人员在每次喂奶前应洗净双手,平时不与病羊接触,尽量减少或避免致病因素。管病羔的人不要再管健康羔,迫不得已都由一人管理时,应先喂健康羔再喂病羔,并且,喂完病羔马上清洗、消毒手臂,脱下工作服单独放置,或开水冲洗进行消毒处理。再次,喂奶用具也应保持清洁卫生。每次喂奶后随即用温水冲洗干净,并盖好。病羔的用具应另行放置,喂完后应用高锰酸钾、来苏水、洗涤灵、碱水等冲刷,防止交叉感染。

3. 编号

羊的个体编号是种羊管理中不可缺少的技术工作。总的要求是简明、便于识别、不易脱落、字迹清楚,有一定的科学性、系统性,便于资料的保存、统计和管理。羊的编号常采用金属耳标或塑料标牌。

(1)插耳标法:耳标是固定在羊耳上的标牌,有铝片或塑料制成,分圆形、长方形两种。

耳标用来记载羊的个体号、品种及出生年份等,上面有特制的钢字钉打的需要的号码。一般第一个号是羊的出生年份,用该年最末一个数字。其次才是羊的个体号数,公羊用单数,母羊用双数。如9－12,9代表2009年出生,12代表12号公羊。戴耳标时,用打孔钳在耳中部打一孔并消毒后,将耳标穿过圆孔,固定在羊耳上。

(2)剪耳法:是在羊耳边缘用剪刀剪缺刻,据缺刻部位来区分等级或编号。做个体编号时通常规定:左耳作个位数,右耳作十位数。左耳下缘一个缺刻为1,上缘为3,耳尖为100,耳中间的圆孔为400;右耳下缘一个缺刻为10,上缘为30,耳尖为200,耳中间圆孔为800。做等级标记时,纯种羊分四级,标记在右耳,杂种羊分五级,标记在左耳。标记方法:耳的下缘一缺刻代表一级,二个刻缺代表二级,上缘作一缺刻代表三级,上下缘各作一缺刻代表四级,耳尖作一缺刻代表特级。

4. 断尾

羔羊断尾可以加速肉羊生长、改进肉质、减少膻味,便于配种和人工授精。羔羊在2～21日龄均可断尾,但以2～7日龄最为适宜。断尾时间最好在晴天早上进行。

用弹性强的橡皮圈,如自行车内胎等,剪成直径1厘米的胶圈,在第三、第四尾椎骨中间,用手将此处皮肤向尾上端推后,即可用胶圈缠紧。羔羊经 8～10 天,成羊 25～30 天,尾部便逐渐萎缩,自然脱落(不要剪割,以防感染破伤风)。此方法简单易行,不流血,愈合快,效果好。

5. 运动

一般羔羊生后 5～7 天,选择无风温暖的晴天,在中午把羔羊赶到运动场,进行运动和日光浴,以增强体质,增进食欲,促进生长和减少疾病。随着羔羊日龄的增加,应逐渐延长运动量。羔羊在运动场上常发生异食癖,啃墙土、吃羊毛等,往往造成肠道堵塞而致死,这多因运动场窄小,或缺乏食盐等矿物质所引起。为了减少患病机会,除按病因扩宽运动场,拣净羊毛杂物外,还要对羔羊体内所缺矿物质元素进行有针对性的补充。

6. 及早补饲

为了使羔羊生长发育快,生长性能好,除吃足初乳和常乳外,还应尽早补饲,不但使羔羊获得更完善的营养物质,还可以提早锻炼胃肠的消化机能,促进胃肠系统的健康发育,增强羔羊体质。小尾寒羊生后 1 周,开始跟着母羊学着吃嫩草和饲料。在羔羊 10～15 日龄后开始给予鲜嫩的青草和一些细软的优质干草、叶片,亦可将草打成小捆,挂在高处羔羊能够吃到的架上,供羔羊随时舔食。为了尽快能让羔羊吃料,最初可把玉米面和豆面混合煮稀粥或搅入水中让羔羊饮用,亦可将炒过的精料盛在盆内,使羔羊先闻其香,再舔食,或把粉精料涂在羔羊嘴上,让其反复磨食,等它嗅到味香尝到甜头,就会和大羊一样抢着吃料。开食方法是在羊圈一侧设置羔羊栏,让羔羊自由出入;内设料槽,让羔羊随时采食。20～30 日龄后可正常采食,草料要求多样化,少给勤添。精料必须磨碎,配合比例要适当,要添加食盐和骨粉。把切碎的胡萝卜丝拌在精料内喂给,还要增设水槽和盐槽,让羔羊自由饮水和舔盐。

通常 2 周龄羔羊,每天能吃精料 50～70 克,3～4 周龄以上能吃 100～150 克,断奶前能吃 200 克以上,1 月龄大的羔羊每天能采食干草 100 克,2 月龄 400 克。

7.羔羊的疫病防治

这是提高羔羊成活率的关键之一。对羔羊的疾病要以预防为主。羊舍应保持清洁、干燥、卫生、通风良好,冬暖夏凉,并定期注射疫苗和驱虫。一旦发现羔羊有病,要立即隔离,及时治疗。

8.断乳

发育正常的羔羊,一般在 2 月龄左右断奶。

羔羊 2 月龄时部分泌乳性能差的母羊已停止产奶,而大部分母羊可产少量奶。若这时不进行羔羊断奶,羔羊经常干扰母羊采食,还消耗母羊产奶用的部分营养,使母羊体况不能及时恢复,从而影响母羊发情与配种。另一方面,对羔羊来说,羔羊的瘤胃消化功能已基本发育齐全,与成年羊一样,这时给羔羊断奶,只要细心照料,加强补饲,不会因给羔羊断奶而影响羔羊的生长发育。

断奶应逐渐进行,一般经过 7～10 天完成。开始断乳时,每天早晨和晚上仅让母子羊在一起哺乳 2 次。以后改为哺乳 1 次。逐渐断乳,可以防止母羊乳房炎的发生,羔羊有个适应过程,有利于健康发育。大群饲养时,应使产期相近,大小一致的羔羊一齐断乳,有利于群体母羊在同一时期内恢复体力,下次发情配种整齐,集中产羔,便于羊群统一管理。

第四节　育成羊的饲养管理

从断乳到配种前的羊叫青年羊或育成羊。在生产中一般将羊的育成期分为两个阶段,即育成前期(4～8月龄)和育成后期(8～18月龄)。这一阶段是羊骨骼和器官充分发育的时期,如果营养跟不上,便会影响生长发育、体质、采食量和将来的繁殖能力。

1.育成期羊的生理特点

羔羊断奶后,身体各系统和各组织都在旺盛生长发育阶段。体重增加,躯干的宽度、长度及深度仍在迅速生长,对饲养条件要求较高,但此时羔羊瘤胃容积有限且功能不完善,对粗饲料的利用能力较差。

2.后备种羊的选留

为了选种工作顺利进行,选留好后备种羊是非常必要的。后备种羊的选留。一是要看祖先,从优良的公母羊交配后代中,全窝都发育良好的羔羊中选择。二是选个体,要选留初生重和生长各阶段增重快、体尺好、发情早的羔羊。后备母羊的数量,一般要达到需要数的3～5倍,后备公羊要达到需要数的2～3倍,以防在育种过程中有不合格的羊不能种用而数量不足。

3.去势

去势亦称阉割,去势后的羊通称为羯羊。不作种用的小公羊,要及时去势。公羔或公羊去势后,性情温顺,管理方便,节省饲料,容易育肥,肉无膻味,且较细嫩,还可以防止杂交乱配。去势时间一般在公羔出生后 1～3 月龄为宜,最好在晴暖的早晨进行。去势方法有 3 种。

(1)结扎法:将羊站立保定或横卧保定,使其阴囊充分暴露于两后肢外,然后在阴囊系部用碘酊进行常规消毒,左手将其两睾丸挤至阴囊下底部,固定牢靠,右手持消毒过的吊筋(橡皮筋)二条同时套在右手的五指上,手指撑开,接转左手的阴囊及睾丸,后将右手的吊筋套在阴囊系部上 1/3 处。然后右手转交左手,右手持吊筋的一端旋转半周成“8”字形。后左右手相互转交,将其吊筋往反多次套绕,直至吊筋套不过去阴囊睾丸为度。作用机制主要在于阻断神经传导、阻断血液流通,将其断绝营养的供给,使其 2/3 的阴囊和两睾丸变性逐渐萎缩,一般在 20～30 天左右完全干枯脱落。但在吊缩期间阴囊部位不要见水,3 天涂擦 1 次碘酊,直至脱落。此法安全可靠,不出血,组织损伤少,疼痛刺激弱,无并发症及后遗症,术后一般不影响食欲。材料来源广泛,经济实用,不受时间、器械、场合的限制。

(2)手术法:施行手术时需两人合作,一人保定羊,使羔羊半蹲半仰置于凳上或站立,阴囊外部用 3% 石炭酸或碘酒消毒。消毒后施术者,一手握住阴囊上方,以防羔羊的睾丸缩回腹腔内。另一手用消毒过的手术刀在阴囊侧面下方切开一小口,约为阴囊长度的 1/3,能挤出睾丸为度。在割破鞘膜后,把睾丸连同精索拉出撕断,撕断的上端精索自己就抽回去。最后用消毒药水涂抹伤口,并涂上磺胺粉。拉除一侧睾丸后,再摘除另一侧睾丸。

4. 饲喂

此时期羊的瘤胃机能基本完善,可以采食大量的牧草和青贮、微贮秸秆。留作种羊的应以草料为主,选用优质干草和青绿饲料及较好品质的混合精料,使羔羊正常反刍,促进消化吸收机能增强,羔羊骨架大,体质好。已去势不留作种羊的羯羊转入育肥舍进行育肥。

第五节 种公羊的饲养管理

种公羊对提高羊群的生产性能和繁殖育种关系重大,因而在饲养管理上要求比较精细。种公羊除单独饲养外,还要常年维持良好的健康状况,在非配种期应有中等或中上等的营养水平,配种期应保持健壮、活泼、精力充沛、性欲旺盛、精液品质好、不要过肥。在现代养羊业中,人工授精技术得到广泛应用,需要的种公羊不多,因而对种公羊品质的要求越来越高。养好种公羊是使其优良遗传特性得以充分表现的关键。

1. 饲养原则

(1)保证饲料的多样性,精粗饲料合理搭配,尽可能保证青绿汁饲料全年较均衡地供给;在枯草期较长的地区,要准备较充足的青贮饲料。同时,要注意矿物质、微生物的补充。理想的粗饲料是苜蓿干草、三叶草干草和青燕麦干草等优质青干草;精料则以燕麦、大麦、玉米、高粱、豌豆、黑豆、豆饼为好;多汁饲料有胡萝卜、饲用甜菜及青贮等。

(2)日粮应保持较高的能量和粗蛋白水平,即使在非配种期内,种公羊也不能单一饲喂粗料或青绿多汁饲料,必须补饲一定的混合精料。

(3)种公羊必须有适度的运动时间,这一点对非配种期种公羊的饲养尤为重要,以避免因过肥而影响配种能力。

2. 非配种期的饲养

为完成配种任务,非配种期就要加强饲养,每天进行 1～2 小时的驱赶运动,为配种期奠定基础。

种公羊在非配种期的饲养以恢复和保持其良好的种用体况为目的,除供给足够的热能外,应注意蛋白质、维生素和矿物质的充分供给。

在我国的北方地区,羊的繁殖季节很明显,大多集中在 9～11 月(秋季),非配种期较长。在冬季,种公羊的饲养要保持较高的营养水平,既有利于体况恢复,又能保证其安全越冬度春。做到精粗料合理搭配、补喂适量青绿多汁饲料(或青贮料),在精料中应补充一定量的食盐、骨粉和微量元素。混合精料的用量不低于 0.5～1 千克,优质干草 2～3 千克。

在我国南方大部分低山地区,气候比较温和、雨量充沛,牧草的生长期长,枯草期短,加之农副产品丰富,羊的繁殖季节表现为春、秋两季,部分母羊可全年发情配种。因此,对种公羊全年均衡饲养尤为重要。除每天坚持必需的运动量外,还应补饲 0.5～1 千克混合精料和一定优质干草。

3. 配种期的饲养

配种期饲养分配种预备期和配种期两个阶段。

(1)配种预备期:种公羊在配种前 1～1.5 个月开始喂给配种期的标准日粮,开始时按标准喂量的 60%～70% 逐渐加喂,直至全部变为配种期日粮。饲喂量为:混合精料 1.0～1.5 千克,胡萝卜、青贮料或其他多汁饲料 1.0～1.5 千克,优质青干草足量,动物性蛋白饲料鱼粉、牛奶、鸡蛋等适量,骨肉粉每只羊每天喂 50～60 克。混合精料组成为:谷物饲料占 50%,能量饲料以玉米为主,最好包括 2～3 种,如燕麦、大麦、黍米等;豆类和豆饼占 40%,麸皮占 10％。精料每天分两次饲喂。补饲干草时要用草架饲喂,精料和多汁料应放在料槽里饲喂。

同时进行采精训练和精液品质检查,开始时每周采精检查 1 次,以后增至每周 2 次,并根据种公羊的体况和精液品质来调节日粮饲料的比例;当精子活力差时,应加强种公羊的运动。

(2)配种期:种公羊在配种期内要消耗大量的养分和体力,因配种任务或采精次数不同,个体之间对营养的需要量相差很大。种公羊的日粮要求营养丰富全面,容积小且多样化,易消化,适口性好,特别要求蛋白质、维生素和矿物质的充分满足。种公羊每形成 1 毫升精液约需可消化蛋白质 50 克。当维生素 A 不足时,公羊性欲差,精液品质不佳;当维生素 E 不足时,会影响精子形成,畸形精子数量增多。精液中钙、磷含量较多,必须加喂骨粉或磷酸氢钙,以满足生产精液的需要。在配种期,体重 80～90 千克的种公羊每日定额大致如下:混合精料 1.2～1.4 千克,优质干草 2 千克,胡萝卜 0.5～1.5 千克,食盐 15～20 克,骨粉 5～10 克,血粉或鱼粉 5 克。草料每日分 2～3 次供给,饮水 3～4 次。

配种期种公羊的饲养管理要做到认真、细致,要经常观察羊的采食、饮水、运动及粪、尿排泄等情况;保持饲料、饮水的清洁卫生。配好的精料要均匀地撒在食槽内,要经常观察种公羊食欲好坏,以便及时调整饲料,判别种公羊的健康状况。种公羊要远离母羊,不然母羊一叫,公羊就站在门口爬在墙上,东张西望影响采食。种公羊舍应选择通风、向阳、干燥的地方。每只公羊约需面积 2 平方米。

在南方省区,夏季高温、潮湿,对种公羊不利,会造成精液品质下降。种公羊舍应选择干燥、凉爽、通风良好的场地。种公羊必须保证每天约 6 小时的运动时间。

4.配种结束后的管理

配种结束后,种公羊的体况都有不同程度的下降,为使体况很快恢复,在配种刚结束的1~2个月内,种公羊的日粮应与配种期基本一致,但对日粮的组成可做适当调整,加大优质青干草或青绿多汁饲料的比例,并根据体况的恢复情况,逐渐转为饲喂非配种期日粮。

5.种公羊的淘汰

从经济效益和后代质量看,种公羊的利用年限一般为6~8年。

第六节　育肥生产技术

我国目前的羊肉生产,主要依靠宰杀羯羊、病残羊和淘汰羊,近年来肥羔肉生产在养羊业越来越起着举足轻重的作用。

一、羯羊育肥

羯羊育肥是利用羔羊生长发育快的特点,采取相应的饲养管理技术,当体重达到一定要求时即屠宰上市。因为不同品种适于屠宰利用的时间和体重不同,故羯羊育肥又称肥羔生产或羔羊肉生产。

1.羯羊育肥的优点

(1)生产周期短,生长速度快,饲料报酬高,便于组织专业化、集约化生产。

（2）羯羊肉鲜嫩多汁,瘦肉多、脂肪少,膻味轻,味鲜美,容易消化吸收,故深受消费者喜爱。

（3）6～9月龄宰杀的羯羊可剥取质优价高的毛皮。

（4）羯羊当年屠宰利用,可提高羊群出栏率、出肉率和商品率,同时对减轻越冬度春期间的草场压力和避免冬春掉膘或死亡损失,也是有利的。

2. 羯羊舍饲育肥前准备

（1）羔羊断奶,离开母羊,离开原有的生活环境,转移到新的环境和新的饲料条件,势必产生较大的应激反应。为减弱这种影响,转出之前,应先集中,暂停给水给草,空腹一夜,第二天早晨称重后运出。装车运出速度要快,尽量减少耽搁。

（2）羯羊进入育肥圈后的2～3周是关键时期,死亡损失最大。羯羊转运出来之前,如果已有补饲习惯,可以降低损失率。进入育肥圈后,应减少惊扰,让羯羊充分休息,开始1～2天只喂一些易消化的干草。保证羯羊饮水,任何时间都不宜断水。要让羯羊多饮水。

（3）羊只进圈后休息3～5天后注射快疫、猝狙和肠毒血症三联苗,重点预防肠毒血症,再隔14～15天注射一次。如怀疑或发现体内有寄生虫,及时驱虫。并根据情况,决定剪不剪毛。羯羊肥育前剪毛,有利于增重。

（4）按羯羊体格大小分组,分出瘦弱羔,按组配合日粮。体格大的大龄羯羊优先给以精料型日粮,进行短期强度育肥,提前上市。体小羯羊的日粮中可以增大粗饲料比例,一开始甚至可以达到60%～70%干草。这一类羯羊育肥期需要的时间较长,先长体格再育肥。一部分因应激影响,复原慢的羯羊暂不给育肥日粮,也不进行驱虫和预防注射,留待复原后饮食正常时再补做。所有日

粮中添加抗生素,平均 1 只羯羊 1 日喂量 25～30 毫克,复原慢的
羔羊适当提高用量,可以减少育肥时损失。

3. 育肥时间的确定

从羯羊育肥的经济效益考虑,羯羊育肥应在春末夏初开始,使
羯羊育肥的整个过程处于夏季和秋季,这样可以充分利用夏秋季
节饲草丰盛、营养丰富的优势,不仅羯羊育肥的成本低,而且增重
速度快,在中秋、国庆期间屠宰,销路广,售价高,经济效益好。

4. 育肥的阶段管理

(1)育肥前期:管理的重点是观察羯羊对育肥管理是否习惯,
有无病态羊,羯羊的采食量是否正常,根据其采食情况调整补饲标
准、饲料配方等。

(2)育肥中期:应加大补饲量,增加蛋白质饲料的比例,注重饲
料中营养的平衡和质量。

(3)育肥后期:在加大补饲量的同时,增加能量饲料含量,适当
减少蛋白质饲料的比例,以提高羊肉的品质。补饲量的确定应根
据羊的体重,参考饲养标准补饲,并适当超前补饲,以期达到应有
的增重效果。无论是哪个阶段都应注意观察羊群的健康状态和增
重效果,随时调整育肥方案和技术措施。

5. 羔羊育肥后注意事项

(1)育肥开始后,一切工作围绕着高增重、高效益进行安排。
进圈育肥羊如果来源杂,体况、大小、壮弱不齐,首先要打乱重新整
群,分出瘦弱羔,按大小、体重分组,针对各组体况、健康状况和育
肥要求,变通日粮和饲养方法。育肥开始头 2～3 周,勤检查,勤观
察,一天巡视 2～3 次,挑出伤羊、病羊,检查有无肺炎和消化道疾
病,改进环境卫生。

（2）羊进圈后，应保持有一定的活动、歇卧面积，羔羊按每头0.75～0.95平方米，大羊按1.1～1.5平方米计算。

（3）保持圈舍地面干燥，通风良好。这对肉羊增重有利。

（4）保证饲料品质，不喂湿、霉、变质饲料，喂饲时避免拥挤、争食，因此，饲槽长度要与羊数相称，一只大羊应有饲槽长度按40～50厘米，羔羊按23～30厘米计算。采用自动饲槽时，长度可以适当缩小，大羊按10～15厘米，羔羊按2.5～5厘米计算。给饲后应注意肉羊采食情况，投给量不宜有较多剩余，以吃完不剩为最理想，说明日粮中营养物质和饲料干物质计算量与实际进食量相符。

（5）注意饮水卫生，夏防晒，冬防冻。绵羊粪尿污染的饮水，常是内寄生虫扩散的途径。羔羊育肥圈内必须保证有足够的清洁饮水，多饮水，有助于减少消化道疾病、肠毒血症和尿结石的出现率，同时也有较高的增重速度。

（6）育肥期应避免过快地变换饲料种类和日粮类型，决不可在1～2天内改喂新饲料。精饲料间的变换，应以新旧搭配，逐渐加大新饲料比例，3～5天内全部换完。粗饲料换精饲料，替换的速度还要慢一些，14天换完。如果用普通饲槽人工投料，1天喂2次，早饲时仍给原饲料，午饲时将新饲料加在原饲料上面，混合喂，逐步加多新饲料，3～5天替换完。

（7）天气条件允许时，可以育肥开始前剪毛，对育肥增重有利，同时也可减少蚊蝇骚扰和羔羊在天热时扎堆不动的现象。

二、成年羊育肥

成年羊是指1.5岁以上淘汰或不符合种用的公羊和母羊。这些羊体重较大，体格发育成熟，但有的羊在肥育上较差，肉质相对较老。为了改善成年羊肉的品质，提高羊肉的产量和经济效益，在出栏前应对这些羊进行短期育肥。

1. 育肥前的准备

要使育肥羊处于非生产状态,母羊应停止配种、妊娠或哺乳;公羊应停止配种、试情,并进行去势。各类羊在育肥前应剪毛,以增加收入,改善羊的皮肤代谢,促进羊的育肥。

在育肥开始前应对待育肥羊只注射肠毒血症三联苗和驱虫,对患有疥癣的羊进行药浴或局部涂擦药物灭癣。同时要选择膘情中等、身体健康、牙齿好的羊只育肥,淘汰膘情很好和极差的羊。挑选出来的羊应按体重大小和体质状况分群,一般把相近情况的羊放在同一群育肥,避免因强弱争食造成较大的个体差异。在圈内设置足够的水槽和料槽,并进行环境(羊舍及运动场)清洁与消毒。

2. 育肥方法

育肥周期一般以 60~80 天为宜。底膘好的成年羊育肥期可以为 40 天,即育肥前期 10 天,中期 20 天,后期 10 天;底膘中等的成年羊育肥期可以为 60 天,即育肥前、中、后期各为 20 天;底膘差的成年羊育肥期可以为 80 天,即育肥前期 20 天,中、后期各为 30 天。

3. 饲喂方法

育肥饲料配制及要求与羔羊育肥基本相同。其饲喂精粗饲料量要求为:育肥前期精料为 0.4~0.7 千克,粗料为 1.2 千克,食盐 5 克;育肥中期精料为 0.6~1 千克,粗料为 1.0 千克,食盐 10 克;育肥后期精料为 1.5~1.8 千克,粗料为 0.8 千克,食盐 10 克。经过一个育肥期的饲养,育肥羊平均日增重可达 165 克,屠宰率可达 45% 以上,羔羊可增重 10~15 千克。育肥出栏羊的肉质鲜嫩,肥瘦适中,很受欢迎。

4. 使用添加剂

添加剂的种类及使用方法见本书第三章第三节。

第七节　季节管理

1. 春季管理

(1)炼羊:羔羊 7~8 天后中午吃饱后赶到运动场晒太阳,晒到下午再让其饮水,以增强羊的抗热性,锻炼体格,利于健壮生长。

(2)喂硝:谷雨过后,气候渐热,为了达到清热解暑的目的,应给羊群喂适量皮硝,即用凉开水将皮硝化开让羊饮用。

(3)驱虫:春季应给羊群进次全面的驱虫。

(4)防疫:春季各种病菌大量繁殖生长,要及时给羊注射预防快疫、猝殂、肠毒血症、羔羊痢疾四联苗和预防羊瘟疫苗。

(5)配种:春季是羊发情配种的旺季,应勤观察、多留神,尤其是有的杂交羊发情时一般不鸣叫,要注意发现羊发情后及时配种。

(6)早期保胎:对怀孕母羊应注意保胎护理,进出圈门不拥挤。对习惯性流产的羊只应及早用药物预防和治疗。

2. 夏季管理

(1)通风降温:高温季节,羊舍应安装并开启通风排风设备,保证空气对流,降低舍内温度;羊舍的朝阳面设置遮阳棚或在羊舍屋顶搭盖遮阳物。

(2)降低饲养密度:夏季舍饲羊应保持合理的饲养密度。

(3)饲草干、青搭配:为防止羊只贪吃、暴食含水分过高的牧草而产生拉稀和腹胀疾病,舍饲应干、青搭配,干草选用青干草,饲喂时,先喂干草后喂青草。

(4)增加饮水:高温季节,应保持水盆不断水,并要保证水质清洁,让羊自由饮用。

(5)定期驱虫:如果春季来不及驱虫,则在夏牧前应驱虫一次。使用驱虫药时,要求计量准确,并先做小群驱虫试验,再进行全体驱虫。同时,消灭蚊蝇,防止苍蝇蚊子影响羊只休息。

(6)搞好免疫接种:目前,我国用于预防羊传染病的疫苗有:第Ⅱ号炭疽芽孢苗、布氏杆菌精型2号弱毒苗、破伤风明矾类毒素、破伤风抗毒素、羊四联苗(预防羊快疫、猝殂、肠毒血症和羊痢)、羔羊痢疾疫苗、羊传染性胸膜肺炎氢氧化铝苗、羊肺炎支原体氢氧化铝灭活苗、羊痘鸡胚化弱毒苗和羊链球菌氢氧化铝苗等。所有的免疫接种都应按科学合理的免疫程序进行。

(7)认真做好羊圈舍的消毒:羊舍消毒,用10%～20%石灰乳或10%的漂白粉或3%的来苏儿或5%的草木灰或10%石炭酸水溶液喷洒消毒;运动场消毒,用3%的漂白粉或4%的福尔马林或5%的氢氧化钠水溶液喷洒消毒;门道(出入口处)消毒,用2%～4%氢氧化钠或10%克辽林喷洒消毒,或在出入口处经常放置浸有消毒液的麻袋或草垫;皮肤和黏膜消毒,用70%～75%的酒精或2%～5%的碘酒或0.01%～0.05%的新洁而灭水溶液,涂擦皮肤或黏膜;创伤消毒,用1%～3%的甲紫或3%的过氧化氢或0.1%～0.5%的高锰酸钾水溶液,冲洗污染或化脓处;粪便消毒,采用生物热消毒法,即在离羊舍100米以外的地方,把羊粪堆积起来,上面覆盖10厘米厚的细土,发酵1个月即可;污水消毒,把污水引入污水处理池,加入漂白粉或生石灰(一般每升污水加2～5克)进行处理。

3. 秋季管理

(1)抓好补料:羊群应适量补喂营养丰富,适口性好的精料,如玉米、饼类、麸皮等,以利促长增膘,特别是怀孕母羊和哺乳母羊。

(2)及时驱虫:秋季应给山羊进行一次全面的驱虫。

(3)搞好防疫:秋季是疫病多发和流行的季节,除使用驱虫药进行驱虫外,还要注射疫(菌)苗免疫,预防传染病的发生。要清除羊舍内粪便,保持干燥清洁,定期用火碱液或福尔马林液消毒。同时还应做好其他疾病的防治工作。

(4)抓好配种:秋季8～10月是母羊最佳配种时间,此时的母羊体壮膘肥,排卵多,易受胎,有利于胎儿发育。在种公羊配种期间,除了搞好卫生、修蹄、运动等事项的管理外,还要增加其营养。在配种期前20天,应逐渐增加日粮中的蛋白质、维生素和矿物质等营养成分,为配种打下体质基础。配种开始后,除了让其采食青草和优质干草外,每天还要补喂精料。

(5)分群管理:秋季是羊的配种旺季,公羊常追逐、爬跨母羊,如公母羊同栏饲养,常会因性活动的干扰而影响山羊吃草、休息,易造成怀孕母羊流产等现象,故宜将公母羊分群管理。

(6)备足草料:羊是草食动物,应以喂草为主,为保住冬羊不掉膘,就要备足羊群过冬的草料,这是保证羊群过冬的物质基础。应按羊的头数和需要的数量,广泛收集各种青草、树叶、菜籽、菜叶及农作物秸秆,都可经过氨化、碱化和堆储饲喂,也可制作青贮和发酵饲料喂。精料中玉米、大麦、麸皮及油饼和农副产品加工下脚料酒糟等都是喂羊的好饲料。但饲料要搭配喂,做到多样化,适口性强,补足营养,就能保住冬膘。

(7)淘汰弱羊:秋末入冬前对羊群彻底检查一次,凡久病不愈、体小瘦弱、长期空怀、年老体衰及生长性能低下难以越冬度春和失去价值的公母羊,趁秋肥及时处理,这样既可节约饲料又可减少死亡。

4. 冬季管理

冬季寒风肆虐，气候恶劣，青饲料缺乏，此时疫病容易流行，大多数母羊又恰逢妊娠期，营养需求量很大，育成羊也进入第一个越冬期，面对着严峻的考验。冬季对羊群饲养管理精心，显得十分重要，若稍有疏忽大意，就有可能导致掉膘、流产，甚至出现大批死亡。因此，做好 5 大管护措施（保暖、保群、保膘、保胎、保健）将是冬季羊群饲养管理的重点工作。

（1）育肥组群：一般而言，幼龄羊比老龄羊增重快，育肥效果好。羔羊 1～8 月龄时生长速度最快，且主要生长肌肉，选择断奶羔羊做育肥羊，生产出的肥羔肉质好、效益高。因此，一般在羔羊断奶鉴定整群后，把不适合留做种用的羔羊，按性别、体重大小分别组群，分群育肥；对淘汰的成年羊，按年龄、体重大小分别组群育肥，这样有利于根据对营养需求的不同情况来调配饲料。育肥时，在合理的饲草、饲料搭配下，一般育肥期以 60～70 天为宜，具体育肥的时间，视进入育肥栏羊只的膘情、大小、日增重速度而定，从经济效益的角度分析，育肥期最好不超过 90 天。

（2）保暖：羊的耐寒能力相对较强，但冬季羊舍不能低于 0℃，羔羊舍不能低于 8℃，产房保持在 10℃ 左右为宜。过冬前，要及早检修羊舍，对屋顶和墙壁进行必要的修补，防止漏风漏雪。地处野外的羊圈，应在北墙外用玉米秸埋设挡风屏障；密闭式羊圈，应在门口、窗口上悬挂挡风草帘；简易式养羊大棚，可将屋檐向前延伸，架设塑料暖棚，顶上覆盖草帘子。过于寒冷的季节，应在圈舍内生火炉取暖。

（3）保群：冬牧能够让羊群吃到合适的牧草，还能呼吸到新鲜的空气，有利于增强体质，有利于锻炼抗寒、抗病能力，是保群的主要措施。对体质虚弱的羊，要实行特殊的管理措施，如饲喂多汁饲料、增加精料饲喂量、加强体质锻炼等。

(4)保膘：供给羊群优质青干草和作物秸秆，及时补充豆粕、玉米、瓜干、麦麸等精料，保证每天每只羊能吃到精料，留做种用的小公羊和小母羊，每天每只羊应补饲 500～600 克精料。每天定时供给 2～3 次淡盐水，水温达到 18℃左右。深冬季节，即使天气很冷，晴天中午也要尽量让羊群外出运动，以增强体质，提高抗寒能力。

(5)保胎：进入冬季，大多数母羊都已怀孕，要注意做好保胎工作。公母羊要分开饲养，防止公羊追逐、爬跨怀孕母羊；怀孕母羊要有单独的圈舍，圈舍门尽量宽大一些，舍内饲养数量合适，保证每只孕羊的占地面积达到 2 平方米，防止孕羊受到意外的挤压；要多给孕羊供应精料和淡盐水，必须使用温水，避免饮冰水、吃霜冻草，确保喂饮合理；要加强日常管理，防止羊群内部出现争斗、打架、冲撞等行为；避免人为追打，防止孕羊惊吓、急跳、跌滑。

(6)保健：冬季羊群易患口蹄疫、链球菌病、痘病、痢疾、感冒、大肠杆菌病等疾病，秋末冬初，应及时对羊群进行免疫接种。冬前还要及时对羊群进行预防性驱虫，平时要经常打扫圈舍，保持舍内清洁干燥，及时清除粪便，通过堆积发酵进行无害化处理，残料要进行筛选处理，已经污染的不能再使用。注意经常刷拭羊群体表和被毛，以便促进血液循环、增进机体健康。

第八节　羊的选种和选育

养羊户选育种羊，是每个养殖户关心的重要问题。养羊选种的目的就是为了把生产性能高、体格健壮的羊只选出来配种，使羊群的生产性能逐代提高。因此选育肉用羊时要注重体格大小，体型外貌,早熟性,多胎性,成长性产肉性能及羊肉品质。在选择种羊时,应从初生体重大,断奶体重大的羊中进行选择。公羊的选种比母羊的选种更为重要。俗话说"母羊好,好一窝,公羊好,好一坡",就说明公羊选种的重要性。

一、选 种

对优良种羊的选择叫选种。选种是育种工作的重要手段,不论是种羊场,还是商品羊场,或农民饲养家庭羊场,都要特别注意选种,把那些生产性能好、品质优、体格壮的个体选出来,留种、配种,使之高产出,从而达到多产羔、多产肉、多产毛、多增收的目的。

在育种过程中,不断地培育出生产性能好的种羊来扩大繁殖,才能达到提高经济效益的目的,因此选种是选育的前提和基础。

1. 选种的根据

选种主要根据体型外貌、生产性能、后代品质、血统四个方面,对羊只进行个体鉴定的基础上进行。

(1)体型外貌:体型外貌在纯种繁育中非常重要,凡是不符合本品种特征的羊不能作为选种的对象。另外体型对生产性能方面有直接的关系,也不能忽视。如果忽视体型,生产性能全靠实际的生产性能测定来完成,就需要时间,造成浪费。比如产肉性能、繁殖性能等,可以通过体型选择来解决。

(2)生产性能:生产性能指体重、屠宰率、繁殖力、泌乳力、早熟性、产毛量、羔裘皮的品质等方面。羊的生产性能,可以通过遗传传给后代,因此选择生产性能好的种羊是选育的关键环节。但要在各个方面都优于其他品种是不可能的,应突出主要优点。

(3)后裔:种羊本身是不是具备了优良性能这是选种的前提条件,但这仅仅是一个方面,更重要的是它的优良性能是不是传给了后代。如果优良性能不能传给后代的种羊,不能继续作为种用。同时在选种过程中,要不断地选留那些性能好的后代作为后备种羊。

(4)血统:血统即系谱,是选择种羊的重要依据,它不仅提供了种羊亲代的有关生产性能的资料,而且记载着羊只的血统来源,对正确地选择种羊很有帮助。

2.选种的方法

(1)鉴定:选种要在对羊只进行鉴定的基础上进行。羊的鉴定一般在体型外貌、生产性能达到充分表现,且有可能做出正确判断的时候进行。公羊一般在到了成年,母羊第一次产羔后对生产性能予以测定。为了培育优良羔羊,对初生、断奶、6月龄、周岁的时候都要进行鉴定。后代的品质也要进行鉴定,主要通过各项生产性能测定来进行。对后代品质的鉴定,是选种的重要依据。凡是不符合要求的及时淘汰,合乎标准的作为种用。除了对个体鉴定和后裔的测验之外,对种羊和后裔的适应性、抗病力等方面也要进行考察。

(2)审查血统:通过审查血统,可以得出选择的种羊与祖先的血缘关系方面的结论。血统审查要求有详细记载,凡是自繁的种羊应做详细的记载。购买种羊时要向出售单位和个人,索取卡片资料,在缺少记载的情况下,只能根据羊的个体鉴定作为选种的依据,无法进行血统的审查。

(3)选留后备种羊:为了选种工作顺利进行,选留好后备种羊是非常必要的。后备种羊的选留要从以下几个方面进行。一是要选窝(看祖先),从优良的公母羊交配后代中,全窝都发育良好的羔羊中选择。母羊需要第二胎以上的经产多羔羊。二是选个体,要选留初生重和生长各阶段增重快、体尺好、发情早的羔羊中选择。三是选后代,要看种羊所产后代的生产性能,是不是将交母代的优良性能传给了后代,凡是没有这方面的遗传,不能选留。

后备母羊的数量,一般要达到需要数的3～5倍,后备公羊要达到需要数的2～3倍,以防在育种过程中有不合格的羊不能种用而数量不足。

二、选 配

1.选配的原则

(1)选配要与选种紧密的结合起来,选种要考虑选配的需要,为其提供必要的资料;选配要和选种配合,好使双亲有益性状固定下来,并传给后代。

(2)要用最好的公羊选配最好的母羊,但要求公羊的品质和生产性能,必须高于母羊,较差的母羊,也要尽可能与较好的公羊交配,使后代得到一定程度的改善,不允许有相同缺点的公母羊进行选配。

(3)要扩大利用好的种公羊,最好经过后裔测验,在遗传性未经证实之前,选配可按羊体型外貌和生产性能进行。

(4)种羊的优劣要根据后代品质做出判断,因此要有详细和系统的记载。

2.选配的方法

(1)同质选配:是指具有同样优良性状和特点的公母羊之间的交配,以便使相同特点能够在后代身上得以巩固和继续提高。通常特级羊和一级羊是属于品种理想型羊只,它们之间的交配即具有同质选配的性质;或者羊群中出现优秀公羊时,为使其优良品质和突出特点能够在后代中得以保存和发展,则可选用同群中具有同样品质和优点的母羊与之交配,这也属于同质选配。例如,体大毛长的母羊选用体大毛长的公羊相配,以便使后代在体格大和羊毛长度上得到继承和发展。这就是"以优配优"的选配原则。

(2)异质选配:是指选择在主要性状上不同的公母羊进行交配,目的在于使公母羊所具备的不同的优良性状在后代身上得以结合,创造一个新的类型;或者是用公羊的优点纠正或克服与配母羊的缺点或不足。例如,用生长发育快、肉用体型好、产肉性能高的肉用型品种公羊,与对当地适应性强、体格小、肉用性能差的蒙古土种母羊相配,其后代在体格大小、生长发育速度和肉用性能方面都显著超过母本。在异质选配中,必须使母羊最重要的有益品质借助于公羊的优势得以补充和强化,使其缺陷和不足得以纠正和克服。这就是"公优于母"的选配原则。

三、纯种繁育

1. 品系繁育

品系是品种内具有共同特点,彼此有亲缘关系的个体所组成的遗传性稳定的群体。

(1)建立基础群:建立基础群,一是按血缘关系组群,二是按性状组群。按血缘组群,先将羊群进行系谱分析,查清公羊后裔特点,选留优秀公羊后裔建立基础群,但其后裔中不具备该品系特点的不应留在基础群。这种组群方法在遗传力低时采用。按性状分群,是根据性状表现来建立基础群。这种方法不管血缘而按个体表现组群。按性状组群在羊群的遗传力高时采用。

(2)建立品系:基础群建立之后,一般把基础群封闭起来,只在基础群内选择公母羊进行繁殖,逐代把不合格的个体淘汰,每代都按品系特点进行选择。最优秀的公羊尽量扩大利用率,质量较差的不配或少配。亲缘交配在品系形成中是不可缺少的,一般只做几代近交，以后转而采用远交，直到特点突出和遗传性稳定后纯种品系已经育成。

2.血液更新

血液更新是指把具有一致遗传性和生产性能，但来源不相接近的同品系的种羊，引入另外一个羊群。由于这样的母羊属于同一品系，仍是纯正种繁育。

血液更新在下列情况下进行。

(1)在一个羊群中或羊场中，由于羊的数量较少而存在近交产生不良后果时。

(2)新引进的品种改变环境后，生产性能降低时。

(3)羊群质量达到一定水平，生产性能及适应性等方面呈现停滞状态时。血液更新中，被引入的种羊在体质、生产性能、适应性等方面没有缺点。

四、杂交改良

杂交方法主要有导入杂交和级进杂交、经济杂交。

1.导入杂交

当某些缺点在本品种内的选育无法提高时可采用导入杂交的方法。导入杂交应在生产方向一致的情况下进行。改良用的种与原品种母羊杂交一次后再进行1～2次回交，以获得含外血1/4～1/8的后代，用以进行自群繁育。导入杂交在养羊业中广泛应用，其成败在很大程度上取决于改良用品种公羊的选择和杂交中的选取配及羔羊的培育条件方面。在导入杂交时，选择品种的个体很重要。因此要选择经过后裔测验和体型外貌特征良好，配种能力强的公羊，还要为杂种羊创造一定的饲养管理条件，并进行细致的

选配。此外,还要加强原品种的选育工作,以保证供应好的回交
种羊。

2. 级进杂交

级进杂交也称吸收杂交,改进杂交。改良用的公羊与当地母
羊杂交后,从第一代杂种开始,以后各代所产母羊,每代继续用原
改良品种公羊选配,到3～5代杂种后代生产性能基本与改良品种
相似。杂交后代基本上达到目标时,杂交应停止。符合要求的杂
种公母羊可以横交。

3. 经济杂交

经济杂交是利用两个品种的一代杂种提供产品而不做种用。
一代杂种具有杂种优势,所以生活力强,生长发育快,在肥羔肉生
产中经济应用。经济杂交的优点在于,第一代的杂种公羔生长快,
生产商品肉有重要意义,它的第一代杂种母羊不仅可以作为肉羊,
也可以作为种用提高生产性能。

五、育种计划和记载

育种工作必须有计划地进行。育种计划要结合环境和饲养管
理条件和市场需要而制定。要制定育种目标、引种、繁育、生产性
能的测定等方面。同时,在育种过程中要做好记载,它为育种提供
可靠的依据。

第六章 肉羊常见病及其预防

现代肉羊场由于良种化程度高,生长速度快,造成羊只对疫病抵抗力低。其次,由于高密度、大规模、集约化养殖,羊只流动性的加大以及全年饲草供应的不平衡,再加上环境恶化,自然灾害的影响造成冬春饲草严重缺乏等综合因素,致使一些传染、非传染性疾病和一些条件性病原体所致疫病极易流行,给肉羊生产带来巨大损失。因此,要坚持"预防为主,防重于治"的方针,采取综合配套措施,建立完善的兽医卫生防疫体系,提高羊群整体健康水平,防止外来疫病传入羊群,控制与净化羊群中已有疫病,从而保证羊只的健康发展。

第一节 羊病的综合预防

羊病防治必须坚持"预防为主"的方针,采取加强饲养管理、搞好环境卫生、开展防疫检疫、定期驱虫等综合性防治措施,将饲养管理工作和防疫工作紧密地结合起来,才能取得防病灭病的综合效果。

1. 场址选择

羊舍选址应在地势高燥、排水良好,易于组织防疫的地方。规模场周围1千米内无化工厂、矿厂、皮革厂、肉品加工厂、屠宰场或其他畜牧场污染源。

2. 加强检疫

检疫是"预防为主"方针中不可缺少的重要一环。通过检疫，可以及时发现疫病，及时采取防治措施，做到就地控制和扑灭。检疫是定期对羊群进行健康检查和抽检化验，及时发现病羊，为防止病羊把疾病传染给健康羊，要立即隔离，单独关养，进行治疗。

坚持自繁自养原则，确需引进种羊时，必须从非疫区购入，并经当地动物防疫监督部门检疫合格，进场后经本场兽医验证和检疫、隔离观察1个月以上，健康者经驱虫、消毒、补苗后，方可混群饲养。

建立健全兽医诊断室，建立防疫档案、检疫证明书、诊断记录、处方签、病历表、繁殖配种记录等基本档案资料。采取各种有效的血清学或病原学的方法，定期有计划地对种羊群进行疫病动态监测，坚决淘汰阳性和带毒（菌）羊；发生疑似疫病时要及时对患病羊和疑似感染羊进行隔离治疗或淘汰，对假定健康羊进行紧急预防接种。

3. 建立完善的消毒制度

环境净化是一项经常性工作，也是肉羊疫病防治体系的基础环节，为减少病原微生物孳生和传播的机会，必须经常打扫卫生，保持饲养场地的清洁、干燥，定期对圈舍、运动场及饲养用具等进行消毒，粪便做无害化处理注意饮水卫生，防鼠防兽害，消灭蚊蝇等。

消毒是养殖场重要且必需的环节，消毒方法的正确与否是预防养殖场疫病感染和控制疫病暴发的重要措施之一，是养殖场高效发展的重要保证。目前农村养殖场户消毒意识很强，此项工作也在天天进行。但是，真正能够进行科学消毒的并不是很多，很大一部分养殖场户对消毒的基本常识不是很清楚,往往是跟从和模仿,消毒的效果并不是很理想。

(1)消毒剂的选用:消毒是指清除和杀灭环境和物体中的致病微生物或使微生物灭活的过程,分物理消毒和化学消毒两种。物理消毒主要指阳光和紫外线照射等。化学消毒指用化学药品清除、杀灭和灭活致病微生物的过程。

①常用化学消毒剂的种类

碱类:主要包括氢氧化钠、生石灰等,一般具有较高消毒效果,适用于潮湿和阳光照不到的环境消毒,也用于排水沟和粪尿的消毒,但有一定的刺激性及腐蚀性,价格较低。

氧化剂类:主要有高锰酸钾、过氧化氢等。

卤素类:氟化钠对真菌及芽孢有强大的杀菌力,1%～2%的碘酊常用做皮肤消毒,碘甘油常用于黏膜的消毒。细菌芽孢比繁殖体对碘还要敏感2～8倍。还有漂白粉、碘酊、氯胺等。

醇类:75%酒精常用于皮肤、工具、设备、容器的消毒。

酚类:有苯酚、鱼石脂、甲酚等,消毒能力较高,但具有一定的毒性、腐蚀性,污染环境,价格也较高。

醛类:甲醛、戊二醛、环氧乙烷等,可消毒排泄物、金属器械,也可用于栏舍的熏蒸,可杀菌并使毒素下降。具有刺激性、毒性。

表面活性剂:常用的有新洁尔灭、消毒净、杜灭芬,一般适于皮肤、黏膜、手术器械、污染的工作服的消毒。

季铵盐:新洁尔灭、度米芬、洗必泰等,既为表面活性剂,又为卤素类消毒剂。主要用于皮肤、黏膜、手术器械、污染的工作服的消毒。

②注意事项:将需要消毒的环境或物品清理干净,去掉灰尘和覆盖物,有利于消毒剂发挥作用;养殖场应多备几种消毒剂,定期交替使用,以免产生耐药性;密切注意消毒剂市场的发展动态,及时选用和更换最佳的消毒新产品,以达最佳消毒效果。

(2)常用的消毒方法

①入场区的消毒

人员消毒:主要指出入生产区人员的体表消毒。进入生产区的人员必须走专用消毒通道。通道出入口应设置紫外线灯或汽化喷雾消毒装置。人员进入通道前先开启消毒装置,人员进入后,应在通道内稍停(一般不超过 3 分钟),能有效地阻断外来人员携带的各种病原微生物。汽化喷雾可用碘酸 1:500 稀释或绿力消1:800 稀释。

鞋底消毒:人员通道内地面应做成浅池。池中垫入有弹性的室外型塑料地毯,并加入消毒威 1:500 稀释或 1%氢氧化钠消毒液消毒。每天适量补充水,每周更换 1 次。

大门消毒池:消毒池的长度为进出车辆车轮的 2 个周长以上。添加 2%~3%的氢氧化钠液或其他消毒液,坚持补充水调节浓度,7 天更换 1 次。

车辆:所有进出羊场的车辆必须严格消毒。经消毒池和用2%~3%氢氧化钠喷雾消毒。

②生产区环境消毒:员工和访客必须经消毒通道更衣、消毒、沐浴或更换一次性工作服,通过脚踏消毒池,才能进入生产区。

生产区入口:消毒池可用消毒威 1:800 稀释或来苏儿 2%~3%稀释。每天适量添加,每周更换 1 次,1~2 个月互换 1 次。

生产区道路、空地、运动场等消毒:应做好场区环境卫生工作,坚持经常清扫,保持干净,无杂物和污物堆放。对道路必要时采用高压水枪清洗。对空地运动场要定期喷雾消毒。可用 2%~3%的氢氧化钠或来苏儿 1:300 稀释、百毒净 1:800 稀释,对场区环境进行消毒。

排污沟消毒:定期将排污沟中污物、杂物等清除干净,并用高压水枪冲洗。每周至少用百毒净 1:800 稀释液,消毒 1 次,对蝇蛆繁殖可起到抑制作用。

③羊舍及各功能区消毒

羊舍消毒：一般先彻底清扫，再用消毒液对羊舍消毒，常用的消毒药有 10%～20% 漂白粉，2%～3% 的氢氧化钠溶液，3%～5% 来苏儿，10%～20% 石灰乳等。消毒液的用量为每平方米 1 升为宜，消毒方法是将消毒液盛于喷雾器内，先喷洒地面，然后喷墙壁，再喷天花板，最后再开门窗通风。用清水刷洗饲槽、用具，将消毒药味除去。一般春秋两季各进行一次消毒，对病羊舍和隔离舍可用 2%～3% 的氢氧化钠溶液或 10% 克辽林溶液做彻底消毒，产房在产羔前应进行 1 次，产羔高峰时进行多次，产羔结束后再进行 1 次消毒。

保育室消毒：在进新生羔羊前一天，对保育室墙壁、地面、保温垫草（或垫板）充分喷雾消毒。同时，让羔羊保育室跟产房气味、温度相一致，降低羔羊对环境变更的应激反应。

后备及怀孕母羊和公羊室的消毒：无论是后备、怀孕母羊以及公羊的生活环境都必须保持干燥、卫生，并严格消毒。

病羊隔离室消毒：每个生产小区应有单独的病羊隔离室。一旦发现某一只或几只羊出现异常，应该隔离观察治疗，以免传染给其他健康羊只。对隔离室应在病羊恢复后及时进行严格消毒，可用 2% 氢氧化钠稀释液喷雾消毒。

④地面消毒：地面消毒可用含 2.5% 有效氯的漂白粉溶液、4% 甲醛或 10% 氢氧化钠溶液。停放过芽孢杆菌所致传染病（如炭疽）病羊尸体的场所，应严格加以消毒。首先用上述漂白粉溶液喷洒地面；然后将表层土壤掘起 30 厘米左右，撒上干漂白粉，并与土混合，将此表土妥善运出掩埋，其他传染病所污染的地面土壤，则可先将地面翻一下，深度约 30 厘米，在翻地的同时撒上干漂白粉（用量为 1 平方米 0.5 千克）；然后以水浸湿，压平。如果污染的面积不大，则应使用化学消毒药消毒。

⑤饮水及用具消毒。

饮用水消毒:羊饮用水应清洁无毒、无病原菌,符合人的饮水标准,生产用水要用干净的自来水或深井水。对饮用水可坚持用漂白粉消毒,对水槽或其他饮水器具,要经常清洁定期消毒。

药物、饲料等物料外表面消毒:对与不能喷雾消毒的药物、饲料等料表面,可采用1∶800密闭熏蒸消毒。

饲喂工具、运输工具及其他器具的消毒:对频繁出入羊舍的各种器具,如车、锨、耙、叉、扫帚、笤帚等必须定期用来苏儿1∶300稀释喷雾或浸泡严格消毒。

⑥诊疗器械及手术消毒

医疗器械消毒:手术使用过的各种医疗器械,可先用碘酸1∶150稀释液浸泡洗后,再放入来苏儿1∶500稀释液中浸泡半天以上,取出用洁净水冲洗、晾干备用。手术前要对金属器械进行高压灭菌处理。对常用器械做到每天常规消毒。

手术(伤口)消毒:手术前,手术创面可用碘酸1∶200直接涂抹两次以上进行消毒。

⑦粪便无害化处理:最常见的粪便无害化处理方法是生物热消毒法,不但可达到消毒目的,而且可制作有机肥料。具体方法是:在远离羊场100~200米的地方设一处理场,将清理出的粪便、垃圾、污物堆积起来,上盖10厘米左右的泥土,做成馒头的形状。堆放发酵50~60天即可做肥料使用。

⑧污水消毒:最常用的方法是将污水引入污水处理池,加入化学药品(如漂白粉或生石灰)进行消毒。消毒药的用量视污水量而定,一般1升污水用2~5克漂白粉。

⑨皮毛消毒:患炭疽、口蹄疫、布氏杆菌病、羊痘、坏死杆菌病等的羊皮毛均应消毒,应当注意,发生炭疽时,严禁从尸体上剥皮。皮毛消毒。目前广泛利用环氧乙烷气体消毒法。消毒时必须在密闭的专用消毒室或密闭良好的容器(常用聚乙烯薄膜制成的篷布)内进行。此法对细菌、病毒、真菌均有良好的消毒效果,对皮毛等

产品中的炭疽芽孢也有较好的消毒作用。

⑩病死羊、活疫苗空瓶等处理：活疫苗空瓶应集中放入有盖塑料桶中灭菌处理，以防止病毒扩散，再集中深埋；病死羊因带有许多病原菌，死因不明羊只更不能施解刨术，避免传染病病原菌的扩散，要进行深埋处理。

⑪杀虫灭鼠：蚊、蝇、鼠等是病原体的宿主和携带者，能传播多种传染病和寄生虫病。应当清除羊舍周围杂物、垃圾及乱草堆等，填平死水坑，并采取杀虫、灭鼠等措施。

4.促运动

适当的运动可以促进羊的新陈代谢，增进体质，提高抗病力。

哺乳期羔羊加强运动，可使其食量增加，增进机体的代谢水平，防止腹泻，有利于提高羔羊的成活率和生长发育。青年羊加强运动，有助于骨骼的发育。运动充足的青年羊，胸部开阔，心肺发育好，消化器官发达，体格高大。母羊适当运动，则性欲旺盛，受胎率提高。母羊妊娠前期加强运动，可以促进胎儿的生长发育；妊娠后期坚持运动，可以预防难产；产后适当运动，可以促进子宫提前复位。

羊群可进行驱赶运动，每日运动 2～4 小时。但羊的运动量并不是越大越好，若运动过量，体能消耗严重，不利于生长增膘，剧烈运动可致羊死亡。

5.合理搭配日粮，提高饲养水平

加强饲养管理，科学喂养，精心管理，增强羊只抗病能力是预防羊病发生的重要措施。

首先，饲料种类力求多样化并合理搭配与调制，使其营养丰富全面；其次，重视饲料和饮水卫生，不喂发霉变质、冰冻及被农药污染的草料，不饮死水、污水；同时，要保持羊舍清洁、干燥，注意防寒保暖及防暑降温工作。对羊群改善饲养管理条件,提高饲养水平,使羊体质良好,能有效地提高羊只对疾病的抵抗能力,特别是对正在发育的幼龄羊、怀孕期和哺乳期的成年母羊加强饲养管理尤其重要。种羊要按饲养标准合理配制日粮,使之能满足羊只对各种营养元素的需求。

6. 预防投药

药物预防疾病是将安全而价廉的药物加入饲料或饮水中进行群体药物预防。常用的药物有磺胺类药物、抗生素和硝基呋喃类药物,此类药物中除青霉素、链霉素等抗生素供注射外,大多均可混入饮水或拌入饲中口服。值得注意的是,长期使用化学药物预防,容易产生耐药性菌株,影响药物防治效果,故要经常进行药敏试验,以选择高度敏感性的药物,提高预防和治疗效果。

(1)磺胺类药:一般占饲料或饮水的比例预防量为 0.1%~0.2%,连用5~7天。

(2)四环素族抗生素:一般占饲料或饮水的比例预防量为0.01%~0.03%,连用5~7天。

(3)硝基呋喃类药:一般占饲料或饮水的比例预防量为0.01%~0.02%,连用5~7天。必要时,可酌情延长。

7. 疫情控制

羊群发生传染病时,应立即采取一系列的紧急措施,就地扑灭,以防止疫情扩大。

(1)一旦发现,应及时诊断和上报,并通知邻近单位做好预防工作。特别是怀疑为口蹄疫、炭疽、狂犬病等重要传染病时,一定要迅速向县级以上防疫部门报告。

(2)隔离和封锁疫情发生时,可根据诊断结果,将羊分为病羊、可疑病羊和健康羊三类,分类隔离。

①隔离的病羊,要及时进行药物治疗,隔离场所禁止人畜出入和接近,工作人员出入应遵守消毒制度;隔离区内的用具、饲料、粪便等,未经彻底消毒,不得运出;病羊尸体要严格处理,视具体情况,或焚烧,或深埋,不得随意抛弃。

②可疑病羊是指未发现症状,但与病羊及其污染的环境有过接触的羊只。将这些羊只隔离看管,详细观察,出现症状按病羊处理。20 天以上不发病者,可取消其限制。

③健康羊应与上述两类羊严格隔离饲养,加强消毒,并立即进行紧急接种,必要时可根据情况分散喂养或转移。

第二节　常见病的治疗

在"预防为主,防重于治"的基础上,应根据不同病症,有的放矢,对症下药。坚持"消除病因,合算则治,先轻后重,易好优先"的原则,切实避免造成人力、财力、药物的严重浪费。

一、生病的判断

(一)群体检查

临床诊断羊的数量较多,不可能逐一进行检查时应先做大群检查,从羊群中先剔出病羊和可疑病羊,然后再对其进行个体检查。

运动、休息和采食饮水三种状态的检查,是对大群羊进行临床检查的三大环节。眼看、耳听、手摸、检温是对大群羊进行临床检查的主要方法,运用"看、听、摸、检"的方法通过"动、静、食"三态的检查,可以把大部分病羊从羊群中检查出来。"三态"的检查可根据实际情况灵活运用。

1. 运动时的检查

运动时的检查是在羊群的自然活动和人为驱赶活动时的检查,从不正常的动态中找出病羊。

首先观察羊的精神外貌和姿态步样。健康羊精神活泼,步态平稳,不离群,不掉队。而病羊多精神不振,沉郁或兴奋不安,步态踉跄,跛行,前肢软弱跪地或后肢麻痹,有时突然倒地发生痉挛等。应将其挑出做个体检查。其次,注意观察羊的天然孔及分泌物。健康羊鼻镜湿润,鼻孔、眼及嘴角干净;病羊则表现鼻镜干燥,鼻孔流出分泌物,有时鼻孔周围污染脏土杂物,眼角附着脓性分泌物,嘴角流出唾液,发现这样的羊,应将其剔出复检。

2. 休息时的检查

休息时的检查是在保持羊群安静的情况下,进行看和听,以检出姿态和声音异常的羊。

首先,有顺序地并尽可能地逐只观察羊的站立和躺卧姿态,健康羊吃饱后多合群卧地休息,时而进行反刍,当有人接近时常起身离去。病羊常独自呆立一侧,肌肉震颤及痉挛,或离群单卧,长时间不见其反刍,有人接近也不动。其次,与运动时的检查一样要注意羊的天然孔、分泌物及呼吸状态等。再次,注意被毛状态,如发现被毛有脱落之处,无毛部位有痘疹或痂皮时,以及听到磨牙、咳嗽或喷嚏声时,均应剔出来检查。

3. 采食饮水时的检查

采食饮水时的检查是在羊自然采食,饮水时进行的检查,以检出采食饮水有异常表现的羊。

在喂饲或饮水时对羊的食欲及采食饮水状态进行的观察。健康羊在饲喂时多抢着吃；饮水时，多迅速奔向饮水处，争先喝水。病羊吃草时，多落在后边，时吃时停，或离群停立不吃草；饮水时或不喝或暴饮，如发现这样的羊应予剔出复检。

4. 声音检查

健康羊发出宏亮而有节奏的叫声。病羊叫声高低常有变化，不用听诊器可听见呼吸声及咳嗽声、肠音。

(二)个体检查

个体检查是通过看、嗅、摸、听，综合起来加以分析，可以对疾病做出初步诊断。

1. 看

通过观察病羊的表现，包括羊的肥瘦、姿势、步态及羊的被毛、皮肤、黏膜、粪尿等。

(1)肥瘦：一般急性病，如急性臌胀、急性炭疽等病羊身体仍然肥壮；相反，一般慢性病如寄生虫病等，病羊身体多瘦弱。

(2)姿势：观察病羊一举一动，找出病的部位。

(3)步态：健康羊步伐活泼而稳定。如果羊患病时，常表现行动不稳，或不喜行走。当羊的四肢肌肉、关节或蹄部发生疾病时，则表现为跛行。

(4)被毛和皮肤：健康羊的被毛平整而不易脱落，富有光泽。在病理状态下，被毛粗乱蓬松，失去光泽，而且容易脱落。患螨病的羊，被毛脱落，同时皮肤变厚变硬，出现蹭痒和擦伤。还要注意有无外伤等。

(5)采食饮水：羊的采食、饮水减少或停止，首先要查看口腔有无异物、口腔溃疡、舌有烂伤等。反刍减少或停止，往往是羊的前胃疾病。

(6)反刍:无病的羊每次采食 30 分钟后开始反刍 30～40 分钟,一昼夜反刍 6～8 次。病羊反刍减少或停止。采食反刍食欲的好坏直接反映出羊全身及消化系统的健康状况,饮食废绝说明病情严重,若吃而不敢嚼,应查口腔和牙齿异常。健康羊通常鼻镜湿润,鼻镜干燥,反刍减少或停止,多因高热,严重的前胃及真胃肠道炎症,热性病初期常表现出饮欲增加。

(7)粪尿:主要检查其形状、硬度、色泽及附着物等。粪便过干,多为缺水和肠弛缓;过稀,多为肠机能亢进;混有黏液过多,表示肠卡他性炎症;含有完整谷物,表示消化不良;混有纤维素膜时,示为纤维素性肠炎;还要认真检查是否含有寄生虫及其节片。排尿痛苦、失禁表示泌尿系统有炎症、结石等。

(8)呼吸:呼吸次数增多,常见于急性、热性病、呼吸系统疾病、心衰;贫血及腹压升高等;呼吸减少,主要见于某些中毒、代谢障碍昏迷。

(9)可视黏膜:健康羊可视膜、眼结膜、鼻腔、口腔、阴道、肛门等黏膜呈粉红色,湿润光滑。黏膜变为苍白,则为贫血兆;黏膜潮红,多为体温升高,热性病所致;黏膜发黄,说明血液内胆红素增加肝病胆管阻塞或溶血性贫血等。羊如患焦虫病、肝片吸虫等,可视黏膜均呈现不同程度的黄染现象;当黏膜的颜色为紫红色(又称发绀),说明血液中的还原血红蛋白增加,严重缺氧的征兆。常见于呼吸困难性疾病,中毒性疾病和某些疾病的垂危期。

(10)羊眼:健康羊眼珠灵活,明亮有神,洁净湿润。病羊眼睛无神,两眼下垂,反应迟缓。

(11)羊耳:无病羊双耳常竖立而灵活。病羊头低耳垂,耳不摇动。

(12)羊舌头:健康羊的舌头呈粉红色且有光泽、转动灵活,舌苔正常。病羊舌头活动不灵、软绵无力、舌苔薄而色淡或苔厚而粗糙无光。

(13)口腔:无病羊口腔黏膜为淡红色,用手摸感到暖手,无恶臭味。病羊口腔时冷时热,黏膜淡白流涎或潮红干涩,有恶臭味。

2. 嗅

闻分泌物,排泄物,呼出气体及口腔气味。肺坏疽时,鼻液带有腐败性恶臭;胃肠炎时,粪便腥臭或恶臭;消化不良时,呼气酸臭味。

3. 摸

用手感触被检查的部位,并加压力,以便确定被检查的各器官组织是否正常。

(1)体温:用手摸羊耳朵或插进羊嘴里握住舌头,检查是否发烧,再用体温计测量,高温,常见于传染病。

(2)脉搏:注意每分钟跳动次数和强弱等。

(3)体表淋巴结:当羊发生结核病,伪结核病、羊链球菌病菌时,体表淋巴结往往肿大,其形状、硬度、温度、敏感性及活动性等都会发生变化。

4. 听

利用听觉来判断羊体内正常的和有病的声音(须在清静的地方进行)。

(1)心脏:心音增强,见于热性病的初期;心音减弱,见于心脏机能障碍的后期或患有渗出性胸膜炎、心包炎;第二心音增强时,见于肺气肿、肺水肿、肾炎等病理过程中。听到其他杂音,多为瓣膜疾病、创伤性心包炎、胸膜炎等。

(2)肺。

①肺泡呼吸音:过强,多为支气管炎、黏膜肿胀等;过弱,多为

肺泡肿胀,肺泡气肿、渗出性胸膜炎等。

②支气管呼吸音:在肺部听到,多为肺炎的肝变期,见于羊的传染性胸膜肺炎等病。

③啰音:分干啰音和湿啰音。干啰音甚为复杂,有噼噼声、笛声、口哨声及猫鸣声等,多见于慢性支气管炎、慢性肺气肿、肺结核等。湿啰音似含漱音、沸腾音或水泡破裂音,多发生于肺水肿、肺充血、肺出血、慢性肺炎等。

④捻发音:多发生于慢性肺炎、肺水肿等。

⑤磨擦音:多发生在肺与胸膜之间,多见于纤维素性胸膜炎,胸膜结核等。

(3)腹部:主要听取腹部胃肠运动的声音。前胃弛缓或发热性疾病时,瘤胃蠕动音减弱或消失。肠炎初期,肠音亢进;便秘时,肠音消失。

(三)送实验室检查

有条件做实验室检查的可自己进行检查,若无可送到当地的动物检疫部门进行检疫(如畜牧部门、防疫部门等)。

1. 实验室需要检查的项目

(1)血液检查:血液循环于羊体各组织和器官之间。因此不论整体或局部发生疾患,必然影响血液量及其成分,所以查血液对羊体健康的监测意义重大。血液检查项目有血沉、红白细胞计数、白细胞分类、钙和磷、血红蛋白含量等。

(2)尿液测定。检查项目有尿蛋白、尿潜血、尿糖测定、尿胆红素、尿沉渣。

(3)粪便检查:该项检查对诊断消化系统疾病意义重大。检查项目有粪潜血、虫卵。

2. 病理剖解

病理剖解是死后诊查疾病的重要手段。因为有些疾病仅靠临床症状和流行病学是难以确诊的,还需进行剖检,用肉眼观察组织、器官的异常变化(如出血、水肿、溃疡、破裂、移位等)。同时采取病料进行病原检查、病理组织学检查。

(1)剖解地点的选择及善后处理:剖解应在远离羊舍的指定地方进行,不可就地剖解。否则易造成场地污染,引发疫病大流行。同时,剖解完毕应进行严格消毒(撒生石灰或用 5％～10％氢氧化钠洒场地)。将尸体烧灰或深埋,不可曝尸。

(2)剖解前的检查:炭疽病是人畜共患烈性传染病,禁止剖解。为此,若羊突然死亡。疑为炭疽时,先取末梢血管(耳静脉)血液一滴,制作涂片、染色、镜检,排除炭疽后(未发现炭疽杆菌)才可剖解。

(3)剖解和采料的时间:死后立刻剖解,最迟不过 6 小时。尤其在夏季,时间过长肠内细菌很快增殖,使尸体腐败,不仅影响病原微生物的检出,而且也干扰组织器官的观察,得不到客观的资料。

(4)病例的选择:若大批死亡,应选临床症状和剖检变化明显的病例为取材对象。

(5)取材有目标:不同传染病,其病原体在机体内分布的密度不同;不同的疾病,其组织器官的病变程度不同。因此取材要有目标,不可"全面开花"。若难以估计是哪种病时,可根据临床表现和病变程度,决定取材对象。如生前有明显的神经症状。则可取脑和脊髓病料;若有明显的黄疸症状,则应取肝脏;如胃肠病变明显,则取胃肠病料。一般情况下,不管是何种疾病,都要取心血、肝、脾、肾、肺、淋巴结,作为被检材料。

(6)器械和容器的消毒:不管是传染病,还是非传染病,取料的器械和容器都需消毒。刀、剪、镊子、注射器、针头、试管、平皿、玻璃容器、棉拭等用笼蒸 20 分钟左右。玻片先用 1%～2% 的碳酸钠水煮沸 15 分钟,再用清水充分清洗,之后用清洁纱布擦干,在酒精和乙醚的等份溶液中保存备用。

取料时,最好是一套器械取一种病料,一种病料放一种容器,不可混装。若器械不够,可将用过的器械用酒精棉擦过后,在火焰上消毒,接着再采另一病料。

(7)尽量减少污染机会:用作检查病原微生物的病料,先取。然后再取其他病料。用作查病原菌的病料不可用酒精和甲醛固定,也不准接触消毒液。若取材部位已被污染,则可用生理盐水冲洗,再用无菌纱布擦干,干后方可采料。

3. 常用病料的采取

(1)血液:血液病料有全血和血清两种。

①全血:从静脉(耳静脉、颈静脉)采血 10 毫升左右,立即沿管壁注入盛有 5% 柠檬酸钠溶液 1 毫升的无菌试管中,防止凝血。抗凝剂最好用肝素,用量是每毫升血液加肝素 1 毫克。若死后采血,应从右心室采取。采血前,先用烧红的废刀片烙心肌,加以消毒灭菌之后在灭菌后的心肌处刺入针头,抽取血液。

②血清:采 10～20 毫升血液,沿试管壁缓缓注入灭菌试管内,倾斜放置,以流不出血液为度。自然凝固后便有血清析出,用无菌吸管将血清吸出置于另一无菌试管内。用作检查病毒抗体的血清,应取病初和病后 2～4 周的血清各 1 份,以便比较。为了防腐,可在每毫升血清中加入 5% 石炭酸生理盐水 1 滴。为防止用作查抗体的血清变质,可于每毫升血清中加青霉素 500 单位和链霉素 500 毫克。送检血清应采 3 份以上,每份 2～3 毫升,血清样品应加编号,以免混乱。

（2）脏器和淋巴结

①脏器：选病变严重的组织或器官，连同部分正常组织，在灭菌条件下切取 1～2 块，每块不小于 1～2 立方厘米。供检查微生物的放入灭菌瓶内；供作病理组织学检查的放入盛有甲醛固定液的瓶内。

②淋巴结：淋巴结的采取应取完整的。存放方法同上。

（3）肠管：把病变肠段的两端结扎，剪取。连同肠内容物一同放入灭菌瓶内。供作病理检查的肠段，放入装有 10% 甲醛的瓶内。

（4）肠内容物：用烧红的废刀片烙肠表面，加以灭菌。剪一小口，将灭菌棉球插入肠腔沾取内容物或肠黏膜，放入灭菌瓶内。亦可用灭菌吸管吸取肠内容物。

（5）皮肤：取病变明显的皮肤 10 平方厘米，放入无菌瓶内。若怀疑为疥癣病则取皮痂，或于病变与健康组织交界处刮皮肤组织，直至出血，收取刮取物，放入平器内供检。

（6）脑和脊髓：取出的脑和脊髓，各将其一半浸入 50% 甘油缓冲盐水中，供作微生物的检查；另一半放入装有 10% 甲醛的瓶内，供作病理组织学检查。

（7）胎儿：将流产胎儿严密包装，立刻送检。

（8）尿液：把用无菌操作采集的尿液放入无菌瓶内。

（9）玻片标本制作：把脓汁、血液、渗出液制成涂片；把脏器制成触片；把结节、脓汁等黏稠物制成压片。每种病料制 2 张片子。放空气中自然干燥，包装。把 2 张片子涂面相对，2 片之间的两端夹以火柴杆或厚纸条，用线将 2 片缠牢，送检。

4. 病料的保存

无条件做实验室检查又不能立即送检时，采取的病料应加以保存。

在短期(夏季不过 20 小时,冬季不过 2 天)能送检时,将装病料的容器放入冰箱内,或放入有冰块的广口保温瓶内存放。

短期内不能送查的病料,需用保存液(灭菌的液体石蜡、30%甘油缓冲盐水)保存。供细菌学检查的病料放入灭菌的液体石蜡中,或放入 30%甘油缓冲盐水中存放。液体病料放入小瓶内塞紧,用蜡封闭。肠道病料,先用灭菌生理盐水冲洗干净,放入装有上述保存液的容器中存放。

供作病毒学检查的病料。一般保存在 50%甘油缓冲盐水中,病料与保存液的比例是 1∶10。供作病理学检查的病料,用 10%甲醛溶液保存。脑和脊髓病料保存在中性的 10%甲醛溶液(在甲醛中加入 30%~50%碳酸镁即成)中。冬季为了防冻,可把在甲醛溶液中固定的病料,置于含 30%~50%甘油的 10%甲醛溶液中。

用作血液学检查的病料,如血清和渗出液,可按每毫升供检材料加 5%的石炭酸 1~2 滴保存。

5.病料的包装与运送

(1)严密包装:将装病料的容器加塞并蜡封,贴上标签,注明病料名称与编号。装入塑料袋内扎紧,装箱或放入加冰的广口保温瓶内送运。

(2)冷藏防腐:为防止病原微生物死亡,应避免高温和日晒。为此可采取以下措施:按每 100 克碎冰,配加 33 克食盐之比例,混合后放入装病料的保温瓶内,可降温至 21℃。如无冰块,可在保温瓶内加入冰水,并加等量的硫酸铵(化肥),搅拌,使其溶解,可使水温降至零下。夏季运送,若途中时间较长,应更换降温材料 1~3 次。还可在保温瓶内放入氯化铵 450 克,再加水 1500 毫升,能保持零度达 24 小时之久。

(3)要附病料送检单:送检单注明送料单位及地址;病羊品种、

年龄、发病时间；采料时间、死亡时间、病料名称、编号、病料中有何种保存液；主要临床症状；病理剖解的主要变化；治疗情况；流行病学情况；送检的目的要求。

二、常用给药方法

羊在防病治病中用药多采用注射、直接喂服的方式给药，一般不采用饮水、抖料给药方式，因此，养羊者掌握正确的喂药打针方式是十分必要的。

1. 羊的保定

抓羊应抓羊腰背处皮毛，注意不可直接抓腿，以防扭伤羊腿；不可将羊按倒在地使其翻身，因羊肠细而长，这样易造成肠套叠、肠扭转而引起死亡。抓住羊后，人骑在羊背上，用腿夹住羊前肢固定，便可喂药打针了。

2. 常用给药方法

(1)口服给药。

①液体药物：用一次性注射器朝口腔后部迅速按下活塞；或将药物装入塑料瓶或长颈酒瓶内，抬高羊头呈水平状，一手拿灌药瓶从羊的一侧口角插入，稍向一侧颊部推入，然后将药液倒入。药量大时倒入部分药物后稍停，让羊吞咽下再倒。

②片剂药：一人用手抬高羊头呈水平状，另一人的手从一侧口角插入让羊张嘴，将药片投入羊口中让其吞咽。

(2)直肠灌注：便秘或驱除大肠后段寄生虫时，可用直肠灌注法。方法是站立保定病羊，将灌肠管慢慢插入肛门，再提起漏斗把药物徐徐灌入肠内，如药液流得太慢，可轻轻抽动管子，加快药液灌入速度。若出现努责，则捏紧肛门，尽量将液体全部灌入，使之保留15～20分钟。

(3)注射：分皮下注射、肌内注射和静脉注射三种。

①皮下注射：先用碘酒消毒羊颈部，用左手拉起羊的皮肤成三角形皱襞，右手拿注射器将针头刺入皮下，针头能左右自由活动时便可推入药液。注射完后拔出针头，针孔用碘酒消毒。

②肌内注射：在羊的颈部上面1/3处，肩胛前缘部分，先用碘酒局部消毒，然后用左手拇指和食指呈"八"字形压住肌肉，就可注射药液了。注射完后拔出针头，针孔用碘酒消毒。

③静脉注射：静脉注射部位为羊耳部或颈部，剪掉注射部位的羊毛用碘酒消毒，然后用手拍打静脉，将针头刺入静脉顺血管平推，如有血液回流入管，要慢慢地推入药液，注射完后消毒针孔。

3. 注意事项

(1)先按要求稀释好注射液，每只羊再加5％的葡萄糖溶液20毫升左右进行再稀释。

(2)选好注射针。

(3)严格控制用药量。

(4)有些药物对妊娠母羊或羔羊不能用，所以在预防用药时要有选择性，并严格按照使用说明操作，以防发生意外。

(5)长期使用抗菌药，会破坏瘤胃中的正常微生物生态平衡，影响消化功能，引起消化不良。一般连用5～7天为宜。尤其成年羊口服广谱抗生素，例如土霉素等，常会引起严重的菌群失调甚至动物死亡的危险，故不宜在成年动物中应用广谱抗生素。

(6)长期使用某一种抗生素或化学药物，容易产生耐药菌株，影响药物的防治效果。因此，要经常进行药敏试验，选择高度敏感的药物用于防治。

三、羊常见病的治疗

(一)传染性疾病

1.炭疽

炭疽是由炭疽杆菌引起的一种人畜共患的急性传染病。

【发病原因】

病原为炭疽杆菌、革兰阳性菌。该病原本身对外界的抵抗力并不强,但与外界接触很容易形成芽孢,芽孢有很强的抵抗力,能在土壤中存活 10 年以上。病羊是主要的传染源,被污染的土壤、水源则可成为长久的疫源地。该病主要因病原经消化道、呼吸道以及吸血昆虫叮咬而感染。此病多发生在夏季,呈散发或地方性流行。

【诊断】

(1)临床症状:该病自然感染的潜伏期为 1~3 天,最长可达14 天。本病的临床症状为高热(41℃以上),严重羊精神沉郁,口腔和眼黏膜深红色甚至紫黑色。病羊食欲消失,舌、喉、两肋以及肛门和外阴周围表现肿胀,常见突然倒地、全身痉挛、瞳孔散大、磨牙、天然孔出血,约数分钟内死亡,且尸僵不全。炭疽病多数为最急性型,2~6 小时内死亡。

(2)病理剖检:对死于炭疽的羊,严禁解剖。外观可见尸体迅速腐败而极度膨胀,天然孔出血,血流呈暗红色煤焦油样,凝固不良,可视黏膜发绀或有点状出血,尸僵不全。

【治疗方法】

炭疽病羊病程短,常来不及治疗,对病程稍缓和的病羊,必须在严格的隔离条件下进行治疗,可采用特异血清疗法结合药物治疗。病羊皮下或静脉注射抗炭疽血清 50～80 毫升,必要时于 12 小时后再注射 1 次;药物治疗可用青霉素,按每千克体重 1.5 万～3 万单位,每 8 小时肌内注射 1 次。

【防治措施】

(1)发现炭疽病羊,应立即上报,封锁疫区,对炭疽尸体严禁解剖,一般采用深埋或焚烧,对污染的场所和用具彻底消毒。

(2)预防注射:每年定期预防注射是防治本病发生的根本措施。皮下注射无毒炭疽芽孢苗,绵羊 0.5 毫升,注射后 14 天产生免疫力,免疫期为 1 年;皮下注射Ⅱ号炭疽芽孢苗,绵羊和山羊 1 毫升,注射后 14 天产生免疫力,免疫期 1 年。

(3)在指定地点深埋或焚烧病羊的尸体排泄物和污物(褥草、饲料、表层土等)。用 10%～20%漂白粉,3%～5%氢氧化钠水或 0.1%升汞溶液对圈舍用具进行消毒。

(4)加强工作人员的防护工作,防止感染本病。

2. 布氏杆菌病

布氏杆菌病是由不同型布氏杆菌引起人畜共患的一种以发生流产,不孕及睾丸、关节炎等炎症的特征慢性传染病。

【发病原因】

病原为布氏杆菌,病畜及带菌动物是主要的传染源。本病主要通过采食被污染的饲料、饮水经消化道感染。经皮肤、黏膜、呼吸道以及交配感染。本病不分性别、年龄,一年四季均可发生。

【诊断】

(1)临床症状:多为急性感染,早期表现眼结膜炎和体温升高等,但不易觉察,感染怀孕羊后主要表现流产或产出死胎或弱胎,流产母羊常伴发子宫内膜炎、排出污秽恶露,乳汁絮状,乳房变硬,公羊发生睾丸炎和关节炎。

(2)病理剖检:羊胎衣呈黄色胶样浸润,增厚而布有出血点,真胃内絮状物、胃肠、膀胱黏膜和浆膜上有出血点,母羊乳房坏死,公羊精索和睾丸有出血点和关节炎。

【治疗方法】

布氏杆菌是一种细胞内寄生菌,药物治疗比较困难,因此本病目前尚无特效药物。可以试用四环素、链霉素、卡那霉素、合霉素、庆大霉素、丁胺卡那霉素等,同时给予维生素 C 和维生素 B_1,有一定缓解和减轻菌血症的作用。其中以四环素和链霉素联合应用效果较好。对于流产并伴发子宫内膜炎的母羊,可以用 0.1% 高锰酸钾溶液进行冲洗子宫和阴道,每天 1～2 次,直至无分泌物流出为止。对其他有症状的病羊,可做对症治疗。也有人使用中药秦艽巴戟散治疗睾丸炎和关节炎,收到一定的疗效。

【防治措施】

本病无特效药物治疗,只有加强预防检疫工作以彻底消灭本病。

(1)定期检疫:对羔羊每年断乳后进行 1 次布氏杆菌病检疫。成羊两年检疫 1 次或每年预防接种而不检疫。对检出的阳性羊要捕杀处理,不能留羊或给予治疗。搞好消毒灭源工作。

(2)严格消毒,污染羊舍,运动场和用具等用 5% 来苏儿,1% 石灰乳或 5% 热氢氧化钠液消毒。

(3)培育、健康羊群,对羔羊做隔离饲养,定期检疫,淘汰阳性羊。

(4)免疫接种是防治本病的有效方法之一。因此,应连续数年地对所有羊只进行免疫注射,直到羊群的发病率大大减少。应定期对羊群进行检疫,并对检疫阳性反应的羊进行屠宰等处理。

①布氏杆菌猪型Ⅱ号菌苗:可采用口服法(山羊和绵羊每只用量 100 亿活菌。可将菌苗拌入饲料中,在喂药前数天内应停止使用含抗生素添加剂的饲料、发酵饲料或热饲料)、喷雾法(将山

羊、绵羊赶入室内并关闭门窗,按每只羊 20 亿～50 亿活菌苗用水稀释后喷雾,然后保持羊只在室内 20～30 分钟(孕畜不能用此法)和注射法(每只山羊剂量 25 亿活菌、绵羊 50 亿活菌,皮下或肌内注射),处理后的免疫期均为 3 年。

②布氏杆菌羊型 5 号菌苗:皮下接种每只用量 10 亿菌;室内喷雾 25 亿菌;饮服或灌服 250 亿菌。

3.巴氏杆菌病

多种动物对多杀性巴氏杆菌都有易感性。在绵羊多发于幼龄羊羔羊;山羊不易感染。

【发病原因】

羊巴氏杆菌病病由多杀性巴氏杆菌所引起的,病羊和健康带菌羊是传染源;病原随分泌物和排泄物排出体外经呼吸道、消化道及损伤的皮肤而感染。带菌羊在受寒、长途运输、饲养管理不当使抵抗力降低,可发生自体内源性传染。

【诊断】

(1)最急性:多见于哺乳羔羊;羔羊突然发病,出现寒战、虚弱、呼吸困难等症状,于数分钟至数小时死亡。

(2)急性:精神沉郁,体温升高到 41～42℃。咳嗽,鼻孔常有出血,有时混杂于黏性分泌物中。初期便秘,后期腹泻,有时粪便全部变为血水。病羊常在严重腹泻后虚脱而死,病期 2～5 天。

(3)慢性:病程可达 3 周,病羊消瘦,不思饮食,流黏脓性鼻液,咳嗽,呼吸困难,有时颈部和胸下部发生水肿,有角膜炎,腹泻;临死前极度衰弱,体温下降。

【治疗方法】

发现病羊和可疑病羊立即隔离治疗。氯霉素、庆大霉素、四环素以及磺胺类药物都有良好的治疗效果。氯霉素按每千克体重 10～30 毫克;庆大霉素按每千克体重 1000～1500 单位;20%磺胺嘧啶钠 5～10 毫升,均肌内注射,每日 2 次,直到体温下降、食欲恢复为止。

【防治措施】

平时注意饲养管理,避免羊受寒。发生该病后,应将畜舍用 5％漂白粉或石灰乳彻底消毒,必要时用高兔血清或菌苗做紧急免疫接种。

4. 羊链球菌病

羊链球菌病是一种急性、热性、败血性传染病。该病以咽喉部及下颌淋巴结肿胀、大叶性肺炎、呼吸困难、胆囊肿大为特征。

【发病原因】

病原体是羊链球菌,病羊和带菌羊为传染源,以呼吸道为主要传播途径,也可经皮肤创伤,羊虱、蝇叮咬等途径传播。此病多呈流行性发生,以冬春季多发。

【诊断】

(1)临床症状:病羊体温升高至 41℃,呼吸困难,精神不振,食欲低下,反刍停止;流涎,鼻孔流浆性、脓性分泌物;结膜充血,常见流出脓性分泌物;粪便松软,带有黏液或血液;有时可见眼睑、嘴唇、面颊及乳房部位肿胀;咽喉部及下颌淋巴结肿大。病死前常有磨牙、呻吟及抽搐现象。

(2)病理剖检:主要以败血性变化为主,各脏器广泛出血,尤以大网膜、肠系膜等最为明显,肺部水肿、气肿,肺实质出血,肝突变,有时肺脏尖叶有坏死灶。肺脏常与胸壁粘连,胆囊肿大 2～4 倍。肾脏质地变脆、变软,肿胀,梗死,被膜不易剥离。各脏器浆膜面常覆有黏稠丝状的纤维素样物质。

【治疗方法】

(1)青霉素 80 万～160 万单位肌内注射,每日 2～3 次,连用 2～3 日。

（2）磺胺咪啶按每次 5～6 克(小羊减半)，碳酸氢钠 1～2 克内服，每日 2 次，连用 3～4 次。

【防治措施】

（1）加强饲养管理，抓膘、保膘，做好防寒保温工作。

（2）勿从疫区购进羊和羊肉、皮毛产品。

（3）疫区要搞好隔离消毒工作，羊群在一定时期内勿进入发过病的"老圈"。

（4）每年发病季节到来之前，用羊链球菌氢氧化铝甲醛菌苗接种，大小羊一律皮下注射 3 毫升，3 月龄以下羔羊，2～3 周重复 1 次，于 14～21 天产生免疫力，免疫期可维持半年以上。

5. 羊放线菌病

放线杆菌病为慢性传染病，牛最常见，绵羊及山羊较少。本病为散发性，很少呈流行性。牛与绵羊可以互相传染，在预防上必须重视。

【发病原因】

放线菌的病原不仅存在于污染的土壤、饲料和饮水中，而且还寄生于动物口腔、咽部黏膜、扁桃体和皮肤等部位，因此，黏膜或皮肤上只要有破损，便可以感染。该病一般为散发。

【诊断】

（1）临床症状：常见下颌肿大，肿胀发展缓慢，最初的症状是下唇和面部的其他部位增厚，经过几个月才在增厚的皮下组织中形成直径达 5 毫米左右、单个或多数的坚硬结节；有时皮肤化脓破溃形成瘘管。病羊不能采食，消瘦，衰弱，舌和咽部感染时，组织肿胀变硬，流涎，咀嚼困难；乳房患病时，呈弥漫性肿大或有局灶性硬结。

（2）病理剖检：此病只侵害软组织，常通过淋巴管在其他部位引起转移性病灶，故淋巴结常受影响，这是本病与放线菌病最重要的区别之处。在山羊,肺部病变主要为微小之白色结节,突出表面。

【治疗方法】

(1)碘剂治疗。

①静脉注射 10‰碘化钠溶液,并经常给病部涂抹碘酒。碘化钠的用量为 20～25 毫升,每周 1 次,直到痊愈为止。由于侵害的是软组织,故静脉注射相当有效,轻型病例往往 2～3 次即可治愈。

②内服碘化钾,每次 1～1.5 克,每天 3 次,做成水溶液服用,直到肿胀完全消失为止。

③用碘化钾 2 克溶于 1 毫升蒸馏水中,再与 5‰碘酒 2 毫升混合,一次注射于患部。

如果应用碘剂引起碘中毒,应即停止治疗 5～6 天或减少用量。中毒的主要症状是流泪、流鼻、食欲消失及皮屑增多。

(2)手术治疗:对于较大的脓肿,用手术切开排脓,然后给伤口内塞入碘酒纱布,1～2 天更换 1 次,直到伤口完全愈合为止。有时伤口快愈合时又逐渐肿大,这是因为施行手术后没有彻底用消毒液冲洗,病菌未完全杀灭,以致又重新复发。在这种情况下,可给肿胀部分注入 1～3 毫升复方碘溶液(用量根据肿胀大小决定)。注射以后病部会忽然肿大,但以后会逐渐缩小,达到治愈。

(3)抗生素治疗:给患部周围注射链霉素,每日 1 次,连续 5 天为 1 疗程。链霉素与碘化钾同时应用,效果更为显著。

【防治措施】

(1)因为粗硬的饲料可以损伤口腔黏膜,促进放线杆菌的侵入,所以为了预防,必须将稿秆、谷糠或其他粗饲料浸软以后再喂。

(2)注意饲料及饮水卫生,避免地面潮湿。

6. 口蹄疫

口蹄疫俗名"口疮"、"蹄黄"是由口蹄疫病毒引起的偶蹄兽的一种急性、发热性、高度接触性传染病,其特征是口腔黏膜、蹄部和乳房发生水疱和溃烂。

【发病原因】

口蹄疫的病原体是口蹄疫病毒,常通过污染的饲料及饮水侵入体内,也可经损伤的黏膜、皮肤和呼吸道感染,人也具有易感性。病畜和带毒动物为传染源,主要经消化道感染,也可经受伤的皮肤、黏膜及呼吸系统传播。在新疫区呈流行性,发病率可达100%,而在老疫区则发病率较低,常呈现一定的季节性,冬春季节发病较多。

【诊断】

(1)临床症状:病羊体温升高达 40~41℃,食欲减退,咀嚼困难,精神沉郁,产奶量下降。口腔黏膜发红、发热,黏膜出现水疱,初为淡黄色透明液,后变混浊,破溃后留下浅表鲜红色湿润烂斑。同时,可见病羊跛行,蹄部出现水疱,继而水疱破溃,糜烂,而后愈合。一些羊由于未及时治疗,可出现化脓或坏死,蹄匣脱落,甚至发生死亡。羊的乳房、乳头皮肤和鼻端等部位亦可发生水疱及糜烂。山羊患病比绵羊严重,死亡率也高。羔羊发生出血性胃肠炎,常因心肌炎造成大批死亡,孕羊可发生流产。

(2)病理剖检:除体表、口腔、皮肤、乳房部皮肤黏膜及蹄部产生水疱外,上呼吸道及前胃黏膜也可能产生溃烂,真胃和大小肠黏膜可见出血性炎症。

【治疗方法】

(1)用清水、1%温食盐水、0.1%高锰酸钾、2%硼酸洗漱口腔。用 5%碘甘油或冰硼散涂抹溃烂面。用 3%来苏儿冲洗蹄部,擦干后再涂抹鱼石脂软膏或松馏油等。用 0.1%高锰酸钾或肥皂水等冲洗乳房,再涂以青霉素或磺胺软膏等。

(2)根据病羊出现的全身症状,采用抗生素及磺胺类药物等进行治疗。

【防治措施】

(1)常发生口蹄疫的地区,应根据发生口蹄疫的类型,每年对所有羊注射相应的口蹄疫弱毒疫苗。

(2)严禁从疫区购进动物和家畜产品,发生疫情时,应立即上报,按国家有关规定采取隔离、封锁、就地捕杀。

(3)本病一般不允许治疗,要就地捕杀深埋,进行无害化处理。

7. 破伤风

破伤风破伤风杆菌侵入伤口内繁殖、分泌毒素引起的急性特异性感染,是一种急性中毒性传染病,多发生于新生羔羊,绵羊比山羊多见。

【发病原因】

病原是破伤风梭菌,是厌氧菌。该病发生主要是破伤风梭菌经伤口侵入机体的结果。常因断脐、分娩、刺伤、开放性骨折、阉割、外科手术等处理不当而发生。该病以散发形式出现。

【诊断】

病初症状不明显,以后表现为不能自由卧下或起立,四肢逐渐强直,运步困难,角弓反张,牙关紧闭,流涎,尾直,常发生轻度肠臌胀。突然的音响,可使骨骼肌发生痉挛,致使病羊倒地,发病后期,常因急性胃肠炎而引起腹泻。病死率很高。

【治疗方法】

(1)用3%过氧化氢或5%碘酒消毒创伤,并结合青霉素、链霉素做创周注射。

(2)早期用破伤风抗毒素5～10万单位肌内注射或静脉注射。

(3)为了缓解肌肉痉挛,用氯丙嗪0.002克/千克体重,肌内注射。

(4)酸中毒时,用5%碳酸氢钠100～200毫升静脉注射。

【防治措施】

(1)防止羊发生外伤,如有外伤用5‰碘酒消毒;外科手术要严格消毒,做到无菌操作。

(2)每年接种破伤风类毒素,皮下注射1毫升,幼羊减半,免疫期1年,第二年再注射1次,免疫期可达4年。

8.羊快疫

羊快疫主要发生于绵羊的一种急性传染病,山羊少发。发病突然,病程极短。其特征为真胃里出血性、炎性损害。

【发病原因】

病原体是腐败梭菌,革兰阳性菌。本病以6个月到2年的羊最易感染,多发于秋、冬和初春气候骤变、阴雨连绵之际,常流行于低凹地区。当羊只受寒感冒或采食冰冻草料等而使机体抵抗力降低时,可促使本病发生。羊快疫主要经消化道感染。

【诊断】

(1)临床症状:病羊突然发病,没有任何症状倒地死亡,有的死在牧场有的死在羊舍内,有的病羊离群独处,食欲废绝,卧地,不愿走动,有的腹部膨胀,有腹痛症状,口内流出带血色的泡沫,排粪困难,粪便杂有黏液或黏膜间带血丝,病羊最后极度衰竭昏迷,数分钟或几小时死亡。

(2)病理剖检:呈急性经过死亡的病尸,腹内膨胀,口腔、鼻腔和肛门黏膜呈蓝紫色并常有出血斑点,真胃出血性炎症变化显著,黏膜尤其是胃底部及幽门附近黏膜常有大小不等出血斑块和坏死灶。黏膜下组织水肿,胸腔、腹腔、心包有大量积液,暴露于空气中易凝固。肝脏肿大呈土黄色,肺脏淤血、水肿,全身淋巴结,特别是咽部淋巴结肿大,充血、出血。

【治疗方法】

该病由于病程短促,往往来不及治疗。病程稍拖长者,可选用青霉素肌内注射,1次80万～160万单位,1日2次;或口服磺胺嘧啶,1次5～6克,连服3～4次;或将10%安钠咖10毫升加于500～1 000毫升5%葡萄糖溶液中静脉滴注;也可口服10%～20%石灰乳,1次50～100毫升,连服1～2次。

【防治措施】

(1)发病后应做好隔离、封锁、消毒及病尸销毁工作。

(2)常发区定期注射羊厌气菌病三连苗(羊快疫、羊猝狙、羊肠毒血症)或五连苗(羊快疫、羊肠毒血症、羊猝狙、羊黑疫和羔羊痢疾)或羊快疫单苗,皮下或肌内注射5毫升;免疫期半年以上。

(3)加强饲养管理,防止严寒袭击,严禁吃霜冻牧草。

(4)注意舍内的保暖通风,饲料更换时要逐渐完成,不要突然改变。

9.羊肠毒血症

该病由魏氏梭菌,又称产气黄膜杆菌引起的一种急性毒血症。死后肾组织易于软化,又称软肾病。

【发病原因】

病原体是D型魏氏梭菌、革兰阳性菌。羊只采食被病原菌芽孢污染的饲料和饮水,经消化道感染。各年龄羊都有易感性,但以2～12月龄、膘情好的羊发病较多。多发生于春末和秋季,多呈散发。多雨季节,气候骤变,地势低洼,羊只采食过量或偷吃过多的精料,均可诱发本病。

【诊断】

(1)临床症状:该病发生突然,病羊呈腹痛、肚胀症状,常离群呆立、卧地或独自奔跑;濒死期发生肠鸣或腹泻,排出黄褐色水样粪便;全身颤抖,磨牙,头颈向后弯曲;口鼻流沫;常于昏迷中死亡。体温一般不升高。血尿常规检查常有血糖、尿糖升高现象。

(2)病理剖检:真胃内常见有未经消化的饲料,肠道(尤其小肠)黏膜出血,严重者全部肠段呈血红色或有溃疡,肾脏软化如泥状;体腔积液,心脏扩张,心内外膜有出血点,全身淋巴结肿大,切面黑褐色,肺脏大多充血、水肿,气管和支气管内有多量白色泡沫,胆囊肿大。

【治疗方法】

(1)病程较长(超过 2 小时)的,可内服磺胺脒 10～20 克或注射羊肠毒血症高免血清 30 毫升。

(2)肌肉氯霉素,每次 1 克,1 日 2 次,连用 3～5 天。

(3)青霉素 160 万单位、链霉素 500 毫克混合肌内注射,繁日 4 次。

【防治措施】

(1)加强饲养管理,主要应避免羊采食过多的多汁嫩草及精料,经常补给食盐,适当运动,天气突变时做好防风保暖工作。

(2)每年春秋两次进行防疫注射,不论年龄大小每只每次皮下或肌内注射羊四联苗(快疫、猝殂、肠毒血症、羔羊痢疾)5 毫升。

10. 羊黑疫

羊黑疫是羊的一种急性高致死毒血症,以肝脏的坏死为特征,故又称传染性坏死性肝炎。因病死羊皮下血管充血,以致皮肤发黑,俗称黑疫。

【发病原因】

病原为诺维氏梭菌、革兰阳性大杆菌,能形成芽孢。羊采食被芽孢体污染的饲料后,此菌芽孢由胃肠壁经门脉进入肝脏。当羊感染肝片吸虫时,易诱发致病,所以该病的发生与肝片吸虫的感染程度密切相关。本病以 2～4 岁的羊发生最多。发病羊多为营养较好的肥胖羊只,主要在春夏发生于低洼潮湿地区。

【诊断】

(1)临床症状:该病的临床症状与羊肠毒血症、羊快疫等及其相似,病程短促;表现为突然死亡。少数病例可拖至 1～2 天。常食欲废绝,反刍停止,精神不振,呼吸急促,体温 41.5℃左右,昏睡俯卧而死。

(2)病理剖检:病羊尸体皮下静脉显著充血,使其皮肤呈暗黑色外观(黑疫之名即由此而来)。胸部皮下组织水肿,真胃幽门部和小肠充血和出血,体腔积液。肝脏充血肿胀,从表面可看到或摸到有 1 个或多个凝固性坏死灶,坏死灶的界限清晰,灰黄色,不整圆形,周围常为一鲜红色的充血带围绕。羊黑疫肝脏的这种坏死变化特征明显,具有很大的诊断意义。

【治疗方法】

病程稍缓的病羊,肌内注射青霉素 80 万~160 万单位,1 日 2 次。也可静脉或肌内注射抗诺氏维梭菌血清,1 次 50~80 毫升,连续用 1~2 次。

【防治措施】

(1)每年定期注射厌气菌五联疫苗,皮下或肌内注射 5 毫升,免疫期可达 1 年。

(2)可用抗诺维氏梭菌血清早期预防,皮下或肌内注射 10~15 毫升,必要时重复 1 次。

(3)病死羊一律烧毁或深埋,污染场地和羊舍用 20%漂白粉溶液彻底消毒。

11. 羊猝狙

羊猝狙是由 C 型魏氏梭菌引起的一种毒血症,以急性死亡、腹膜炎和溃疡性肠炎为特征。

【发病原因】

该病发生于成年羊,以 1~2 岁的羊发病较多,常流行于低洼、潮湿地区和冬春季节。

【诊断】

(1)临床症状:病程短促,常常还未见到症状即突然死亡。有时发现病羊掉群,卧地,表现不安,衰弱和痉挛,在数小时内死亡。

(2)病理剖检:剖检主要见消化道和循环系统病变。十二指肠和空肠黏膜严重出血、糜烂,有的肠段可见大小不等的溃疡;胸腔、腹腔和心包大量积液,心包液暴露于空气后可形成纤维素絮块,浆膜可见小出血点。

【治疗方法】

治疗参见羊快疫。

【防治措施】

常发地区应加强饲养管理,切忌过食,要适当运动。每年在发病季节前注射羊快疫、猝狙、肠毒血症三联疫苗。

12.羊痘

羊痘是羊的一种急性、热性、接触性传染病。

【发病原因】

羊痘病毒主要存在于病羊的皮肤、黏膜的丘疹、脓疱、痂皮内及鼻黏膜分泌物中,在发病羊体温升高时,其血液中存有大量病毒,病羊为传染源,主要通过空气经呼吸道感染,也可以通过损伤的皮肤或黏膜侵入机体。饲养管理人员、护理工具、皮毛产品、饲料、垫草及体外寄生虫都为传染媒介;绵羊中细毛羊比粗毛羊或土种羊易感染,病情严重;羔羊较成羊敏感,病死率高。气候寒冷、雨季、霜冻、枯草期和饲养管理因素都是促使发病和加重病情的诱因。

【诊断】

(1)临床症状:病羊体温升高达41～42℃,精神不振,食欲减退,并伴有可视黏膜卡他性、脓性炎症,流口水及鼻液,呼吸困难。病羊眼、口唇、面颊、尾及肢内侧、乳房、阴唇等处有红斑,逐渐发展为结节、水疱或脓疱,经7～8天结痂脱落。有些病例有继发感染时,则痘疮发生化脓和坏疽,形成较深的溃疡,发出恶臭,致死率较高。

(2)病理剖检:前胃和皱胃黏膜上往往有大小不等的圆形或半圆形坚实的结节,单个或融合存在,严重者形成糜烂或溃疡。咽和支气管黏膜也常有痘疹,肺部则见有干酪样结节和卡他性肺炎区。

【治疗方法】

羊群一旦发病,对病羊可采用以下药物治疗,有很好效果。

(1)成羊每次用痊愈血清 10～20 毫升,幼羊 5～10 毫升,一次皮下注射,连用数天。

(2)用 0.1‰高锰酸钾溶液洗涤痘区,然后涂以碘甘油或云南白药加蜂胶酒精合剂涂擦,每日 2～3 次,连用数天。

(3)取云南白药粉 2～6 克,加蜂蜜 100 克,加温开水冲服,每日 2 次,连用 3 天。

(4)取黄连、射干各 50 克,柴胡、山枝子、地骨皮各 25 克,加水 10 千克,熬成 3.5 千克药液,然后用滤纸滤液后,即可使用。大羊每次 10 毫升,中羊 5～7 毫升,小羊 3～5 毫升,给病羊一次皮下注射,每日 2 次,连用 2～3 次,亦有良好效果。

为了防止继发感染和发生败血症,在采用上述治疗方法的同时,还可应用抗生素或磺胺类药物治疗,或应用黄芪多糖注射液肌内注射治疗,疗效颇佳。对重剧病例,应给静脉输液,进行强心利尿解毒,防止中毒休克引起的病羊死亡,有良好疗效。

【防治措施】

(1)平时要做好羊群饲养管理工作,羊圈要经常打扫,保持干燥清洁。

(2)加强饲养管理,抓好秋膘,特别在冬春季节要适当补料,做好防寒保暖工作,可减少发病。

(3)在羊痘常发地区,每年定期接种绵羊痘鸡胚的毒苗,每只羊在尾部或股内侧皮下注射 0.5 毫升,注射后 4～6 天产生免疫力,免疫期为 1 年。山羊痘弱毒苗可用于山羊和绵羊的预防,皮下接种 0.5～1 毫升,安全有效,免疫期 1 年。

(4)羊群中已发病时,立即隔离病羊并消毒羊舍、场地、用具,对未发病的羊只或邻近已受威胁的羊群可用疫苗紧急接种。

13. 羊痒病

绵羊痒病又称慢性传染性脑膜炎,是主要发生于成年绵羊和山羊的一种慢性退行性的中枢神经系统疾病。

【发病原因】

病原为一种蛋白侵染因子。患病母羊可垂直传播而使羔羊发病。病羊为主要的传染源。本病一般发生于 2～4 岁羊。

【诊断】

(1)临床症状:该病潜伏期 1～5 年,故 1 岁以下的羊极少出现临床症状。病羊初期易惊,头颈抬起,行走时步态高举,头颈或腹肋部肌肉频细震颤;发展期,病羊出现瘙痒,用手抓搔其腰部,常发生伸颈、摆头、咬唇或舔舌等反射。病羊常啃咬腹肋部、股部或尾部,或在墙壁、栅栏、树干等物体上摩擦这些部位,致使被毛大量脱落,皮肤红肿发炎,甚至破溃出血。病羊体温正常,照常采食,但日渐消瘦,遇沟坡、土堆时反复跌倒。病期几周或几个月,病死率几乎达 100%。

(2)病理剖检:除尸体消瘦和皮肤损伤以外,常无肉眼可见变化。

【治疗方法】

本病目前尚无特效疗法。

【防治措施】

(1)预防本病的主要措施是灭蜱,在蜱活动季节,定期对易感动物进行药浴或喷雾杀虫;对痒病、隐性感染羊采取扑杀后焚化。在疫区可以用鸡胚化弱毒疫苗进行接种。

(2)禁止从痒病疫区引进羊、羊肉、羊的精液和胚胎等。

（3）禁止用病死羊加工蛋白质饲料，禁止用反刍动物蛋白饲喂牛、羊。

（4）加强对市场和屠宰场肉类的检验，检出的病羊肉必须销毁，不得食用。受感染羊只及其后代坚决扑杀。

（5）定期消毒。常用的消毒方法有焚烧、5％～10％氢氧化钠溶液作用 1 小时、5％次氯酸钠溶液作用 2 小时、浸入 3％十二烷基磺酸钠溶液煮沸 10 分钟。

14. 羔羊痢疾

羔羊痢疾是由初生羔羊混合或单独感染病菌而引起的一种急性传染病，多发生在羔羊生后 1 周内，有的甚至生后 2～4 小时就会发病。

【发病原因】

引起羔羊痢疾的病原微生物主要为大肠杆菌、沙门菌、产气荚膜梭菌、肠球菌等。传染途径主要通过消化道，也可经脐带或伤口传染。本病的发生和流行，与怀孕母羊营养不良、护理不当、产羔季节气候突变、羊舍阴暗潮湿等有密切关系。此外，哺乳不当、饥饱不匀、接羔育羔时清洁卫生条件差等也可诱发本病。

【诊断】

（1）临床症状：主要特征是剧烈腹泻，羊羔没精神，不想吃奶，拉灰白色、淡黄色或绿色粪便，特别臭，常贴在肛门周围，以后便中带血，眼窝下陷，非常衰弱，最后死亡。

（2）病理剖检：尸体消瘦，可视黏膜黄白，胃黏膜有脱落，胃和肠道充血、出血，肠黏膜上有坏死灶和溃疡灶等明显出血性肠炎变化。

【治疗方法】

（1）氯霉素每千克体重 0.02～0.04 克，每日肌内注射 2 次。

（2）磺胺咪 0.5 克，次硝苍 0.2 克，胃蛋白酶 0.2 克，酵母 0.2

克,加水适量,一次灌服,每日 3 次。

(3)呋喃唑酮每千克体重 0.01 克内服,每日 2 次,连服 5 天。

(4)土霉素 0.2～0.3 克,加等量胃蛋白酶,加水灌服,每日 2 次。

(5)大蒜捣烂取汁半匙,加等量白酒、醋,混合后 1 次内服,每日 2 次,每次 10～20 毫升,直至痊愈。

(6)诺氟沙星,每千克体重 0.01 克内服,每日 2 次,连服 3～5 天。

(7)病初可肌内注射青、链霉素各 20 万单位,每天 2 次或每千克体重用 0.01～0.03 克氯霉素肌内注射。

【防治措施】

(1)对怀孕后期的母羊要加强饲养管理,注意分娩时产房的清洁消毒、保暖和产后的护理工作。把初乳挤去数滴后再让羔羊吮吸。

(2)在本病流行地区的怀孕母羊,用羔羊痢疾甲醛菌苗预防。

(3)羔羊出生 12 小时后,灌服土霉素,每次 0.05～0.1 克,每天 1 次,连用 3 天,对本病有较好的预防效果。

15. 传染性角膜炎

传染性角膜炎又称"红眼病",是一种急性接触性传染病,其特征为眼结膜和角膜发生明显的炎症变化,伴有大量的流泪,其后发生角膜混浊或呈乳白色。

【发病原因】

羊传染性角膜炎是一种多病原疾病,是由衣原体和病毒引起,本病多发生于天气炎热和湿度较高的夏秋季节,多呈地方性流行。本病不分性别、年龄均可感染,但以育成羊和羔羊多发。其传染途径主要是通过病健羊的接触或蚊蝇的传递。

【诊断】

病羊一侧或双侧眼发炎,初期眼结膜充血,眼睑肿胀、疼痛、流泪、怕光,进而结膜潮红,角膜周围充血,发生白色或灰色小斑点,有的严重病羊角膜增厚形成云翳或瘢痕。本病一般不出现全身症状。病程一般为 20 天左右,多数能自愈,但往往会招致部分羊因角膜破裂、晶体脱落或角膜云翳不退而失明。

【治疗方法】

(1)2%～5%的硼酸水或淡盐水或 0.01%呋喃西林洗眼,擦干后可选用红霉素、氯霉素、四环素、2%黄降汞或 2%可的松等眼膏点眼。

(2)用青霉素或氯霉素加地塞米松 2 毫升、0.1%肾上腺素 1 毫升混合点眼每天 2～3 次。

(3)出现角膜混浊或白内障的,可滴入拨云散;或青霉素 50 万单位加病羊全血 10 毫升,眼睑皮下注射;或 50 万单位链霉素溶液 5 毫升眶上孔注射,2 天 1 次。

【防治措施】

羊舍要通风透光,面积要适中,保持清洁卫生;发现病羊立即隔离,羊舍要消毒,消灭传染源和蚊蝇传递,对病羊要加强护理,杜绝病健羊群接触。

16. 传染性脓疱(羊口疮)

口疮是一种接触性传染病,主要以患羊口唇等部位皮薄、黏膜形成丘疹、脓疱、溃疡以及疣状厚痂为特征,幼羊易感染且发病率高,危害性较大。

【发病原因】

以 3～6 月龄羔羊发病最多,常为群发性流行,成年羊同样易感染,但发病较少,呈散发性流行。本病多发于春秋季,羊只发病率在羊群中逐年降低,但病毒抵抗力较强,在羊群可连续为害。

【诊断】

羊口疮病有 3 种类型,即唇型、蹄型和外阴型,有时 3 种类型混合感染,但大多以唇型发病为主。

(1)唇型病羊首先在口角、上唇或鼻镜上出现散在的小红斑,逐渐变为丘疹和小结节,继而形成水疱或脓疱,破溃后结成黄色或棕色的疣状硬痂。如为良性经过,则经过 1～2 周痂皮干燥、脱落而康复。严重病例,患部继续发生丘疹、水疱、脓疱、痂垢,并互相融合,波及整个口唇周围及眼睑和耳郭等部位,形成大面积龟裂、易出血的污秽痂垢,痂垢下伴有肉芽组织增生,痂垢不断增厚,整个嘴唇肿大外翻呈桑葚状隆起,有的甚至发生牙齿脱落,严重影响采食,病羊日趋衰弱,同时并发其他综合症状,因而常会导致羊只死亡。

(2)蹄型病羊多见一只蹄患病,但也可能同时或相继侵害多数甚至全部蹄端。通常于蹄叉、蹄冠或系部皮肤上形成水疱、脓疱,破裂后则成为由脓液覆盖的溃疡。如继发感染则产生化脓、坏死,常波及基部、蹄骨,甚至肌腱或关节。病羊跛行,长期卧地,病程长,易并发其他综合症状。

(3)外阴型该型较少见,病羊表现为黏性或脓性阴道分泌物,在肿胀的阴唇及附近皮肤上发生溃疡,乳房和乳头皮肤上发生脓疱、烂斑和痂垢,公羊则表现为阴囊鞘肿胀,出现脓疱和溃疡,但发生病例较少。

【治疗方法】

(1)对舌面、口腔等处的溃疡的治疗:对舌面、口腔等处的溃疡,经反复冲洗患部后,可用 5％碘甘油或者醋酸涂擦,对结痂者,应先将患部结痂剥去后再进行冲洗,每日冲洗 3 次,连续 4～6 天,也可用甲紫拌少量石灰涂擦。溃疡面每天用 0.5％高锰酸钾或 10％的盐水冲洗,也可用 3％过氧化氢冲洗,对病情严重者可肌内注射病毒灵注射液,对体温升高的病羊可肌内注射退热药和抗生素(如青霉素、庆大霉素)等,以防止继发感染。

(2)对蹄部病变的治疗:若蹄部发生病变,可将蹄部置于5%～10%的甲醛溶液中浸泡3次,每次1分钟,间隔5～6小时,于次日用3%的甲紫溶液或土霉素软膏涂拭患部。

(3)对因治疗:为有效防止本病扩散,必须从根本上切断传染源,对健康羊只实施免疫接种,使羊只产生免疫抵抗力,增强免疫功能。

(4)辅助治疗:对患羊灌服牛黄解毒片,按每只羊每次2～3片,1日2次,同时用土霉素软膏涂抹于患部,直到症状基本消除为止。

【防治措施】

(1)保护羊只皮肤、黏膜勿受损伤,做好环境的消毒工作。

(2)采用疫苗预防,未发疫地区,羊口疮弱毒细胞冻干苗,每头0.2毫升,口唇黏膜注射,发病地区,紧急接种,仅限内侧划痕,也可采用把患羊口唇部痂皮取下,剪碎,研制成粉末状,然后用5%甘油灭菌生理盐水稀释成1%浓度,涂于内侧,皮肤划痕或刺种于耳,预防本病,效果也不错。

17.胸膜炎

胸膜发生炎症性疾病叫胸膜炎。

【发病原因】

羊传染性胸膜炎是由山羊丝状衣原体引起的急性接触性传染病,通过空气、飞沫经呼吸道感染,阴雨连绵、寒冷潮湿、羊群密集、拥挤等因素有利于传染的发生,主要见于冬季和早春枯草季节。

原发性胸膜炎比较少见,可因胸部的穿透创或胸腔穿刺时带入病原微生物所致。常继发于邻近器官炎症的蔓延,如结核、传染性胸膜肺炎、脓毒症、出血性败血病、支气管肺炎、肺坏疽等。

【诊断】

(1)临床症状:病初,病羊体温升高达 41～42℃,精神沉郁,食欲减退或废绝。由于胸膜的疼痛,使病羊呈浅表的腹式呼吸。常常发生痛苦的咳嗽。触诊胸壁表现疼痛不安。当胸腔内大量积聚渗出液时,压迫肺和心脏,使呼吸困难,心跳加快。肺部听诊肺泡呼吸音减弱,心音模糊不清,脉搏细弱频数,胸壁叩诊能出现水平浊音区。当患纤维素性胸膜炎时,随着呼吸或心跳而出现摩擦音,胸部叩诊呈水平浊音,胸腔穿刺有大量渗出液流出,即可确诊。必要时可用 X 射线检查,帮助诊断。

(2)病理剖检:病变多局限于胸腔,肺脏、胸壁和支气管。剖开胸腔可见大量含纤维素蛋白和液体,肺脏病变多见单侧或双侧纤维素蛋白性肺炎,可见大小不等的肝病区,呈红色至灰黄色,切面是大理石状花纹。胸膜增厚,粗糙及至粘连,粘连处有明显的白色胶样浸润。支气管内含有黏液其淋巴结肿大,有水肿或出血。

【治疗方法】

(1)确诊后,健康羊和病羊隔离饲养,羊舍、食槽及周围环境应用 20%石灰乳消毒。

(2)每头病羊用"914"静脉注射或磺胺嘧啶皮下注射,或病初使用足够剂量的土霉素、氯霉素有治疗效果。

(3)胸腔积存大量渗出物时,应进行穿刺排液。用 0.1%雷佛奴尔溶液 500 毫升反复灌洗,最后用生理盐水灌洗,并注入青霉素50 万～80 万单位及链霉素 1～2 克,用蒸馏水 30～50 毫升溶解后注入胸腔。

(4)为抑制渗出物的产生,可用 10%氯化钙 10～20 毫升静脉注射。为了加速炎性渗出物的吸收与排除,可给予强心剂和利尿剂。

【防治措施】

免疫接种是预防本病的有效措施,每年 5 月注射山羊传染性胸膜肺炎苗,大羊每只5毫升注射,小羊每只肌内注射3毫升。

18.肺炎

羊肺炎病是由羊肺炎霉形体引起的一种传染性疾病。绵羊与山羊均可患肺炎,以在绵羊引起的损失较大,尤其是羔羊。

【发病原因】

羊舍寒冷潮湿,气候剧变,受凉感冒;营养不良,体质差;夏季羊群拥挤,羊舍通风不良等因素都会导致病菌(肺炎球菌、链球菌、葡萄球菌等)乘虚而入,大量繁殖,产生毒素而致病。

【诊断】

病羊精神沉郁,鼻镜干燥,体温升高达$40\sim42℃$,食欲减退,饮欲增强。初期疼痛干咳,后变为湿咳;鼻液初为浆液,后为脓液。呼吸困难,听诊肺部,病灶部分肺泡呼吸音减弱,其他健康部分肺泡呼吸音增强。羔羊大多急性发作,呼吸极度困难,由于毒素大增,导致心肺衰竭而死。死亡常在1周左右,死亡率的高低不定。

【治疗方法】

(1)首先要加强护理,发现之后,及早把羊放在清洁、温暖、通风良好但无贼风的羊舍内,保持安静,喂给容易消化的饲料,经常供应清水。

(2)采用抗生素或磺胺类药物治疗,病情严重时可以两种同时应用。即在肌内注射青霉素或链霉素的同时,内服或静脉注射磺胺类药物。采用四环素或卡那霉素,则疗效更为满意。

①青霉素160万～240万单位,肌内注射。

②四环素50万单位葡萄糖水100毫升溶解均匀,一次静脉注射,每日2次,连用3～4天。

③丁胺卡那霉素每次2支肌内注射,每日2次,连用3～4天。

④肌内注射鱼腥草注射液2支,每日2次,连打数日。

⑤高热不降的病羊可肌内注射安乃近或复方氨基比林5～10毫升。

【防治措施】

(1)加强调养管理,这是最根本的预防措施。为此应供给富含蛋白质、矿物质、维生素的饲料;注意圈舍卫生,不要过热、过冷、过于潮湿,通气要好。在下午较晚时不要洗浴,因没有晒干机会。剪毛后若遇天气变冷,应迅速把羊赶到室内,必要时还应给室内生火。

(2)远道运回的羊只,不要急于喂给精料,应多喂青饲料或青贮料。

(3)对呼吸系统的其他疾病要及时发现,抓紧治疗。

(4)为了预防异物性肺炎,灌药时务必小心,不可使羊嘴的高度超过额部,同时灌入要缓慢。一遇到咳嗽,应立刻停止。最好是使用胃管灌药,但要注意不可将胃管插入气管内。

(5)由传染病或寄生虫病引起的肺炎,应集中力量治疗原发病。

(二)寄生虫病

1.螨病

螨病俗称为羊疥疮、羊癫,是一种具有强烈痒觉、脱毛并向四周扩延的慢性皮肤寄生虫病。绵羊多为痒螨病,山羊多为疥螨病。

【发病原因】

本病主要由于健羊直接接触病羊或者通过被病源污染的厩舍、墙壁、用具等间接接触引起感染。羊螨多发生于秋冬时期,夏季较少发病。幼羊往往易患羊螨病,发病也较严重。饲养管理不当、卫生制度不严、羊舍阴暗潮湿、拥挤也是促使螨病蔓延的重要因素。

【诊断】

(1)疥螨病通常开始发生于嘴唇上、口角附近、鼻边缘及耳根部,严重时,蔓延至整个头颈部,颈部皮肤病变为干枯的白灰色,初期有痒觉,继而发生丘疹、水疱和脓疱,以后形成坚硬的痂皮,往往发生龟裂,常被污染而化脓。病灶扩散到眼睑时,发生肿胀、羞明、流泪,甚至失明。

(2)痒螨病:多发生在长毛的部位,开始局限于背部或臀部,以后很快蔓延到体侧。先发生奇痒,患部皮肤最初生成针头大至粟粒大的结节,继而形成水疱和脓疱。患部渗出液增多,最后结成浅黄色脂肪样的痂皮,或形成龟裂。患羊体上的毛结成束,脱落,甚至全身脱毛,病羊呈现贫血症状,多引起大批死亡。

【治疗方法】

(1)0.5%～1.0%敌百虫液喷洒或擦洗羊体,隔周后再重复擦洗 1 次。或用来苏儿 5 份,溶于温水 100 份中,在加入 5 份敌百虫擦洗羊体效果更好。

(2)0.025%～0.05%蝇毒灵乳剂溶液喷洒或药浴。

(3)煤焦油 10～20 份、凡士林 100 份混合,涂擦患部。

(4)0.01%～0.05%双甲脒涂擦患部,7～10 天后再重复 1 次。

(5)克辽林 1 份、软肥皂 1 份、酒精 8 份,调和即成。

【防治措施】

每年定期对羊进行药浴;加强检疫工作,对新调入的羊应隔离检查后再混群;经常保持圈舍卫生、干燥和通风良好,并定期对圈舍和用具清扫和消毒;对可疑患畜隔离饲养,患畜应及时治疗。

2. 羊鼻蝇蛆病

羊鼻蝇蛆病是由羊鼻蝇的幼虫寄生在羊的鼻腔及附近腔窦内所引起的疾病。病羊表现为精神不安,体质消瘦,甚至发生死亡。

【发病原因】

羊鼻蝇蛆病是由羊鼻蝇内幼虫寄生在羊的鼻腔及附近腔窦内所引起的疾病。它的传播主要是通过雌性鼻蝇将幼虫产在羊鼻孔内或鼻孔周围,幼虫逐渐爬入额窦或鼻窦内,在其内生长,造成炎症而致病。一般发生于每年的 5～9 月份。

【诊断】

当羊鼻蝇的幼虫在鼻腔或额窦内固着或移行时,刺激损伤黏膜,引起鼻黏膜肿胀和发炎,有时出血。患羊开始分泌浆液性鼻液,因而呈现呼吸困难。患羊表现为打喷嚏,甩鼻子,磨牙,摇头,食欲减退,消瘦,眼睑浮肿和流泪等急性症状。经几个月后,症状逐渐有好转,但随后不久,幼虫在鼻内生长发育,体积增大并开始移行又使症状加剧。幼虫偶尔侵入脑腔损伤胞膜,引起神经症状,患羊表现为运动失调,经常发作旋转运动,或发生痉挛、麻痹等症状。

【治疗方法】

(1)3％的来苏儿,喷洗鼻腔,每侧鼻腔孔喷射药液 20～30 毫升;也可用 1％的敌百虫溶液喷鼻。

(2)用百部根煎成浓汁,滴入病羊鼻腔,效果显著。

(3)敌百虫每千克体重 0.075～0.1 克,灌服,对寄生在鼻腔内的幼虫有 100％的杀伤力,对进入鼻腔深处的幼虫有 70％左右的杀灭效果。

【防治措施】

防治羊鼻蝇蛆病,应以消灭羊鼻腔内的第一期幼虫为主要措施。各地应根据不同气候条件和羊鼻蝇的发育情况,确定防治时间,一般在每年 11 月份进行为宜。

3.肝片吸虫病

本病是由肝片吸虫寄生于肝脏胆管内引起慢性或急性肝炎和

胆管炎,同时伴发全身性中毒现象和营养障碍等症状的疾病。

【发病原因】

该病分布极广,往往呈地方性流行,在多雨温暖的季节里,常造成本病的普遍流行,严重的流行感染季节多在每年夏秋两季。

【诊断】

(1)急性型:较少见,多发生于夏末和秋季,系在短时间内遭受严重感染所致。病初表现体温升高,精神沉郁,食少或不食,腹胀,偶有腹泻,很快出现贫血,黏膜苍白,红细胞、血红蛋白显著降低,严重者多在几天内死亡。

(2)慢性型:较多见,是由寄生在胆管中的成虫引起的。病羊逐渐消瘦、贫血、被毛粗乱,眼睑、颌下、胸膜下部出现水肿,食欲减退,便秘与腹泻交替发生。一般经1~2个月后,因恶病质而死亡,有的拖延到次年天气回暖,饲料改善后逐步恢复。

【治疗方法】

(1)丙硫咪唑:每千克体重5~15毫克口服,对成虫有效。

(2)碘醚柳胺:每千克体重7.5毫克口服,对成虫、幼虫有效。

(3)双酰胺氧醚:每千克体重7.5毫克口服,对幼虫有效。

(4)硫双二氯酚:每千克体重80~100毫克,一次口服。

(5)硝氯酚:每千克体重4~6毫克,一次口服。

(6)硫溴酚:绵羊每千克体重60毫克,山羊每千克体重30毫克,一次口服。

(7)羟氯柳胺:驱成虫有高效,剂量按每千克体重15毫克口服。

(8)四氯化碳:驱成虫效果显著,但有不良反应,剂量按成年羊每只2毫升,6~12月龄1毫升,与液状石蜡以1∶4混合灌服;也可按同等剂量以1∶1比例与液状石蜡混合后,肌内注射。

【防治措施】

(1)保持环境干燥、卫生,粪便应经发酵处理,以杀死虫卵,每年定期驱虫 1～2 次。若进行 1 次驱虫,可在秋末冬初;若进行 2 次驱虫,另一次可在第二年的春季。

（2）保持饲草及饮水的清洁卫生,最好用自来水、井水或流动的河水。

4. 羊消化道线虫病

寄生于羊消化道的线虫种类很多,各种消化道线虫往往混合感染,其中以捻转血矛线虫危害最为严重。

【发病原因】

寄生于羊消化道。线虫种类很多,如捻转血矛线虫,奥斯特线虫、马歇尔线虫,毛圆线虫,细颈线虫、古柏线虫、仰口线虫等。有时是几种线虫的混合感染,是每年春季造成羊死亡的重要原因。无中间宿主。各种线虫的虫卵随粪便排出体外,羊在吃草或饮水时食入感染性虫卵或幼虫而发病。

【诊断】

急性型的以肥羔羊突然死亡为特征。死羊眼结膜苍白,高度贫血。亚急性型的特征是显著的贫血,患羊眼结膜苍白,下颌间和下腹部水肿;身体逐渐衰弱、被毛粗乱,甚至卧地不起;下痢与便秘交替出现。病程 2～4 个月,如不死亡,则转为慢性。慢性型的症状不明显,体温一般正常,呼吸脉搏频数,心音减弱。病程 7～8 个月或达 1 年以上。

【治疗方法】

（1）丙硫咪唑:剂量按每千克 5～20 毫克,口服。

（2）左咪唑:剂量按每千克 5～10 毫克,混入饲料饲喂,也可做皮下或肌内注射。

（3）硫化二苯胺:剂量按每千克体重 600 毫克,用面汤做成悬浮液,灌服。

（4）噻苯唑:剂量按每千克体重 50 毫克,口服。该药对毛首线虫疗效较差。

(5)精制敌百虫:剂量按绵羊每千克体重80～100毫克,山羊体重按每千克体重50～70毫克,口服。

(6)甲苯唑:剂量按每千克体重10～15毫克,口服。

(7)硫酸铜:用蒸馏水配成1％溶液;剂量按大羊100毫升、中羊80毫升、小羊50毫升,灌服。

【防治措施】

一般春秋季节各进行1次驱虫;羊应饮用干净的流水或井水,粪便应堆积发酵,杀死虫卵;加强饲养管理,增强畜体抗病能力。

5.肺线虫病

羊肺线虫病(又称肺丝虫病)常在炎热的夏季开始发病。

【发病原因】

(1)大型肺线虫:丝状网尾线虫是危害羊的主要寄生虫。该虫系大型白色虫体,雄虫长30～80厘米,雌虫50～112厘米。

(2)小型肺线虫:小型肺线虫种类繁多,其中缪勒属和原线虫分布最广,危害也较大。该类线虫纤细,长12～28厘米,多见于细支气管和肺泡内。

【诊断】

羊群遭感染时,首先个别羊干咳,继而成群咳嗽,运动时和夜间咳嗽更为显著,此时呼吸声有明显粗重,如拉风箱。在频繁而痛苦的咳嗽时,常咳出含有成虫、幼虫及虫卵的黏液团块。咳嗽时伴发啰音和呼吸促迫,鼻孔中排出黏稠分泌物,病羊常打喷嚏,逐渐消瘦、贫血,头、胸及四肢水肿,被毛粗乱。通常羔羊发病症状严重,死亡率也高;成年羊感染或轻度感染时,症状表现较轻。单独感染小型肺线虫时,病情比较轻缓,只是在病情加剧或接近死亡时,才明显表现为呼吸困难,出现干咳或暴发性咳嗽。

【治疗方法】

(1)丙硫咪唑:剂量按每千克体重 5～15 毫克,口服。这种药对各种肺线虫均有良效。

(2)苯硫咪唑:剂量按每千克体重 5 毫克,口服。

(3)左咪唑:剂量按每千克体重 7.5～12.0 毫克,口服。

(4)氰乙酰肼:剂量按每千克体重 17 毫克,口服;或每千克体重 15 毫克,皮下肌内注射。该药对缪勒线虫无效。

(5)枸橼酸乙酰嗪(海群生):剂量按每千克体重 200 毫克,口服。该药适合对早期童虫的治疗。

【防治措施】

该病流行区内,每年应对羊群进行 1～2 次普遍驱虫,并及时对病羊进行治疗。驱虫治疗期应收集粪便进行生物热处理;羔羊与成年羊应分开,并饮用流动水或井水。喂料时,每隔一日可在饲料中加入硫化二苯胺,按成年羊 1 克、羔羊 0.5 克计,让羊自由采食,能大大减少病原的感染。

6. 球虫

球虫是羔羊的一种主要疾病。最常见于舍饲的 1～4 月龄的羔羊和幼羊。

【发病原因】

羊球虫病是由艾美耳属球虫引起的一种急性或慢性肠炎性的原虫病,发生与季节有一定的关系,球虫病大多发生在 5～8 月份温暖潮湿的多雨季节。

【诊断】

病羊表现为发育不良,精神不振,被毛粗乱,出血性腹泻或绿灰色脓浆状粪便。羔羊体质虚弱时常发生突发性病变,于 24 小时内死亡。尸检可见肠内充血和有很多球虫损害的病灶。在有些地方,该病的死亡率很低,5～6 天症状消失,但患羊表现生长迟缓。

成年羊可排出少量的卵囊,但一般无明显症状。羔羊从患羊排出的有球虫卵囊的粪便受感染,尤其是在多雨潮湿季节和新生羔羊数量不断增加和在堆积厩肥的阴暗角落饲养羔羊时易发此病。

【治疗方法】

(1)磺胺二甲嘧啶,按每千克体重第一天为0.2克,以后改为0.1克,连用3~5天,对急性病例有效。

(2)磺胺与甲氧嘧啶加增效剂(TMP),按5∶1比例配合,按每天每千克体重0.1克剂量内服,连用两天有治疗效果。

(3)磺胺喹噁啉,按千克体重12.5毫克,配成10%溶液,内服,每次每只羊5毫升,每日2次。

(4)氨丙啉,按每天每千克体重20毫克,连用4~5天。

(5)鱼石脂20克,乳酸2毫升,水80毫升,配成溶液,内服,每次每只羊5毫升,每日2次。

(6)硫化二苯胺,按每千克体重0.2~0.4克,每日1次,内服,使用3天后间隔1天。

(7)呋喃唑酮(痢特灵),每千克体重10毫克,连服7天。

【防治措施】

经常保持羊圈舍及周围环境的通风干燥,定期消毒,对圈舍和用具,最好使用70~80℃以上的热水或热碱水(3%)消毒。每天清除粪便。粪便和垫草等污物应集中进行生物热发酵处理,要保持饲料和饮水的清洁卫生。成年羊是球虫散播者,最好将成年羊与幼羊分群饲养管理。一旦发现病情,要立即隔离治疗。

7. 虱病

本病比较常见,山羊比绵羊发生更多。

【发病原因】

病原为羊虱。羊虱可分为两大类:一类是吸血的,有山羊颚虱、绵羊颚虱、绵羊足颚虱和非洲羊颚虱等;另一类是不吸血的,为以毛、皮屑等为食的羊毛虱。

【诊断】

羊体发痒。皮肤上出现小结节,小点出血,有时出现坏死灶。患羊不安,啃咬皮肤,或在墙壁、栅栏上以及其他物体上摩擦,从而摩掉皮毛,造成创伤。当大量虱子聚集时,皮肤发炎、脱毛、脱皮、患羊消瘦、贫血,幼羊则发育不良。

【治疗方法】

严禁健康羊和病羊接触,用1‰敌百虫水溶液或0.05‰～0.08‰蝇毒磷水溶液涂擦病羊羊体;或用40℃ 0.3‰～0.5‰敌杀死水溶液用喷雾器喷洒羊体。

【防治措施】

(1)加强饲养管理及兽医卫生工作,保持羊舍清洁、干燥、透光和通风,平时给予营养丰富的饲料,以增强羊的抵抗力。

(2)对新引进的羊只应加以检查,及时发现及时隔离治疗,防止蔓延,对羊舍要经常清扫、消毒,垫草要勤换勤晒,管理工具要定期用热碱水或开水烫洗,以杀死虱卵。

(3)及时对羊体灭虱,应根据气候不同采用洗刷、喷洒或药浴。常用灭虱药物及方法参照螨病疗法。

8.硬蜱

羊体硬蜱密集寄生能引起羊体质消瘦,部分怀孕母羊流产,羔羊与分娩后的母羊死亡率很高。

【发病原因】

硬蜱寄生于各种家畜的体表面,吸血时损伤羊的皮肤,造成伤口痛痒,患羊骚乱不安,摩擦或嘴咬。因而引起皮肤炎、毛囊炎和皮脂腺炎等。

【诊断】

当其大量寄生时,可引起贫血、消瘦、发育不良,皮毛质量和产乳量下降等。硬蜱也是传播某些寄生虫病、传染病、病毒的媒介之一。

【治疗方法】

(1)药液喷涂可使用1%的马拉硫磷、0.2%辛硫酸、0.25倍的硫磷等乳剂喷涂畜体,每次200毫升,每隔3周处理1次。

(2)皮下注射阿维菌素,剂量0.2毫升/千克体重。

(3)药浴:可选用0.05%的双甲脒、0.1%的马拉硫磷、0.1%的新硫磷、0.05%的毒死蜱、0.05%的地亚农、1%的西维因、0.0015%的溴氰菊酯、0.003%氟苯醚菊酯等对羊进行药浴。

【防治措施】

(1)消灭圈舍内的蜱,有些蜱可在圈舍的墙壁、缝隙、洞穴中栖息,可选用上述治疗药物喷洒或粉刷后,再用水泥、石灰等堵塞。

(2)人工捕捉或用器械清除羊体表寄生的蜱。

9.羊沙门菌病

羊沙门菌病包括绵羊流产和羔羊副伤寒两病。绵羊流产的病原主要是羊流产沙门菌;羔羊副伤寒的病原以都柏林沙门菌和鼠伤寒沙门菌为主。发病羔羊以急性败血症和下痢为主。沙门杆菌对外界的抵抗力较强,在水、土壤和粪便中能存活几个月,但不耐热,一般消毒药均能迅速将其杀死。

【发病原因】

沙门菌病可发生于不同年龄的羊,无季节性,传染以消化道、交配和其他途径也能感染;各种不良因素均可促进该病的发生。

【诊断】

(1)羔羊副伤寒(下痢型):多见于15～30日龄的羔羊,体温升高达40～41℃,食欲减退,腹泻,排黏性带血稀粪,有恶臭;精神萎顿,虚弱,低头,拱背,继而倒地,经1～5天死亡。发病率30%,病死率25%。

（2）羊流产：流产多见于妊娠的最后两个月,病羊体温升至40～41℃,厌食,精神抑郁,部分羊有腹泻症状。病羊产下活羔,表现衰弱,萎顿,卧地,并可腹泻,往往于1～7天死亡。病母羊也可在流产后或无流产情况下死亡。羊群暴发一次,一般持续10～15天。

【治疗方法】

病羊可隔离或淘汰处理。对该病有治疗作用的药物很多,但必须配合护理及对症治疗。

（1）土霉素、卡那霉素每天每公斤羊体重用30～50毫克,分2次内服。

（2）盐酸环丙沙星,成年羊每天用250毫克,分2次内服。

（3）磺胺嘧啶,每公斤羊体重用20～40毫克,每天2次内服。

（4）对症疗法:用肠道收敛剂如鞣酸蛋白2～3克,药用炭5克,口服;用葡萄糖生理盐水50～100毫升,静脉注射,补充体液。

【防治措施】

加强饲养管理,保持羊舍清洁卫生,定期消毒。不要使饲料和饮水受到污染。冬季圈舍要保暖,防止羊感冒。发现病羊及时隔离治疗。免疫接种可用鼠伤寒沙门菌和都柏林沙门菌制成的灭活苗,接种2次,间隔2～3周,皮下注射,每次2毫升。一般于注射后14天可产生免疫力。

（三）中毒性疾病

1. 亚硝酸盐中毒

亚硝酸盐中毒是由于过量食入含有硝酸盐或亚硝酸盐的植物和水,即可引起化学中毒性高铁血红蛋白血症。

【发病原因】

许多富含硝酸盐的饲料,如甜菜、萝卜、马铃薯等块茎类,以及油菜、小白菜、菠菜、青菜等叶菜类,在加工、调制过程中方法不当,或保存不好,发生腐烂或堆放发热,使硝酸盐还原,产生大量亚硝酸盐,羊食后引起中毒;羊过多采食含硝酸盐丰富的饲草,经瘤胃微生物作用也可生成亚硝酸盐引起中毒。亚硝酸盐被吸收后,可使血红蛋白变成高铁血红蛋白,临床上表现缺氧综合征。

【诊断】

羊在大量采食后 $0.5 \sim 4$ 小时内突然发病,本病的早期症状是尿频。病羊初期呼吸增快,以后变为呼吸困难,眼结膜发绀。脉速而弱,血液呈咖啡或酱油色。表现精神不振,肌肉震颤,站立不稳,步态蹒跚。严重时角弓反张,全身无力,卧地不起。过度流涎,呼吸困难,有腹痛。耳、鼻、四肢以及全身发凉,体温下降至常温以下,倒地痉挛,口吐白沫,常于 $12 \sim 24$ 小时内死亡。慢性中毒时,病羊出现下痢,跛行,走路拘强,虚弱,受胎率低,流产等。

【治疗方法】

首先采用特效解毒剂。常用的有亚甲蓝和甲苯胺蓝,同时配合应用维生素 C 支持疗效。1‰亚甲蓝液(亚甲蓝 1 克溶于酒精 10 毫升中,加生理盐水 90 毫升),每千克体重 $0.1 \sim 0.2$ 毫升,静脉注射;或用 5‰甲苯胺蓝液,每千克体重 $0.1 \sim 0.2$ 毫升,静脉注射或肌内注射;同时应用 5%维生素 C 液 $60 \sim 80$ 毫升,静脉注射。同时静脉注射 50%葡萄糖液 $300 \sim 500$ 毫升。在使用解毒剂的同时,可用 0.1%高锰酸钾洗胃或灌服,对重症病羊应即时输液,强心,以提高疗效。

【防治措施】

(1)改善青绿饲料的堆放和蒸煮过程。

(2)接近收割的青绿饲料不能施用硝酸盐类化肥和农药。

2. 黄曲霉毒素中毒

黄曲霉毒素中毒是由于羊采食了被黄曲霉菌污染的饲料,而引起的一种中毒性疾病。

【发病原因】

病原为黄曲霉菌。易感染黄曲霉菌的植物种子有花生、玉米、黄豆、棉籽等。发霉变质的饲料及其秸秆中含有大量的黄曲霉毒素,羊采食了发霉的玉米、豆饼等饲料即可引起中毒。

【诊断】

中毒的初期表现食欲减退和拒食,精神沉郁,反应迟钝,离群呆立,怕光嗜眠,有腹痛症状,如卧地打滚等,反刍停止,常伴有腹泻,粪便呈黄色粥样,混有大量的黏液。严重病例,粪便中带血或出现痉挛和麻痹症状。少数病例出现神经机能紊乱症状,初期兴奋,后转为抑制。孕羊发生流产或早产。

【治疗方法】

(1)对症治疗:可静脉注射葡萄糖氯化钠液 1000～1500 毫升、10%～20%葡萄糖溶液 500～1000 毫升、40%乌洛托品液 50～100 毫升的混合液,1 日 2～3 次,有强心解毒作用。病羊兴奋时,可给予溴化钠、氯丙嗪或硫酸镁等镇静剂。

(2)促进毒物排除:可放血 500～1000 毫升(放血后立即补液),内服硫酸钠或人工盐缓泻。缓泻后,灌服淀粉浆保护胃肠黏膜。

【防治措施】

注意饲料的储存,防止发霉变质,不用发霉的饲料喂羊。轻微发霉的饲料,如霉玉米应浸泡几小时后,反复多次清洗,至水无色时为止,但喂量亦不宜过大。

3. 食盐中毒

食盐是羊维持生理活动必不可少的成分之一,每天需 0.5～1 克。但是,过量喂给食盐或注入浓度特别大的氯化钠溶液都会引起中毒,甚至死亡。

【病因】

羊中等个体的中毒致死量为 150～300 克,中毒量为 3～6 克/千克体重。发生食盐中毒与否和羊的饮水量有关,若供给充足饮水,虽然食入大量食盐也可使之从肾脏和肠管排出,减少毒性。例如,喂给绵羊含 2‰食盐的日粮并限制饮水,数日后便发生食盐中毒;而喂给含 13‰食盐的日粮,让其随意饮水,结果在很长时间内并不显食盐吸收中毒的神经症状,只不过多尿和腹泻而已。食盐中毒的作用,除了剧烈刺激消化道黏膜,引起下泻,发生脱水现象、血液浓缩,导致血液循环障碍外,主要在于钠离子潴留造成离子平衡失调和组织损坏,高钠血症可造成脑水肿并引起组织缺氧,造成整个机体代谢紊乱。由于高浓度钠离子的作用,还可使中枢神经系统发生兴奋与麻痹。

【诊断】

中毒后表现口渴,食欲或反刍减弱或停止,瘤胃蠕动消失,常伴发臌气。急性发作的病例,口腔流出大量泡沫,结膜发绀,瞳孔散大或失明,脉细弱而增数,呼吸困难。腹痛,腹泻,有时便血。病初兴奋不安,磨牙,肌肉震颤,盲目行走和转圈运动,继而行走困难,后肢拖地,倒地痉挛,头向后仰,四肢不断划动,多为阵发性。严重时呈昏迷状态,最后窒息死亡。体温在整个病程中无显著变化。

【治疗方法】

(1)中毒初期,内服黏浆剂及油类泻剂,并少量多次地给予饮水,切忌任其暴饮,使病情恶化。

(2)静脉注射 10%氯化钙或 10%葡萄糖酸钙,皮下或肌内注射维生素 B_1。

(3)为抑制肾小管对钠离子和氯离子的重吸收作用,可内服溴化钾 5～10 克,双氢克尿噻 50 毫克。

(4)对症治疗,可用镇静剂,肌内注射盐酸氯丙嗪 1～3 毫克/

千克体重,静脉注射 25% 硫酸镁溶液 10~20 毫升或 5% 溴化钙溶液 10~20 毫升;心力衰竭时,可用强心剂;严重脱水时应立即进行补液。

【防治措施】

(1)提倡正确地经常加喂适量食盐。

(2)保证饮水充足。

(3)在利用含盐的残渣时,应当适当限制用量,并同其他饲料搭配饲喂。

4.棉籽饼中毒

棉籽饼中含有多种有毒的棉酚色素,长时间过量饲喂可引起羊及其他动物的中毒。

【发病原因】

棉籽饼含粗蛋白质 25%~40%,是家畜的良好精料,但棉籽饼及棉叶中含有毒棉酚。有毒棉酚称游离棉酚,是一种细胞毒和神经毒,对胃肠黏膜有很大的刺激性,所以大量或长期饲喂可以引起中毒。当棉籽饼发霉、腐烂时,毒性更大。游离棉酚通过加热或发酵,可与棉籽蛋白的氨基结合成为比较稳定的结合棉酚,毒性大大降低,游离棉酚可与硫酸亚铁离子结合,形成不溶性铁盐而失去毒性。

【诊断】

当羊吃了大量棉籽饼时,一般在第二天可出现中毒症状。如果采食量少,到第 10~30 天才能表现出症状。中毒轻的羊,表现食欲减少,低头拱腰,粪球黑干,怀孕母羊流产。中毒较重的,呼吸困难,呈腹式呼吸,听诊肺部有啰音。体温升高,精神沉郁,喜卧于阴凉处。被毛粗乱,后肢软弱,眼怕光流泪,有时还有失明的。中毒严重的,兴奋不安,打战,呼吸急促。食欲废绝,下痢带血,排尿困难或尿血,2~3 天内死亡。

【治疗】

(1)停喂棉籽饼和棉叶,让羊饥饿 1 天左右。

(2)用 0.2％高锰酸钾或 3％碳酸氢钠洗胃和灌肠。

(3)内服泻剂,如硫酸钠,成年羊 80～100 克,加大量水灌服。

(4)静脉注射 10％～20％葡萄糖溶液 300～500 毫升,并肌内注射安钠咖 3～5 毫升。结合应用维生素 C、维生素 A、维生素 D 效果更好。

【预防】

(1)用棉籽饼作饲料时,应加入 10％大麦粉或面粉煮沸 1 小时以上,或者加水发酵,或用硫酸亚铁与棉籽饼中的棉酚按 1∶1 配合,减少毒性。喂量不要超过饲料总量的 20％。喂几周以后,应停喂 1 周,然后再喂。

(2)不要用腐烂发霉的棉籽饼和棉叶作饲料。

(3)对怀孕期和哺乳期的母羊以及种公羊,不要喂棉籽饼和棉叶。

5. 有机磷制剂中毒

羊误食有机磷农药污染的饲料而发病。

【发病原因】

(1)主要由于羊只采食了喷有农药的农作物或蔬菜。当前常用的有机磷农药有 1059、1605、4049、敌百虫、敌敌畏及乐果等,羊只不管吞食了哪一种农药,都可发生中毒。

(2)喝了被农药污染的水,或者舔了没有洗净的农药用具。

(3)有时是由于人为的破坏,有意放毒,杀害羊只。

【诊断】

有机磷农药可通过消化道,呼吸道及皮肤进入体内,有机磷与胆碱酯酶结合生成磷酰化胆碱酯酶,失去水解乙酰胆碱的作用,致使体内乙酰胆碱蓄积,呈现出胆碱能神经的过度兴奋症状。

羊只中毒较轻时,食欲不振,无力、流涎。较重时呼吸困难,腹痛不安。肠音加强,排粪次数增多。肌内颤动,四肢发硬。瞳孔缩小,视力减退。最严重的时候,口吐大量白沫,心跳加快,体温升高,大小便失禁,神志不清,黏膜发紫,全身痉挛,血压降低,终至死亡。血液检查:红细胞及血红蛋白减少,白细胞可能增加。

【治疗方法】

(1)清除毒物。经皮肤染毒者,用5％石灰水或肥皂水(敌百虫禁用)刷洗;经口染毒者,用0.2％～0.5％高锰酸钾(1605禁用),或2％～3％碳酸氢钠(敌百虫禁用)洗胃,随之给予泻剂。

(2)解毒:可用解磷定或阿托品注射液。

①解磷定:按10～45毫克/千克体重计算,溶于生理盐水、5％葡萄糖液、糖盐水或蒸馏水中都可以,作静脉注射。半小时后如不好转,可再注射1次。

②阿托品:用1％阿托品注射液1～2毫升,皮下注射。在中毒严重时,可合并使用解磷定及阿托品。还可以注射葡萄糖、复方氯化钠及维生素 B_1、维生素 B_2、维生素 C 等。

③对症治疗:呼吸困难者注射氯化钙;心脏及呼吸衰弱时注射尼可刹米;为了制止肌肉痉挛,可应用水合氯醛或硫酸镁等镇静剂。

【预防】

(1)对农药一定要有保管制度,严格按照"剧毒农药安全使用规程"进行操作和使用,防止人为破坏。

(2)在喷过药的田地设立标志,在7天以内不准进地割草。

6.尿素等含氮化肥中毒

反刍动物瘤胃内的微生物可将尿素或铵盐中的非蛋白氮转化为蛋白质。人们利用尿素或铵盐加入日粮中以补充蛋白质来饲喂牛、羊,早已用于畜牧生产。但补饲不当或过量即可发生中毒。

【发病原因】

(1)由于利用尿素和铵盐(亚硫酸铵、硫酸铵、磷酸氢二铵)作为饲用蛋白质代替物时,超过了规定用量。根据试验,如给绵羊灌服尿素 8 克,即可引起死亡。

(2)由于误食含氮化学肥料(尿素、硝酸铵、硫酸铵)而引起中毒。尿素等含氮物在瘤胃内分解产生大量氨,由于氨很容易通过瘤胃壁吸收进入血液,即出现中毒症状。中毒的严重程度同血液中氨的浓度密切相关。

【诊断】

(1)尿素中毒:当羊只吃下过量尿素时,经过 15～45 分钟即可出现中毒症状。其表现为不安、肌肉颤抖、呻吟,不久动作协调紊乱,步态不稳,卧地。急性情况下,反复发作强直性痉挛,眼球颤动,呼吸困难,鼻翼扇动;心音增强,脉搏快而弱,多汗,皮温不均。继续发展则口流泡沫状唾液,膨胀,腹痛,反刍及瘤胃蠕动停止。最后,肛门松弛,瞳孔放大,窒息而死。

(2)硝酸铵中毒:中毒初期表现腹痛、流涎、呻吟;口腔发炎,黏膜脱落、糜烂;咽喉肿胀,吞咽困难,继之胀气、多尿。后期衰弱无力,步态蹒跚,全身颤抖,心音增强,体温下降,终至昏睡死亡。

(3)硫酸铵中毒:临床症状基本与硝酸铵中毒相同,但有水泻,体温常升高到 40℃左右。

【治疗方法】

(1)在中毒初期:为了控制尿素继续分解,中和瘤胃中所生成的氨,应该灌服 0.5％的食用醋 200～300 毫升,或者灌给同样浓度的乳酸;若有酸牛乳时,可灌服酸奶 500～750 克或给羊灌服 1％醋酸 200 毫升,糖 100～200 克加水 300 毫升,可获得良好效果。

(2)膨气严重时,可施行瘤胃穿刺术。

(3)对于铵盐中毒者,还可内服黏浆剂或油类,混合大量清水灌服。如吞咽困难,可慢慢插入胃管投服。

(4)对症治疗,用苯巴比妥以抑制痉挛,静脉注射硫代硫酸钠以利解毒。

【防治措施】

(1)防止羊只误食含氮化学肥料。

(2)在饲用各种含氮补饲物时,应遵守以下原则。

①必须将补饲物同饲料充分混合均匀。

②必须使羊只有一个逐渐习惯于采食补饲物的过程,因此在开始时应少喂,于10~15天内达到标准规定量。如果饲喂过程中断,在下次补喂时,仍应使羊只有一个逐渐适应过程。

③不能单纯喂给含氮补饲物(粉末或颗粒),也不能混于饮水中给予。

7. 毒草中毒

很多毒草可以使羊中毒。

【发病原因】

多因误食毒草,或有毒的植物叶子,如夹竹桃叶、苦杏树叶、霜后大麻子叶、高粱再生苗,黑斑病甘薯等而引起中毒。

【诊断】

中毒羊转圈,磨牙,肌肉和眼球震颤,四肢麻痹,口吐草沫,呕吐,胀气,下痢,喜卧阴暗处,体温升高,呼吸、脉搏加快等症状。

【治疗方法】

(1)可皮下注射1%硫酸阿托品注射液0.5~1毫升,必要时1~2小时再重复注射一次。

(2)皮下注射10%安钠咖3毫升,静脉滴注生理盐水或5%葡萄糖生理盐水500毫升,加维生素C。

(3)4%高锰酸钾或3%过氧化氢溶液洗胃。

(4)鲜鸡蛋2个,韭菜250克,加水捣烂取汁,一次灌服。

(5)绿豆250克,磨浆灌服。

(6)鲜松针 250～500 克,一次灌服,隔 1～2 小时再服 1 剂。

【防治措施】

青草春季返青时,不要割这些有毒草的牧草,以免因误食而中毒。

8.瘤胃酸中毒(消化性酸中毒)

瘤胃酸中毒,系瘤胃积食的一种特殊类型,又称急性碳水化合物过食、谷物过食、乳酸酸中毒、消化性酸中毒、酸性消化不良以及过食豆谷综合征等。

【发病原因】

(1)喂了过量精料或者泌乳期精料喂量增加过快,羊不适应而发病。

(2)精料和谷物保管不当而被羊大量偷吃。

(3)霉败的玉米、豆类、小麦等人不能食用时,常给羊大量饲喂而引起发病。

(4)肥育羊时开始以大量谷物日粮饲喂肥育羊,而缺乏一个适应期,则常暴发本病。

【诊断】

一般在大量摄食谷物饲料后 4～8 小时发病,病的发展很快。病羊精神沉郁,食欲和反刍废绝。触诊瘤胃胀软,体温正常或升高,心跳加快,眼球下陷,血液黏稠,尿量减少。腹泻或排粪很少,有的出现蹄叶炎而跛行。随着病情的发展,病羊极度痛苦、呻吟、卧地昏迷而死亡。急性病例,常于 4～6 小时内死亡,轻型病例可耐过,如病期延长亦多死亡。

【治疗方法】

本病的治疗原则是:排除胃内容物,中和酸度,补充液体并结合其他对症疗法。若治疗及时,措施得力,常可收到显著疗效。

(1)用饱和石灰水洗胃,然后灌服镁乳,约 0.3 千克的石灰(生熟均可)放入 3 千克水中,搅拌后静置 30～60 分钟,取用上清液即为饱和石灰水,用胃管灌入瘤胃内 1000～2000 毫升石灰水。并抬高羊头,以防止引起窒息或引起异物性肺炎。另有一助手在羊的左肷腹部做推压等协调动作则效果更好,洗胃完后,灌入 50～100 克的镁乳。对于重症,心力衰竭的病例,采用先强心补液后再洗胃。

(2)输液补碱,补液以 5％葡萄糖生理盐水,复方生理盐水等效果较好。在羊心脏能承受的情况下,补液量要大,尽量一次补足(一次补 1000～2000 毫升,每天可补 1～2 次),补碱用 5％碳酸氢钠溶液,每次 200～700 毫升,可与补液同时进行。如补液补碱后尿中 pH 偏酸,(小于 7)说明补碱的量还不够,仍需补碱,如尿中 pH 接近于 7 时,则说明补碱的量已经达到目的,如遇病羊发生心力衰竭等症状,在补液时适当加一些强心药物。

(3)在洗胃及补液后,灌入镁乳及石蜡油,这样可以排出瘤胃内异物和发酵饲料,同时对已损伤的胃肠黏膜有保护作用。

(4)对于多吃精料加青贮饲料引起的较轻病例,在治疗时主要采取在饲料(草)中加入小苏打粉,一般每日 50 克,拌饲喂。

(5)当瘤胃内容物很多,且导胃无法排出时,可采用瘤胃切开术。将内容物用石灰水(生石灰 500 克,加水 5000 毫升,充分搅拌,取上清液加 1～2 倍清水稀释后备用)冲洗、排出。术后用 5％葡萄糖生理盐水 1000 毫升,5％碳酸氢钠 200 毫升,10％安钠咖 5 毫升,混合一次静脉注射。补液量应根据脱水程度而定,必要时 1 日数次补液。

(6)瘤胃冲洗疗法比瘤胃切开术方便,且疗效高,常被临床所采用。其方法是用开口器开张口腔,再用胃管(内直径 1 厘米)经口腔插入胃内,排出瘤胃内容物,并用稀释后的石灰水 1000～2000 毫升反复冲洗,直至胃液呈近中性为止,最后再灌入稀释后的石灰水 500～1000 毫升。同时全身补液并输注 5％碳酸氢钠溶液。

(7)为了控制和消除炎症,可注射抗生素,如青霉素、链霉素、四环素或庆大霉素等。对脱水严重,卧地不起的羊,排除胃内容物和用石灰水冲洗后,还可根据病情变化,随时采用对症疗法。

【防治措施】

避免羊过食谷物饲料的各种机会,肥育时的羊或泌乳的羊增加精料要缓慢进行,一般应给予 7～10 天的适应期。已过食谷物后,可在食后 4～6 小时内灌服土霉素 0.3～0.4 克或青霉素 50 万单位,可抑制产酸菌,有一定的预防效果。富含淀粉的谷物饲料,每日每头羊的喂量以不超过 1000 克为宜,并应分 2 次喂给。

9. 氨化饲草余氨中毒

在推广氨化饲草养羊过程中,往往由于一部分养羊户对氨化饲草处理不当以及饲喂不善,致使羊食入或吸入过量的余氨,而引起羊氨中毒。

【发病原因】

由于一部分养羊户对氨化饲草处理不当,致使羊食入或吸入过量的余氨,而引起羊氨中毒。

【诊断】

轻症中毒的患羊表现精神滞呆,步态踉跄不稳,食欲减退,反刍减少甚至停止,口内涎液分泌增多并垂流于体外;严重中毒的患羊表现呻吟不安,全身肌肉震颤,动作失调,伴有前肢麻痹,瘤胃鼓气等症状,口内过度流涎并伴有大量泡沫,呼吸急促,以致最后倒地搐搦窒息而死亡;慢性中毒的患羊还表现肺水肿、肾炎或尿道炎以及代谢紊乱,其表现症状为尿频而有疼痛感,从尿道内排出脓性分泌物,公羊生殖器外露且呈水肿症状。

【治疗方法】

一旦发现羊食氨化饲草而发生余氨中毒症状,应立即停喂氨化饲草,并对中毒患羊实施紧急治疗措施,即用谷氨酸钠 20～40 毫升加入 10% 葡萄糖注射液 200～400 毫升给羊静脉滴注,使之与血液中的氨结合成无毒的谷氨酰胺,随尿液排出体外;属食入氨化饲草而致余氨中毒的患羊,可配合用食用醋 0.1~0.2 千克对水 5~8 倍给羊内服,以降低瘤胃内容物的酸碱度,阻止余氨继续在瘤胃中分解,避免氨被吸收及产生碱毒症。

属慢性氨中毒的患羊。除采用上述药物治疗外,还需配合给羊肌内注射抗生素类药物(如青霉素、链霉素等),防止炎症扩展以及发生继发感染;如患羊的中毒症状经过治疗得以稳定,并处于恢复期,需给羊内服健胃制剂(如陈皮酊、番木鳖酊等),以利患羊瘤胃内的微生物生态系得以恢复,促进羊的康复。

【防治措施】

(1)根据不同季节的气温条件,严格掌握好氨化饲草的发酵成熟时间,以确保氨化饲草发酵成熟,如氨化饲草采用尿素、碳铵作为氨源时,务必使其完全溶解于水中后方可使用,且发酵装池时应将氨源溶解液均匀地喷洒于饲草上,以利氨源与饲料混合均匀。

(2)氨化饲草发酵成熟后,需开封散氨后方可喂羊,一般开封散氨时间以晴天在 10 小时以上,阴雨天在 24 小时以上,且以散氨后氨化饲草仅略有氨味,不刺人眼鼻时喂羊为佳。

(3)氨化池、氨化饲草堆放处应与羊的饲养房严格隔开,羊饲喂氨化饲草时做到随用随取,并随时保证饲养房内空气流畅,谨防饲养房内氨化浓度过高,避免羊吸入余氨过多而发生中毒。

(4)未断奶的羔羊,由于瘤胃内的微生物系尚未完全形成,如羔羊一旦采食氨化饲草过多极易引起羔羊氨中毒,因此,未断奶的羔羊饲喂氨化饲草要慎重。

(四)其他疾病

1. 前胃弛缓

前胃弛缓是前胃神经肌肉感受性降低,收缩力减弱,瘤胃内容物运转迟滞所引起的一种消化不良综合征,常发生于山羊,绵羊较少。在冬末春初饲料缺乏时最为常见。

【发病原因】

主要是长期饲喂粗硬难以消化的饲草,如蒿秆、豆秸、麦衣等;突然更换饲养方法,供给精料过多,运动不足等;饲料品质不良,霉败冰冻,虫蛀染毒;长期饲喂单调缺乏刺激性的饲料,如麦麸、豆面、酒糟等。此外,瘤胃臌气、瘤胃积食、肠炎等其他内科、外科、产科疾病等,亦可继发该病。

【诊断】

该病分为急性和慢性两种。

(1)急性:食欲废绝,反刍停止,瘤胃蠕动力减弱或停止;瘤胃内容物腐败发酵,产生多量气体,左腹增大,叩触不坚实。

(2)慢性:病畜精神沉郁,倦怠无力,喜卧地;被毛粗乱;体温、呼吸、脉搏无变化,食欲减退,反刍缓慢;瘤胃蠕动力量减少。若为继发性前胃弛缓,常伴有原发病的特征症状。因此,诊疗中必须区别该病是原发性还是继发性。

【治疗方法】

本病治疗原则,首先应消除病原,加强瘤胃的蠕动功能,制止异常发酵和腐败过程。

(1)急性前胃弛缓,在初期应绝食 1～2 天,然后供给易消化饲料。

(2)药物疗法:可用人工盐 20～30 克,石蜡油 100～200 毫升,番木鳖酊 2 毫升,大黄酊 10 毫升,陈皮酊 5 毫升加水 400 毫升一次灌服。瘤胃兴奋剂可用 2% 毛果芸香碱 1 毫升皮下注射。防止酸中毒可灌服碳酸氢钠 10～15 克。也可用中药山楂、麦芽、神曲各 50 克为末灌服。

【防治措施】

主要在于改善饲养管理,合理调配饲料,不喂霉败、冰冻等品质不良的饲料,不突然更换饲料,保持畜舍卫生,及时治疗原发病。

2. 瘤胃积食

瘤胃积食即急性瘤胃扩张,亦称瘤胃阻塞。为羊最易发生的疾病,尤以舍饲情况下最为多见。山羊比绵羊多发,年老母羊较易发病。

【发病原因】

(1)吃了大量喜食的饲草、枯老硬草,或吃了不习惯的草料。

(2)长期舍饲、饮水不足、缺乏运动及忽然变换饲料。

(3)过食谷物饲料,导致机体酸中毒,亦可视为瘤胃积食的病理过程。

【临床症状】

采食、反刍停止。病初不断嗳气,随后嗳气停止,腹痛摇尾,或拱背、咩叫,病后期精神沉郁。左侧腹下轻度膨大,肷窝略平或稍凸出,触摸稍感硬实。

【治疗方法】

应消导下泻,止酵防腐,纠正酸中毒,健胃补充体液。消导下泻可用石蜡油100~200毫升,人工盐50克,芳香氨醑10毫升,加水500毫升,一次灌服。解除酸中毒可用5％碳酸氢钠100毫升加5％葡萄糖200毫升静脉注射。心脏衰弱可用10％樟脑磺酸钠4毫升,静脉或肌内注射。有腹疼症状时,可注射安痛定。若药物治疗无效,可进行瘤胃切开手术。按摩胃、洗胃、导胃也是常用的好方法。

【防治措施】

因本病主要是由于饲养管理不当引起,所以在预防上主要应从饲养管理上着手。

(1)避免大量给予纤维干硬而不易消化的饲料,对可口喜吃的精料要限制给量。

(2)冬季应给予充足的饮水,并应创造条件供给温水。尤其是饱食以后不要给大量冷水。

3. 瘤胃臌气

本病是由于过量地采食易于发酵的饲料和食物在瘤胃细菌的参与下过度发酵,迅速产生大量气体,致瘤胃的容积急剧增大,胃壁发生急性扩张,并呈现反刍和嗳气障碍的一种疾病。

【发病原因】

原发性瘤胃臌气主要是采食大量易发酵的饲料,如初春的嫩草、青贮饲料、豆科植物等。过食大量的豆饼、豌豆、雨后的青草,经霜、露、冰冻过的牧草,腐败的或含有霉菌的干草等也可引起臌气。

【临床症状】

常于采食发酵的饲料之后迅速发生。最具特征的症状是左腹部急剧臌胀,病羊表现不安,不断回顾腹部,拱背伸腰,叩诊左腹部呈现鼓音,按压时感觉腹壁紧张。病羊无食欲,反刍、瘤胃蠕动停止,黏膜发绀,心律加快,呼吸困难,站立不稳,如不及时治疗,迅速发生窒息或心脏麻痹而死亡。

【治疗方法】

根据气胀的程度采用不同的疗法。

(1)轻度气胀,可强迫喂给食盐颗粒25克左右,或者灌给植物油100毫升左右。也可以用酒、醋各50毫升,加温水适量灌服。

(2)剧烈气胀,可将羊的前腿提起,放在高处,给口内放以树枝或木棒,使口张开,同时有规律地按压左胁腹部,以排除胃内气体。然后采用以下方法,防止继续发酵。

①福尔马林溶液或来苏儿2.0~5.0毫升,加水200~300毫升,一次灌服。

②松节油或鱼石脂5毫升或5克,薄荷油3毫升,石蜡油80

～100 毫升加水适量灌服,若 30 分钟以后效果不显著,可再灌服 1 次。

③从口中插入橡皮管,放出气体,同时由此管灌入油类 60～90 毫升。

④灌服氧化镁。氧化镁是最容易中和酸类并吸收二氧化碳的药物,对治疗臌气的效果很好。其剂量根据羊的大小而定;一般小羊用 4～6 克,大羊为 8～12 克。

⑤植物油(或石蜡油)100 毫升,芳香亚醑 10 毫升,松节油(或鱼石脂)5 毫升,酒精 30 毫升,一次灌服。或二甲基硅油 0.5～1 毫升,或 2%聚合甲基硅香油 25 毫升,加水稀释,一次灌服。

(3)若病势非常严重,应迅速施行瘤胃穿刺术。方法是使羊站立,一人抓定,另一人按以下步骤进行。

①部位:穿刺术只能在左肷部进行,不需要做局部麻醉。由髋骨外角向最后肋骨引出一水平线,此线的中央即为刺入的位置。或者是从左肷部臌胀最高之处刺入。

②准备:刺入之前先将术部剪毛,涂以碘酒,用小刀在皮肤上划个十字形小口,然后刺入套管针。如果套针的尖端非常锐利,即不需要切开皮肤。

③方向:将套管针(或大号针头)由后上方向下方朝向对侧(右侧)肘部刺入,直到感觉针尖没有抵抗力时为止,方为依次穿透了皮肤、疏松结缔组织、腹黄膜、腹内外斜肌、腹横肌、腹横筋膜、腹膜壁层和瘤胃壁。

④放气:抽出套针,让气体跑出。在放气过程中,应该用手指不时遮盖套管的外孔,慢慢地间歇性地放出气体,以免放气太快引起脑贫血。泡沫性臌气时,放气比较困难,应即时注入食用油 50～100 毫升,杀灭泡沫,使气体容易放出,很快消胀。如果套管被食块堵塞,必须插入探针或套针疏通管腔。

⑤预防再发:当臌胀消失,气体已经停止大量排出时,必须通

过套管向瘤胃腔内注入 5%的克辽林溶液 10~20 毫升,或者注入 0.5%~1%甲醛溶液 30 毫升左右。不应将套管停留的时间太长,以免发生危险;同时如果已将制酵剂注入瘤胃腔,停留套管也是多余的。

⑥拔出套管:先将套针插入套管,然后将套针和套管一齐慢慢拔出,使创口易于收缩。

⑦最后用碘酒涂搽伤口,再用棉花纱布遮盖,抹以火棉胶,将伤口封盖起来。如果当时没有套管针或针头,也可以用小刀子从左肷刺入放气。在遵守无菌规则及上述操作技术的情况下,瘤胃穿刺术是简单而安全的手术,在必要时不可踌躇不定而耽误治疗。

在气体消除以后,应减少饲料喂量,只给少量清洁的干草,3 天之内不要给青饲。必要时可用健胃剂及瘤胃兴奋药。

【防治措施】

(1)在饲喂新饲料时,应该严加看管,以便及早发现症状。

(2)准备木棒、套管针(或大针头、小刀子)或药物,以适应急需,因为急性膨胀往往可以在 30 分钟以内引起死亡。

(3)不要喂给霉烂的饲料,也不要喂给大量容易发酵的饲料。

4.胃肠炎

胃肠炎是胃肠黏膜及其深层组织的重症炎症过程,羊多以肠炎为主。

【发病原因】

饲养管理不当,采食了大量的冰冻或发霉的饲草、饲料以及有毒植物,化学药品或误食农药处理过的种子等均可致病。另外,某些传染病、寄生虫病、胃肠病、产科疾病等均可继发肠炎。

【诊断】

初期病羊多呈现急性消化道不良的症状,其后逐渐或迅速转为胃肠炎的症状。病羊食欲废绝,口腔干燥发臭,舌面覆有黄白苔,常伴有腹痛。肠音初期增强,以后减弱或消失,不断排稀粪便或水样粪便,气味腥臭或恶臭,粪中混有血液及坏死的组织片。由于下泻,可引起脱水。脱水严重时,尿少色浓,眼球下陷,皮肤弹性降低,迅速消瘦,腹围紧缩。当虚脱时,病羊不能站立而卧地,呈衰竭状态。随着病情发展,体温高,脉搏细数,四肢冷凉,昏睡。严重时可引起循环和微循环障碍,搐搦而死。慢性胃肠炎病程长,病势缓慢,主要症状同于急性,可引起恶病质。

【治疗方法】

(1)口服磺胺脒 4～8 克、小苏打 3～5 克。

(2)口服药用炭 7 克、萨罗尔 2～4 克、次硝酸铋 3 克,加水一次灌服。

(3)用青霉素 40 万～80 万单位、链霉素 50 万单位,一次肌内注射,连用 5 天。

(4)脱水严重的宜输液,可用 5% 葡萄糖 150～300 毫升、10% 樟脑磺酸钠 4 毫升、维生素 C 100 毫克混合,静脉注射,每日 1～2 次。

(5)亦可用土霉素或四环素 0.5 克,溶解于生理盐水 100 毫升中,静脉注射。

【防治措施】

加强饲养管理,不喂发霉冰冻饲料,饲喂要定时、定量,饮水要清洁,保持畜舍卫生、干燥、通风,要定期驱虫。

5. 感冒

感冒是由于气候骤变,机体受寒冷的袭击而引起的鼻流清涕、流泪、呼吸加快、体表温度不均为特征的急性发热性疾病。以幼羊多发,且多发生在早春、秋末气温骤变的季节。

【发病原因】

本病是由于对羊只管理不当,因寒冷的突然袭击所致。如厩舍条件差,受贼风的侵袭;舍饲的羊只在寒冷的天气突然外出或露宿。营养不良及患有其他疾病时机体抵抗力减弱的情况下,更易发病。

【诊断】

病羊精神不振,羞明流泪,初期体温不均,耳尖鼻端发凉,继而体温升高,呼吸加快,鼻流清涕以后变为黏液性、脓性鼻液。背毛不整,反刍减少,鼻镜干燥,一般如能及时治疗可很快痊愈,否则容易继发支气管炎。

【治疗方法】

(1)肌内注射复方氨基比林 5～10 毫升或 30% 安乃近、穿心连、柴胡、安痛定均可。

(2)为防止继发感染,用青霉素、链霉素各 50 万～100 万单位加蒸馏水 10 毫升肌内注射,每日 2 次。

(3)内服感冒通片,每次 2 片,1 日 3 次。

【防治措施】

加强饲养管理,防止突然受寒,避免羊群受雨淋,圈舍要有防寒措施。

6. 中暑

中暑是羊受热或阳光直射后而引起的超过散热限度的一种疫病。

【发病原因】

中暑是日射病和热射病的总称,只是两者的致病因素不同。前者是羊在炎热的季节头部受到日光直射时,引起的脑及脑膜充血和脑实质的急性病变,导致中枢神经系统功能严重障碍的现象。后者是在炎热季节,潮湿闷热的环境中,产热多,散热少,体内积热引起中枢神经系统功能障碍的疾病。

【诊断】

(1)日射病:病的初期,精神沉郁,有时眩晕,四肢无力,步态不稳,共济失调,突然倒地,目光狞恶,神情恐惧,有时全身出汗。病情发展急剧,心力衰竭,呼吸急促,节律失调,有的体温升高,有的突然全身麻痹,常常发生剧烈的痉挛或抽搐,迅速死亡。

(2)热射病:体温急剧上升,皮温增高,全身出汗,羊群叠堆,精神恐惧,惊厥不安,都具有明显的一般脑症状,随着病情急剧恶化,心力衰竭,黏膜发绀,呼吸困难,濒于死之前,体温下降,昏迷陷于窒息和心脏麻痹状态。

【治疗方法】

(1)耳尖、尾尖、颈脉处紧急放血。

(2)将病羊移置到阴凉通风处,冷水浇头。

(3)对兴奋不安的羊只,可静脉注射静松灵2毫升,或静脉注射25%硫酸镁50毫升。

(4)生理盐水500毫升,加10%樟脑磺胺钠10毫升,静脉注射。为预防酸中毒,可静脉注射5%碳酸氢钠200毫升。

(5)藿香正气水20毫升,加凉水500毫升,灌服。

(6)西瓜2千克,加白糖100克,喂服。

【防治措施】

(1)饲槽、饮水处搭凉棚,羊舍要求通风良好。

(2)经常给羊喷洒凉水,淋浴降温。

(3)保证清洁凉水,让羊只自由饮用。如羊只出汗较多,可适当加点盐。

7. 乳房炎

乳房炎是母羊常见的一种疾病,多见于泌乳期的母羊,其临床特征为乳腺发生各种不同性质的炎症,乳房发热、红肿、疼痛,影响泌乳机能和泌乳量减少。常见的有浆液性乳房炎、卡他性乳房炎、脓性乳房炎和出血性乳房炎。

【发病原因】

乳房炎发生的大多是外伤、微生物和化学的原因所引起的。

【诊断】

临床型乳房炎的共有症状是患区红、肿、热、痛,乳量或多或少减少,乳汁变质。

【治疗方法】

全身治疗用红霉素,每千克体重 2.2～4.4 毫克;螺旋霉素 15 毫克;庆大霉素 36 毫克肌内注射;氯霉素 25～50 毫克,静脉注射;磺胺和甲氧苄氨嘧啶 50～100 毫克,静脉注射;林可霉素 10 毫升,肌内注射;泰乐霉素 120 毫克,肌内注射;口服磺胺类药物等。局部治疗:生理盐水或0.05％～1％雷佛奴尔 500～1000 毫升经乳头注入冲洗乳房,连续数次,然后注入 20 万～40 万单位青霉素或 10 万～25 万单位土霉素,连续处理2～3 天。同时辅以冷敷(炎症初期)和热敷(40～45℃)处理。

【防治措施】

(1)由于本病多数为难以诊断的隐性型乳房炎,因此良好的卫生措施及管理是防治本病的有效方法。

(2)经常修蹄,防止乳房创伤。

8.子宫内膜炎

由于分娩时或产后子宫感染,而使子宫内膜发炎。

【发病原因】

由于难产时手术助产、截胎术、子宫内翻或脱出、胎膜滞留、子宫复原不全等导致的子宫内膜损伤及感染而发生。

【临床症状】

精神沉郁,体温升高,食欲减退或废绝,反刍减弱或停止,轻度臌气、拱背、努责,从阴门内排出黏性或黏液脓性分泌物,严重时分泌物呈污红色或棕色,且有臭味,尤其卧下时排出较多。若不及时治疗或治疗不当,可转变为慢性,常继发子宫积脓、积液、子宫与周围组织粘连、输卵管炎等,发情期紊乱,屡配不孕,或受孕后又流产。

【治疗方法】

根据抗菌消炎、防止感染扩散和促进子宫收缩、排除子宫腔内渗出液的原则施治。为了消除炎症,可用氨苄西林钠肌肉或静脉注射,一次量为每千克体重2~7毫克,1日1~2次;或多四环素(脱氧土霉素、强力霉素)静脉注射,一次量为每千克体重1~3毫克,1日1次;同时磺胺甲基异■唑内服,一次量为每千克体重首次量0.1克,维持量0.05克,1日1~2次。为了促进子宫收缩和增强子宫防御机能,排除子宫腔内的渗出物,可用缩宫素(催产素)注射液皮下或肌内注射,一次量10~50单位;或用马来酸麦角新碱注射液肌肉或静脉注射,一次量0.5~1毫克。为了改善全身状况,增强心脏活动,促进子宫收缩和复原,排出子宫腔内的渗出物,可以补钙,10%葡萄糖酸钙注射液静脉注射,一次量50~150毫升;或5%氯化钙注射液静脉注射,一次量20~100毫升;但心脏极度衰弱的患羊则不宜补钙。一般不进行子宫冲洗,对全身症状严重者更禁止冲洗,以免引起子宫弛缓和感染扩散的恶果。

【防治措施】

分娩时要严格消毒,对原发病要及时治疗。

9.腐蹄病

腐蹄病是指羊蹄间发生的一种主要表现为皮肤性炎症的疾病。梅雨季节或其他潮湿多雨季节易造成本病的流行。

【发病原因】

炎热雨季,圈舍潮湿泥泞,易患腐蹄病。饲料、饲草中钙、磷不平衡致使蹄部角质疏松,以及石子、铁屑、玻璃碴等刺伤蹄部均能致病。

【临床症状】

病羊跛行,食欲减退,喜卧怕立,行走困难。蹄间常有溃疡面,严重时蹄壳腐烂变形,卧地不起。

【治疗方法】

首先进行隔离,保持环境干燥。然后根据疾病发展情况,采取适当治疗措施。

(1)除去患部坏死组织,到出现干净创面时,用食醋、4%醋酸、1%高锰酸钾、3%来苏儿或过氧化氢冲洗,再用10%硫酸铜或6%福尔马林进行浴蹄。如为大批发生,可每日用10%甲紫或松馏油涂抹患部。

(2)若脓肿部分未破,应切开排脓,然后用1%高锰酸钾洗涤,再涂搽浓福尔马林,或撒以高锰酸钾粉。

(3)除去坏死组织后,涂以10%氯霉素酒精溶液,也可用青霉素水剂(每毫升生理盐水含100～200单位)或油乳剂(每毫升油含1000单位)局部涂抹。对于严重的病羊,例如有继发性感染时,在局部用药的同时,应全身用磺胺类药物或抗生素,其中以注射磺胺嘧啶或土霉素效果最好。

(4)在肉芽形成期,可用1∶10土霉素、甘油进行治疗;肉芽过度增生时,可涂用10%卤碱软膏或撒用卤碱粉。为了防止硬物的刺激,可给病蹄包上绷带。

【防治措施】

注意饲喂适量矿物质,及时清除圈舍中的积粪尿和铁屑、玻璃等,圈门处放置10%硫酸铜溶液消毒草袋。

10.羊便秘

羊便秘是粪便在大肠内长时间积聚,水分被吸收,阻塞肠道而致病。

【发病原因】

由于肠管运动机能和分泌机能紊乱,使粪积滞而不能后移,长时间积聚,水分被吸收,而阻塞肠道;饲料中纤维物质含量过低或含有多量泥沙以及饮水不足,均可引起便秘。

【诊断】

病羊表现精神沉郁,食欲减少或消失,肠蠕动减弱或消失,口腔干燥。初期排少量坚硬而两头尖的粪球,以后排粪停止。有时出现频频弯腰、努责而不见粪便排出,头回顾腹部似有腹痛现象。体温不高,尿少色深(呈棕红色)。

【治疗方法】

(1)用硫酸镁(钠)80~100克、鱼石脂5克、酒精20毫升,用温水200毫升溶解后内服。

(2)用液体石蜡150毫升、姜酊20毫升,内服。

(3)便秘严重用泻药不见效时,可用3‰毛果芸香碱0.5毫升,皮下注射。

(4)用温皂水灌肠:灌肠时用一根细胶管,一端接上漏斗注水,另一端待水流出时插入肛门,边向直肠进水边活动胶管向直肠里推进,注入水量不限,羊努责时可让其将水排出,重新再灌,反复几次,水量可耗5000毫升以上。

【防治措施】

平时应注意粗、精饲料合理搭配,不能单独饲草,要结合喂给青贮、块根多汁饲料。供给充足的饮水,适当运动。

11. 羔羊消化不良

羔羊消化不良是哺乳期羔羊常见的一种疾病。

【发病原因】

母羊妊娠后期饲养不良,所产羔羊体形瘦弱,胃肠机能欠佳;羔羊饮食不当,如采食量过大,食物及饮水温度太低以及顶风吃食等都可引起羔羊消化不良。

【诊断】

精神不振,食欲降低,体温正常。由于消化不良,食物不能被充分消化吸收,身体逐日消瘦,全身症状轻微。

【治疗方法】

(1)将病羊置于温暖干燥处禁食 8～10 小时,饮服畜禽口服电解质溶液。对羔羊应用油类或盐类缓泻剂以排除胃肠内容物,如灌服石蜡油 30～50 毫升。

(2)10％高渗盐水 20 毫升,20％葡萄糖 100 毫升,维生素 C 10 毫升,一次静脉注射,1 日 1 次,一般 2～3 次即愈。

(3)乳酶生,1 次 2～3 片,1 日 2～3 次,连用 3～5 天;用中药治疗时可选用健胃散等均有良好疗效。

(4)为了促进消化,可一次灌服人工胃液(胃蛋白酶 10 克,稀盐酸 5 毫升,加水 1000 毫升混匀)10～30 毫升,或用胃蛋白酶、胰酶、淀粉酶各 0.5 克,加水一次灌服,每日 1 次,连用数日。

(5)为了防止肠道感染,特别是对中毒性消化不良的羔羊,可选用抗生素药物进行治疗。以每千克体重计算,链霉素 20 万单位,氯霉素 25 万～50 万单位,新霉素 25 万单位,卡那霉素 50 毫克,呋喃唑酮 50 毫克,任选其中一种灌服。或用磺胺首次量 0.5 克,维持量 0.2 克灌服,每日 2 次,连用 3 天。脱水严重者可用 5％葡萄糖生理盐水 500 毫升,5％碳酸氢钠 50 毫升,10％樟脑磺酸钠 3 毫升,混合静脉注射。中药可用泻速宁 2 号冲剂 5 克灌服,每日早、晚各 1 次。参苓白术散 10 克,一次灌服。

【防治措施】

加强饲养管理,改善卫生条件,药物维护心脏血管机能,抑菌消炎,防止酸中毒;抑制胃肠的发酵和腐败,补充水分和电能质。管理上为饲喂青干草和胡萝卜。

12. 异食癖

异食癖是指特别喜欢吃不正常的非食用品,在绵羊和山羊均可见到。

【发病原因】

矿物质缺乏,特别是钠盐不足,钠的缺乏可因饲料里钠不足,也可因饲料中钾盐过多而造成;维生素缺乏,特别是 B 族维生素的缺乏,因为这是体内许多与代谢关系密切的酶及辅酶的组成成分,当其缺乏时,可导致体内代谢紊乱;蛋白质和氨基酸缺乏。

【诊断】

羊异食癖一般以消化不良开始,接着出现味觉异常和异食症状。患羊舐食、啃咬、吞咽被粪便污染的饲料或垫草。舐食墙壁、食槽、砖、瓦块等,对外界刺激的敏感性增高,以后迟钝。被毛无光泽,贫血、消瘦。羊有时可发生食毛癖,多见于羔羊。

【治疗方法】

根据地区土壤缺乏的矿物质情况,缺什么补什么;多喂青绿饲料。

【防治措施】

(1)应根据羊的不同生长、生产阶段的营养需要,供给必需数量的能量、蛋白质、矿物质(钙、磷、钠、钾、硫)、微量元素(锌、铜、铁、钴等)和维生素(A、D、E),饲喂配合饲粮,保证营养物质的全面、科学、合理。保证羊能喝到充足的饮水。对高产羊和妊娠母羊,应注意钙质饲料的给予。

(2)喂料要定时、定量、定饲养员,不喂冰冻和霉败的饲料。在冬春季节,在饲喂青贮饲料和质量好的青干草的同时,还可加喂一些谷芽、麦芽等富含维生素的饲料。

(3)合理安排羊群的密度,搞好环境卫生,保持羊舍及运动场的干燥和清洁。

(4)让羊适当运动,多晒太阳,增强体质,注意防止胃肠炎的发生,以利于钙磷的吸收,这也是预防该病的一项重要措施。

(5)预防羊患寄生虫病,防止因寄生虫而诱发异食癖,对有寄生虫病史的羊群,定期进行驱虫。

(6)及时清除羊舍、运动场内的塑料、绳头、木片和铁钉等杂物,以免让羊误食,进而养成习惯。

(7)对于羔羊,应满足怀孕母羊的营养需要,保证胎儿正常生长发育。羔羊出生后,应尽早让羔羊哺喂足够量的初乳,提高母羊奶水品质与强化羔羊饲养管理相结合。一方面对哺乳母羊加强喂养,另一方面对哺乳羔羊提早训练采食,以弥补羔羊的哺乳不足,并在补喂羔羊的精料中适当增加骨粉、微量元素等。同时,还应让羔羊勤晒太阳。

13. 误食塑料薄膜

羊误食塑料薄膜屡见不鲜,特别是每年冬春季节更为多见。

【发病原因】

羊误吃塑料薄膜,如果治疗不当,会导致消化机能紊乱,造成羊只死亡。

【诊断】

羊误吃塑料薄膜后表现为精神沉郁,咀嚼无力,反刍时,会从口角流出带有泡沫样液体,呕吐,便秘,后期转为拉稀并带有黏液,病羊还表现为腹痛不安,呻吟,不断回顾腹部或用后蹄踢腹。静卧时大多呈右侧横卧,头颈屈曲于胸腹部,偶尔伸头展颈。

【治疗方法】

(1)排除瘤胃内容物:可用植物油 250~300 毫升或液体石蜡 500~1000 毫升,一次灌服。或者用硫酸钠(或硫酸镁)150~200 克溶于 1000 毫升温水中一次灌服。

(2)促进瘤胃蠕动:可用番木鳖酊 5~10 毫升,95％酒精 20 毫升加水 50~800 毫升一次灌服。或者用 3％毛果芸香碱 24 毫升或 0.05％新斯的明 5~10 毫升一次皮下注射,待 4 小时后重复注射 1 次,以便排出异物。

(3)防止胃肠内容物异常腐败:可用鱼石脂 10 克,溶于 20％

酒精100～150毫升内,加适量水,一次灌服。

(4)改善消化机能:可用碳酸氢钠10～25克,加适量水,一次灌服。

【防治措施】

搞好环境卫生,保持羊舍及运动场干燥和清洁。

14. 羔羊"抽风"病

新生羔羊"抽风"是一种营养性代谢障碍性疾病,多发生于3～7日龄的羔羊,10日龄以上者发病较少。本病在沿山高寒农牧区每年春季产羔期间均有发生,死亡率较高。

【发病原因】

(1)母羊怀孕期正值枯草季节,如果遇到干旱年份,由于牧草生长不良,牧草中维生素、矿物质、微量元素含量不足,导致怀孕母羊营养不良,维生素、矿物质和微量元素缺乏,不能满足胎儿生长发育的需要,从而造成新生羔羊先天性发育不良,出生后营养物质不能及时从母乳中得到相应的补充,致使新生羔羊内分泌失调、代谢紊乱而出现神经性"抽风"症状。

(2)乳汁缺乏:母羊泌乳量少或无乳;母羊母性不强或患乳房炎,拒绝给新生羔羊哺乳;新生羔羊体质太弱,不能自行吮乳,致使不能及时吃到初乳,都将无法供给新生羔羊生长发育所需的营养物质,从而使其发病。

(3)患有慢性疾病:怀孕期母羊若长期患慢性前胃疾病,影响体内维生素B族的合成,造成了母羊在怀孕期缺乏维生素B,也是诱发本病的主要原因。

【诊断】

新生羔羊突然发病,发病时头向后仰,全身痉挛,磨牙,口吐白沫,空咽,牙关紧闭,头摇晃,眨眼,躯体往后坐,共济失调,常摔倒在地上抽搐,四蹄乱蹬,口温增高,舌色深红,眼结膜呈树枝状充血,呼吸、心跳加快,症状持续 3～5 分钟。神经性兴奋症状过后,病羔全身出汗,疲倦无力,精神沉郁,垂头卧地不起,常卧于暗处,呼吸、心跳减慢,间隔十几分钟至半小时或更长时间又反复发作。后期由于阵发性间隔时间缩短,发作时间延长,终因内分泌失调,体内代谢极度紊乱,能量消耗过度,吞咽空气过量,胃迅速扩张而窒息死亡。病程一般为 1～3 天。

【治疗方法】

(1)镇静解痉:为了使羔羊保持安静,缓解肌体代谢障碍及脑缺氧,抑制病情进一步发展,应及早使用镇静剂。可用苯巴比妥钠 15～20 毫克肌内注射,使羔羊呈现深睡状态。

(2)补充复合维生素 B:用复合维生素 B 0.5 毫升给病羊肌内注射,每天 2 次。

(3)补充钙制剂:用 10% 的葡萄糖酸钙 10～15 毫升给病羊静脉注射,每天 2 次。

(4)加强护理:将发病的新生羔羊放在温暖处护理,并保持环境安静。治疗要尽量集中,以减少对病羊的干扰,病羊头部应稍垫高,以防口腔内的分泌物被吸入气管。对不会吃奶的病羊,要进行人工喂养,并按羊每千克体重静脉注射 10% 的葡萄糖溶液 50～70 毫升,每天注射 1 次,以补充病羊基础代谢所需的能量和液体。

【防治措施】

为了避免新生羔羊出现神经性"抽风"症状,养殖户应在每年秋季庄稼收获后尽量多贮备一些优质干牧草,同时在冬春季节要做好临产怀孕母羊的管护工作,多喂富含维生素的优质饲料和优质干草,使怀孕母羊在临产前能够保证胎儿生长发育所需的营养物质,从而减少新生羔羊的发病率。

第七章 羊的屠宰与产品加工

羊可以说浑身都是宝。羊肉是高蛋白、低脂肪的食物,味道鲜美,口感独特,一直深受广大消费者的喜爱,而羊毛、羊绒、羊皮等副产品也有着非常广阔的市场。在羊产业中,羊的屠宰与加工工艺具有相当重要的作用,它对于提高羊肉质量、加速羊产业进程等都有着不可替代的作用,尤其是近几年,随着大量现代化屠宰加工设备的引进,以及新技术在屠宰加工领域里的积极应用,我国的屠宰业水平大幅度提高。

第一节 羊的屠宰

目前有手工屠宰方法和现代化屠宰两种方法。羊宰杀前应进行健康检查,确诊为患病羊和注射炭疽疫苗未超过两周的羊均不能宰杀。

一、屠宰前的准备

1. 宰前检疫

活羊宰前必须进行健康检查,即宰前检疫。检查项目包括观察口、鼻、眼有无过多的分泌物,肛门周围有无粪便污染,行动是否正常,有无厌食、停食、呼吸困难、精神萎靡等现象,测量体温是否正常。诊为患传染病的羊,不能进行商品性屠宰;注射炭疽菌苗的羊,在2周内不得屠宰;被狂犬或疑似狂犬咬伤的羊,超过8天也不得屠宰。只有经过一定的观察期,临床检查健康的羊,才能进行商品性屠宰。

2. 病羊的处理

宰前检出的病羊,应根据疾病性质、病势轻重以及有无隔离条件等进行正确的处理。

(1)禁宰:对于经检查确诊为炭疽、狂犬病、羊快疫、羊肠毒血症等恶性传染病的羊只,采取不放血扑杀法。肉尸不得食用,只能工业用或销毁,对同群羊只立即测温,体温正常者在指定地点急宰,并认真检验;不正常者予以隔离观察,确认为非恶性传染病方可屠宰。

(2)急宰:确诊为不妨碍食品卫生的一般疾病或一般传染病而有死亡危险的羊只立即进行屠宰。凡疑似或确诊为口蹄疫的羊及同群羊,患布氏杆菌病、结核病、乳房炎或其他传染病及普通病的羊只均须进行急宰,宰后皮张及场地进行彻底消毒。

(3)缓宰:确诊为一般传染病并有治愈希望的羊,或疑似传染病患羊而未确诊者应予以缓宰,但应有隔离条件和消毒设备。

3. 宰前管理

(1)为获得优质羊肉,应使羊只在宰前得到充分休息,尤其是经长途运输羊只,到达屠宰场应饲养2天,以恢复路途的疲劳,有利于放血和清除应激反应,提高机体的抵抗力,减少肌肉和肝脏中的微生物数量。

(2)屠宰前12小时断食并喂1%食盐水,使畜体进行正常的生理机能活动,调节体温,促进粪便排泄,放血完全。为了防止屠宰羊倒挂放血时胃内容物从食道流出污染胴体,宰前2~4小日应停止给水。

（3）通过宰前淋浴冲洗，洗去体表污垢，减少羊体表病菌污物污染，以提高肉品质量。冬季水温接近羊的体温，夏季不低于20℃。一般在屠宰车间前部设淋浴器，冲洗羊体表面污物。

二、屠宰的工艺

肉羊的屠宰根据饲养规模及屠宰的数量分手工屠宰法和机械屠宰法两种。

1. 击晕

机械屠宰采用电麻将羊击晕，防止因恐怖和痛苦刺激而造成血液剧烈地流集于肌肉内而致使放血不完全，以保证肉的品质。羊的麻电器与猪的手持式麻电器相似，前端形如镰刀状为鼻电极，后端为脑电极。麻电时，手持麻电器将前端扣在羊的鼻唇部，后端按在耳眼之间的延脑区即可。手工屠宰法不进行击晕过程，而是提升吊挂后直接刺杀。

2. 刺杀放血

屠宰时将羊固定在宰羊的槽形凳上，或者固定在距地面30厘米的木板或石板上，在农村可用绳子拴住一个前肢和一个后肢，将两边拴在树上。宰羊者左手把住羊嘴唇向后拉直，右手持尖刀，刀刃朝向颈椎沿下颌角附近刺透颈部，刀刃向颈椎剖去，以割断颈动脉，将羊后躯稍稍抬高，并轻压胸腔，使血尽量排尽。

现代化屠宰方法将羊只挂到吊轨上，利用大砍刀在靠近颈前部横刀切断三管（食管、气管和血管），俗称大抹脖，缺点是食管和气管内容物或黏液容易流出，污染肉体和血液。

放血时间不少于3分钟。放血充分与否影响羊肉品质和贮藏性。放血完全的屠体在大管内不存有血液。内脏和肌肉中含血量少,肉色较淡。放血不完全则相反。家畜全身的血量不可能完全放尽,只能放出总血量的 50%～60%,还有 40%左右的血液仍然残留在组织中,其中以内脏器官残留较多,肌肉中残留较少。1 千克肉中残留 2～9 毫升。在放血良好的情况下,羊的放血量约为胴体重的 3.2%。

3. 剥皮

放血完毕后,应趁羊屠体还有一定的体温立即剥皮,否则尸体冷却后剥皮困难。剥皮分人工剥皮和机械剥皮。

(1)人工剥皮:先将头、蹄割下,去头是从枕环关节和第一颈椎间切断,去蹄是前肢至桡骨以下切断,后肢是胫骨以下切断。然后将腹皮沿正中线剥开及沿四肢内侧将四肢皮剥开,然后用手工或机械将背部皮从尾根、跟部向前扯开与肉尸分离。手工剥皮有拳剥法和扯皮法两种。

①拳剥法:先将头、腿皮用刀割开,然后一手拉紧皮边,一手握拳捶肉,边捶边拉,很快把皮剥完。

②扯皮法:用铁钩钩住羊上颌,将羊体悬挂在木架上,用刀剥开头部和四肢皮肤,然后将羊皮从头部向下拉至角、耳处至颈、胸,退下前腿皮,再继续拉拆至后躯,退下后腿皮,抽掉尾骨。在拆皮过程中如遇到连肉部位不好剥时,仍可用捶剥法,边捶边拆。此法剥皮十分快速,而且可保持皮张清洁,不受损伤。在剥离皮肤的过程中用拳击法,尽量少用刀剥,以免损伤皮面,皮上尽量不带肌肉。

(2)机械剥皮:在大型羊场和屠宰场,集中成批宰羊,可用专门的剥皮机剥皮。即先行手工预剥后,用机械剥皮,机械剥皮分立式和卧式两种。

①立式剥皮操作方法:当羊运行至剥皮机旁时,有操作人员1 手用铁链将尾皮套住(山羊套两腿皮),另一手将铁环挂在运行

的剥皮机挂钩上,随着剥皮机转动,将羊皮徐徐拽下。

②卧式剥皮操作方法:当预剥完的羊体运至剥皮机时,将预剥的皮用压皮装置压住,再将套着羊体两前腿的链钩挂在运转的拉链上,拉皮链运转而将皮剥下。即在活羊宰杀后,先用手工预剥再送入剥皮机,便可迅速剥下整个皮张。

4. 剖腹摘取内脏

剥皮后将屠体吊挂起来,用吊钩挂在早已固定好的横杆上,剖腹(开膛)摘取内脏。具体方法是:用刀割开颈部肌肉分离气管和食管,并将食管打结,以防在剖腹时胃内容物流出。然后用刀从胸骨处经腹中线至胸部切开胴体。左手伸进骨盆腔拉动直肠,右手用刀沿肛门周围一圈环切,并将直肠端打结后顺势取下膀胱。然后取出靠近胸腔的脾脏,找到食管并打结后将胃肠全部取出。再用刀由下而上砍开胸骨,取出心、肝、肺和气管。总之,除肾及肾脂肪外全部内脏出膛,胴体静置 30～40 分钟后称重。

5. 宰后检验

肉羊屠宰后的动物卫生检疫,以感官和剖检为主,必要时辅以细菌学、血清学、病理学等实验室检查,通过对头部、皮肤、内脏和肉尸的检验,评价肉品卫生质量的优劣。

(1)头部检查:羊头一般不检淋巴结,主要检查皮肤、唇、舌及口腔黏膜,注意有无痘疮或溃疡等病变。

(2)内脏检查

①胃肠检查:视检胃肠浆膜,剖检肠系膜淋巴结,检查食道,必要时剖检胃肠黏膜。

②脾脏检查:视检外表、色泽、大小,触检被膜和实质弹性,必要时剖检脾髓。

③肝脏检查:视检外表、色泽、大小,触检被膜和实质弹性,剖

检肝门淋巴结,必要时剖检肝实质和胆囊。

④肺脏检查:视检外表、色泽、大小,触检弹性,剖检支气管淋巴结和纵隔后淋巴结,必要时剖检肺实质。

⑤心脏检查:视检心包及心外膜,并确定肌僵程度。

⑥肾脏检查:视检外表、色泽、大小,触检弹性,必要时纵向剖检肾实质。

⑦必要时,剖检子宫、睾丸及膀胱。

(3)胴体检查

①首先判定其放血是否充分,这是评价肉品卫生质量的一个重要标志。放血不良的特征是肌肉颜色发暗,皮下静脉血滞留,肌肉切面上有暗红色区域,挤压切面有少量血液流出。肉尸的放血程度除与羊只疾病有关外,还与放血方法以及羊被宰前是否过度疲劳直接相关。如为放血方法不当所致,则在下一步工序悬挂时,残留的血液会从肉尸中流出,残留血液流净后肉色也会变得鲜艳。如放血不良是疾病所致,通常肉尸中血液不会流出,由于血红蛋白的浸润扩散,肉中血的颜色会更加明显。

②视检皮肤、皮下组织、脂肪、肌肉、胸腔、腹腔、关节、筋腱、骨及骨髓。

③淋巴结检查:剖检颈浅背(肩前)淋巴结、膝上淋巴结、腹股沟浅淋巴结、腹股沟深淋巴结,必要时,增检颈深淋巴结和腘淋巴结。

④剖检腰肌和膈肌。

(4)寄生虫检验

①囊尾蚴:主要检查膈肌、腰肌、心肌。

②住肉孢子虫:检查部位为腰肌。

(5)有毒有害腺体摘除:摘除甲状腺、肾上腺、病变淋巴结。

6.整理

(1)胴体的整理:切除头、蹄取出内脏的全胴体,应保留带骨的尾、胸腺、横膈肌、肾脏和肾脏周围的脂肪(板油)和骨盆中的脂肪。公羊应保留睾丸。然后对胴体进行检查,修刮残毛、血污、淤斑及伤痕等,保证胴体整洁卫生,符合商品要求。

(2)头、蹄的整理:主要是褪毛,有热水褪毛法和烧碱褪毛法。

①热水褪毛法:把羊头、蹄放在65℃以上的热水中浸泡2～5分钟,然后取出,用手把羊毛捋下。各角落残留的少量硬毛,可用火烧燎或用烙铁烙去。褪毛后将头、蹄用清水刷洗干净。蹄甲或羊角或用斧头或尖刀剥离。

②烧碱褪毛法:把头、蹄放在3%烧碱中浸泡,并随时检查,发现羊毛褪掉即可取出,然后把褪完毛的头、蹄放在0.1%盐酸水溶液中浸泡20～30分钟,取出后用清水反复冲洗干净。

(3)脏器的整理。

①心、肝、肾、脾的整理:主要是切除病变部位和洗净血污。

②羊肺的整理:主要是把气管剖开洗净,摘除和心脏连接处污染的杂物。

③羊肚的整理:羊的瘤胃和网胃合称为羊肚,其肉质为白色,纤维粗而坚韧,并有明显的交错层次,外表面光滑,附有脂肪,内壁覆有一层黏膜,俗称肚毛。羊肚整理主要是刮净肚毛。方法是,把羊肚放在60～65℃热水中浸烫,到用手能抹下肚毛时取出,然后将羊肚铺在案板上,用钝刀将肚毛刮掉,再用清水洗净,最后把肚面的脂肪用刀割下或用手撕下。

④羊百叶的整理:羊百叶实为羊的瓣胃,呈扁圆形,内壁由层层排列的大小叶瓣所组成。整理时,应将每个叶瓣均用水冲洗干净,然后撕下表面的脂肪。

⑤羊皱胃的整理:羊皱胃是消化吸收食料的营养器官,靠近网胃进口一端较粗大,靠近十二指肠的一端较细小,由大、中、小三个袋状物所组成。整理时,先把三袋用力划开,刮去胃壁黏膜,冲洗干净,再去掉外表面的脂肪。皱胃肉质肥美,松软,味道醇香。

⑥羊肥肠的整理：羊肥肠是指除了直肠和小肠以外的肠段。肥肠在脂肪和肠系膜的维护下，盘旋而呈圆形，故又称为"盘肠"。整理时，要顺着盘旋方向，用手把脂肪撕去，然后用较细的圆头刀按肠体顺序剖开洗净。

三、胴体分级和切块

1.胴体分级

羊屠宰后除去血、皮毛、内脏、头、蹄，所余部分称为胴体。胴体重指肉羊屠宰后，去掉头、毛皮、内脏和蹄后，静置 30 分钟后的躯体重量，它是衡量肉羊羊肉生产水平的一项重要指标。在我国南方很多地区以及国外一些国家和地区的山羊胴体是脱毛带皮的，消费者和市场均予认可，应区别对待。

将胴体进行分级，目的在于按质论价，按类分装，便于运输、冷藏和销售。

(1)国外羊胴体的分级标准：在国外，一般将羊胴体分为大羊肉、羔羊肉和肥羔羊胴体，或称大羊肉、羔羊肉和肥羊肉。大羊肉是指周岁以上羊宰杀的肉；羔羊肉指不满周岁的羊宰杀的肉，其中把断奶后 4～6 月龄的羊宰杀的肉，称为肥羊肉。

①大羊肉胴体的分级标准

一级：胴体重 25～30 千克，肉质好、脂肪含量适中，第六对肋内上部棘状突起上缘的背部脂肪厚 0.8～1.2 厘米。

二级：胴体重 21～23 千克，背部脂肪厚 0.3～0.8 厘米。

三级：胴体重 17～19 千克，背部脂肪厚 0.3～0.8 厘米。

凡不符合上述三级要求的均列为级外胴体。

②羔羊肉胴体分级标准

一级：胴体重 20～22 千克，背部脂肪厚 0.5～0.8 厘米。

二级:胴体重 17～19 千克,背部脂肪厚 0.5 厘米左右。

三级:胴体重 15～17 千克,背部脂肪厚 0.3 厘米以上。

凡不符合上述三级要求的均列为级外胴体。

③肥羔羊胴体分级标准

一级:胴体重 17～19 千克,肉质好,脂肪含量适中。

二级:胴体重 15～17 千克,肉质好,脂肪含量适中。

三级:胴体重 13～15 千克,肌肉发育中等,脂肪含量略差。

凡不符合上述三级要求的均列为级外胴体。

(2)我国制定的羊肉分级标准包括 1988 年的鲜冻胴体羊肉标准(GB 9961-88)和 1986 年的出口冻羊肉标准(ZBX 22004-86)。

①鲜冻胴体羊肉标准(GB 9961-88):本标准包括绵羊和山羊胴体,共分 3 个等级。

一级:绵羊胴体重 15 千克以上,山羊胴体重 12 千克以上。肌肉发达,全身骨骼不突出(小尾寒羊肩隆部之脊椎骨棘突稍突出);皮下脂肪满布全身(山羊的皮下脂肪层较薄),臀部脂肪丰满。

二级:绵羊胴体重 12 千克以上,山羊胴体重 10 千克以上。肌肉发育良好,除肩隆部及颈部脊椎骨棘突稍突出外,其他部位骨骼均不突出;皮下脂肪满布全身(山羊为腰背部),肩部颈部脂肪层较深。

三级:绵羊胴体重 7 千克以上,山羊胴体重 5 千克以上。肌肉发育一般,骨骼稍显突出,胴体表面带有薄层脂肪;肩部、颈、荐部及臀部肌膜露出。

②出口冻羊肉标准。本标准所列羊肉为绵羊肉和山羊肉,共分 3 级。

一级:肌肉发育良好,肩隆部脊椎骨棘突稍外露,皮下脂肪布满全身,肩、颈部脂肪允许较薄。

二级羊肉:肌肉发育中等,肩隆部及背部脊椎骨棘突稍外露,背部布满薄层皮下脂肪,腰部及肋侧稍有脂肪分布,荐部及臀部肌膜突出。

三级羊肉：肌肉发育较差，骨骼显著突出，胴体表面常有不显著的脂肪，有的肌肉发育尚好者亦可不带脂肪。

2. 切体切块及分割肉等级划分

(1)羊肉的分割：胴体不同部位的肌肉、脂肪、结缔组织及骨骼的组成是不同的，这不仅反映了可食部分的数量，而且肉的品质和风味也有所差异。胴体切块的目的是通过测定不同部位肉所占的比例，来评定胴体优质肉块的比例，能进一步表明整个胴体的品质和实现销售中的优质优价。目前，羊胴体的切块分割法有2段切块、5段切块、6段切块、8段切块法四种，其中以5段切块和8段切块最为实用。

①2段切块法：两段切块就是将胴体分切成前躯和后躯两部分，其切割分线是在第十二至十三对肋骨之间，在后躯段保留一对肋骨。

②5段切块法：此法将羊的胴体切成后腿肉、腰肉、肋肉、肩颈肉和胸下肉五个部分(图7-1)。

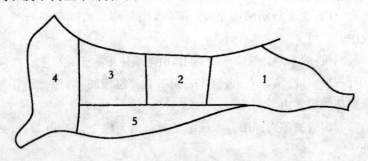

图7-1　羊胴体的5块剖分

1. 后腿肉　2. 腰肉　3. 肋肉　4. 肩颈肉　5. 胸下肉

胸下肉：沿肩端胸骨水平方向切割下的胴体下部肉，还包括腹下肉无肋骨部分和前腿腕骨以上部分。

肩颈肉：由肩胛骨前缘至第四、五肋骨垂直切下的部分。

肋肉：由第四、五肋骨间至最后一对肋骨间垂直切下的部分。

腰肉：由最后一对肋骨间，腰椎与荐椎间垂直切下的部分。

后腿肉：由腰椎与荐椎间垂直切下的后腿部分。

③8 段切块法：此法将胴体切成肩背部、臀部、颈部、胸部、腹部、血脖、前小腿和后小腿八个部分（图 7-2）。

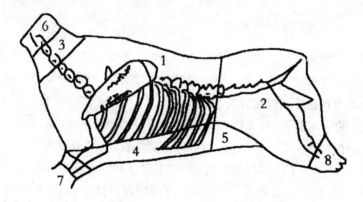

图 7-2　羊胴体的 8 块剖分

1. 肩背部　2. 臀部　3. 颈部　4. 胸部

5. 腹部　6. 血脖　7. 前小腿　8. 后小腿

（2）分割肉等级划分：胴体各切块部位最好的肉为后腿肉和腰肉，这两部分占胴体肉的 1/2 左右；颈间肉也较好；其次为肩肉、肋肉、胸肉，再次为腹下肉。按商品性评价，分割肉分为 3 级。

一级肉：后腿肉（占 30.65%）和腰肉（占 17.64%）两部位合占胴体净肉的 48.29%。

三级肉：肋肉（占 15.38%）和肩颈部肉（占 27.28%）两部位合占胴体净肉的 42.66%。

三级肉：腹下肉，约占胴体净内的 8.55%。

四、羊肉的低温贮藏

在众多贮藏方法中低温冷藏应用最广泛、效果最好、最经济的方法。它不仅贮藏时间长而且在冷加工中对肉的组织结构和性质破坏作用最小,被认为是目前肉类贮藏的最佳方法之一。羊肉也同样采用低温储藏的方法来延长保质期。

1. 羊肉的冷却与冷藏

羊肉的冷却是采用冷气流环境,将热鲜肉深层温度快速降低到预定温度(0~4℃)而不使其结冰的加工方法,此肉称为冷却肉。冷却肉日益受到消费者的普遍欢迎。

(1)羊肉的冷却方法和条件:冷却间温度为-1~3℃,肉品进入后保持0~3℃,8~10小时降至0℃左右,相对湿度为95%~98%,随肉温下降,其相对湿度稍有下降,约为92%左右需12小时,后腿肌深层温度可达0~6℃,片肉间隔保持3~4厘米距离,羊片肉采用吊笼式冷却。

为了防止羊肉冷收缩的发生,在羊肉胴体的pH高于6.0以前,肉温不要降到10℃以下。实际操作中将屠宰的羊胴体,送入设有良好通风和降温设备的冷却室,室内温度-3℃,经24~28小时,肉表面形成一层干燥层,胴体深处温度为2~4℃。

冷却过程中,应注意在吊轨上的羊胴体,要保持3~5厘米的间距。轨道负荷每米定额以半片胴体计算为10片(150~200千克)。此外在平行轨道上,按品字形排列,以保证空气的流通。

(2)冷却羊肉的储藏:冷藏环境的温度和湿度对储藏期的长短起决定的作用,温度越低,储藏时间越长,一般以-1~1℃为宜,相对湿度85%~90%,保存期20天。若延长保存期,室温应更低。温度波动不得超过0.5℃,进库时升温不得超过3℃。

我国北方无冷库设施的一些高寒牧区,初冬屠宰羊只时,为减少损失,实行就地屠宰和自然冷却。自然冷却是将屠宰的胴体平放堆垛,置于阴冷处,要求当地气温一般-20℃左右,在肉垛上泼水使之冷冻,上面遮盖,做短期储存后,陆续调往外地。此种方法也称自然冷却保存。

(3)冷却羊肉冷藏期间的变化:冷藏条件下的羊肉,由于水分没有结冰,微生物和酶的活动还在进行,所以易发生干耗,表面发黏、发霉、变色(若贮藏不当,羊肉会出现变褐、变绿、变黄、发荧光)等,甚至产生不好的气味。

冷藏过程中可使肌肉中的化学变化缓慢进行,而达到成熟,目前羊肉的成熟一般采用低温成熟法即冷藏与成熟同时进行。在0~2℃,相对湿度86%~92%,空气流速为0.15~0.5米/秒,羊肉的成熟时间大约两周。

研究表明,冷收缩多发生在宰杀后10小时,肉温降到8℃时出现。这是屠宰后在短时间进行快速冷却时肌肉产生强烈收缩。这种羊肉在成熟时不能充分软化。

2. 羊肉的冷冻储藏

(1)羊胴体的冻结:通常是在冷却加工基础上再进行的冻结加工。片肉经上述冷却后,通过轨道吊挂滑入急冻间进行急冻,急冻间温度为-23~-25℃风速为1~3米/秒;经18~24小时,可使肉深层降至-15~-17℃。即可转入冷冻低温储藏间储存。也可在较低的温度下冻结,其肉组织冰晶小,肉质储存期长。

在国外采用低温-30~-40℃,相对湿度95%,风速2~3米/秒下冷冻,使肉温快速降至-15~-18℃。但过热的肉进行急冻,也不能使深层快速冻结。

(2)羊胴体的冻藏:根据肉类在冻藏期中脂肪、蛋白质、肉汁损失情况以及在什么温度下储藏最经济来看,肉类冷冻到-18~

—20℃,对大部分肉类来讲是最经济的温度,在此温度下,肉类可以耐半年到一年的冻结储藏,保持其商品价值。羊胴体的冻结点为—1.7℃,冻藏温度为—18～—23℃,相对湿度90%～95%,可保存8～11个月。

冻藏时将羊胴体的二分体,按照一定容积分批分级堆放在冷库内。肉堆与周围墙壁和天花板之间保持30～40厘米的距离,距冷排管40～50厘米,肉堆与肉堆之间保持15厘米,在冻藏室中间应保持车的通道,一般在2米左右。

分割包装冷藏为近年来发展的冷冻保藏方式,其优点是减少干耗。防止污染,提高冷库的冷藏能力,延长储藏期及便于运输等。具体做法是将修整好的肉放在平盘上先送入冷却间进行冷却,0～4℃预冷24小时,使肉温不高于4℃。然后进行包装。使用纸箱或聚乙烯塑料包装。包装好后送入冷冻间—18～—25%冷冻70小时,使肉温达到—15℃以下。最后送冷库冻藏,库温—18～—23℃,相对湿度95%～90%,使空气自然循环。

第二节　羊皮的加工

肉羊屠宰后剥下的鲜皮,在未经鞣制以前都称为"生皮",生皮分毛皮和板皮两类。带毛鞣制的生皮为毛皮,羊毛没有实用价值的生皮叫作板皮,板皮经脱毛鞣制而成的产品叫作"革"。

毛皮又分为羔皮和裘皮两种。羔皮和裘皮,主要是根据羊只屠宰时的年龄而划分的。凡从流产或出生1～3天内的羔羊所剥取的毛皮,称为羔皮。而从出生后1月龄以上的羊只所剥取的毛皮均称为裘皮。羔皮一般是露毛外穿,用以制作皮帽、皮领和翻毛大衣等。裘皮主要用来制作毛面向里穿的衣物,用以御寒,因此要求保暖、结实、美观、轻便。

一、生皮的初步加工

肉羊屠宰后剥下的生皮,大部分不能直接送制革厂进行加工,需要保存一段时间。为避免生皮腐败,便于储藏和运输,必须进行生皮的初加工。生皮初加工包括生皮的清理和生皮的防腐两方面。

1. 生皮的清理

生产中生皮上常有污泥、粪便、残肉、脂肪和耳、蹄、骨、嘴唇等,这些杂物的存在,易引起皮张的腐败,所以要进行生皮的清理。清理的方法一般是先割去蹄、耳、唇等,再用削刀或铲皮刀除去皮上残肉和脂肪,然后用清水洗净黏在皮上的脏物及血液等。

2. 生皮的防腐

剥下的生皮在冷却之后,应立即进行防腐处理。防腐的原理是,通过一定的方法,在生皮内外造成一种不适宜细菌和酶作用的环境,以阻止细菌和酶对生皮的作用。目前国内常用的防腐方法有四种。

(1)干燥法:将生皮晾干到水分含量 12%～16%,使其不利于细菌的繁殖。实践证明,生皮干燥的最适宜温度是 20～30℃,温度低于 20℃,水分蒸发缓慢,干燥时间长,生皮易遭腐烂。温度高于 30℃,皮板表面水分蒸发过快,造成皮表面收缩或使胶原胶化,阻止内层水分继续蒸发而使生皮形成外干内湿状态,若内层遭受细菌破坏,则在浸水时发生分层现象,影响皮的质量。此外,高温干燥还可能使胶原发生不可逆变性,干燥不均匀,而不利于进一步的加工操作。

影响生皮干燥的因素还有生皮干燥所处的场所及其空气湿

度。生皮干燥的场所,必须通风良好,悬皮方向要顺着空气流向,皮与皮之间保持适当间隔(12～14厘米),以使全皮能均匀干燥。场所内的空气相对湿度应保持在45％～60％,以有效防止生皮腐败而干燥时间又不太长。湿度大于60％,即使干燥很长时间,皮板仍呈湿润状态,湿度为65％～70％和温度为15～25℃时,皮板干燥缓慢,常发生霉烂。干燥法的优点是操作简单,加工时间短,经济实用,皮板洁净,便于储藏和运输。缺点是皮板僵硬,容易折裂,储藏时易遭虫蛀,干燥过度的生皮,难以浸软,对加工有一定影响。

(2)盐液法:用食盐或盐水处理生皮,借以延长毛皮保存期的方法。本法又分为干盐腌法和盐水腌法两种。

①干盐腌法:将纯净而干燥的盐均匀地撒布生皮内面上,盐的用量为皮重的35％～50％。首先使盐溶解于皮板表面的水分中,形成饱和溶液,然后逐渐渗入皮内,把皮内水分排斥到表面,水又溶解盐,形成较浓的盐溶液,又渗入皮内,这种溶解和渗入的过程连续进行,直到皮内外盐溶液浓度相等,即达到平衡(需6～8天)。为了加强防腐效果,可添加相当于盐重1％～1.5％的对氯二苯或2％～3％的萘做防腐剂。

②盐水腌法:先在容器内配制浓度为24％～26％的食盐溶液,将生皮置于其中,浸泡16～26小时,每隔6小时添加食盐,以保持其规定浓度。食盐溶液的最适温度为15℃(不得超过20℃,不得低于10℃)。然后将皮取出,滴液48小时,再用生皮重20％～25％的干盐按干盐腌法重压堆置。

盐水腌法与干盐腌法相比,盐渗透迅速而均匀,细菌和酶作用停止快,不会出现掉毛现象,皮上无用蛋白质很快溶解于盐液中而被除去。因此,盐水腌过的皮更耐储藏。鞣制正常的毛皮,其皮板呈灰色,紧实而有弹性,湿度均匀,毛被润湿良好。但盐水腌法盐的消耗量大,劳力消耗也大。

（3）冷冻法：指用低温抑制酶和微生物活动而达到防腐目的的方法。先将生皮皮板朝上平铺于冷冻场上，待冷冻后堆垛，并用苫布密封，谓自然冷冻法。它适用于我国北方冬季严寒地区，成本低，但要注意当地气候特点，最好选在背阴处。其他地区或北方其他季节可采用人工冷冻，如选用冷库，要注意控制温、湿度。采用冷冻法防腐要注意，冷冻和解冻两个环节都要快速进行，以免形成冻糠板。

（4）铵盐法：用氯化钠、氯化铵和铝明矾按一定比例配成的混合物处理生皮而达到防腐目的的一种方法。具体方法是将混合物均匀撒布在皮张板面并稍加揉搓，然后毛面向外，折叠成方形，堆置 7 天左右。混合物的配比为氯化钠 85％，氯化铵 7.5％，铝明矾 7.5％。

3. 生皮的储藏与运输

生皮经过防腐或晾干之后，可将其板对板、毛对毛，用细绳捆成小捆，加上防虫剂（如精萘粉、卫生球等），然后在专门地方进行堆放和短期保存。毛皮堆表面要用塑料布遮盖，以防落上尘土而影响毛皮质量。应选择在防雨、防潮、防晒和无鼠害的室内堆放生皮，不能将生皮放置在露天场所。不能让生皮接触地面，应在生皮下面垫上木条、席子或其他防潮物品。生皮要离墙及地面 10～20厘米，以防霉烂。在专门储藏生皮的仓库内，羊皮堆叠的行列之间，应留有通道，以使空气流通。此外，堆叠的皮张要定期上下调换位置，以防潮湿。若堆放的室内墙壁有小孔或地面有洞穴，应严加堵塞，以防鼠患。

在没有加工鞣制设备的条件下，羊皮不宜长期存放，要及时出售和调运，在调运过程中应注意防潮。潮湿的毛皮，要待干燥后再行发运，以免发热受损。在运输过程中应将毛皮（使毛被向里，皮板向外）用绳捆好，每捆重约 80 千克，以便运输。生皮在起运和到达终点的地方,必须经过当地畜牧部门的严格检疫,取得有效证明,才可运输或入库。

二、羊板皮的加工技术

肉羊板皮在解剖学上由表皮、真皮和皮下组织构成。真皮层又可分为乳头层和网状层,乳头层在上面,表面部分形成很多乳头状突起,组织特别坚实细致,是制革的主要部分。革表面的好坏与乳头层有密切关系。乳头层下部是网状层,构成这一层的胶原纤维比乳头层的粗大,组织更复杂,更紧密,是真皮中最紧密、最结实的一层,皮革制品的强度由本层决定。真皮层的下部与肌肉相连接的一层称皮下组织,富含脂肪,由疏松结缔组织构成,往往带有少量肌肉,在鞣制的准备工序中被削除,是制革上的无用部分,但可作为制胶的原料。

板皮的鞣制加工板皮的鞣制加工方法很多,大多是以所使用药品的名称来命名,主要有铬鞣制法,脲醛树脂鞣制法、明矾鞣制法和酸酵鞣制法等。

1. 铬鞣羊皮

铬鞣羊皮的特点是抗水抗温性能好,水洗后不产生脱鞣现象,收缩温度转高;抗张强度转高;可长期保存,稳定性较好;毛被紧密,毛和皮板结合牢固;皮板较厚,出皮率较小;皮板带色。

(1)选料:剔除不完整皮和烂板皮,有脱毛和顶线(毛柱稍有绒线),疥癣和痘病等损伤的皮板另行加工处理。

(2)回潮(回湿或回软):目的是使干燥毛皮得到适当水分,以利于以后工序的操作。用每升 60 克食盐水溶液回潮。液体温度夏季用常温,冬季 35～40℃。

(3)剥腿:剥去无用的腿皮,但不能伤料。

（4）抓毛、剪毛：用机器或手工机械抓开毛黏块，去掉杂质和脱毛，必要时剪除毛梢，使绒毛蓬松干净，防止以后湿操作时出现毛疙瘩。

（5）浸水：把原料皮放入水中或加促进剂如酸、碱、盐等进行处理。目的是初步洗去皮板上的污物和防腐剂，溶解生皮中可溶性蛋白质，使生皮的充水度和组织结构接近鲜皮状态。设备用水池或装有动力划板的循环流动划槽。用洗皮的旧液浸水，每张需 30 升水，液温 $18\sim20℃$，浸水时间 $16\sim24$ 小时，中间划动 $3\sim4$ 次，每次 $3\sim5$ 分钟。

（6）脱脂（洗皮）：毛皮的真皮和毛被中含有大量的脂肪类物质，分别可达 $30\%\sim10\%$。除去过多的脂肪以利于鞣制时纤维组织的湿润和药物进入真皮，防止成品发硬、染色不匀、污染皮毛和制面衣料，影响毛的洁白和光泽。设备用划槽或水池。洗液用洗衣粉（每升 4 克）、纯碱（每升 $0.5\sim1$ 克）。液比每张 30 升，液温 $42\sim44℃$，洗涤时间为 1 小时。

（7）二次浸水：时间 $12\sim16$ 小时，常温，夏季加防腐剂。其他同（5）。

（8）去肉屑：用机器或手工刮除残肉。

（9）三次浸水：方法同（7）。

（10）二次去肉屑：方法同（8）。

（11）二次脱脂：洗衣粉每升 25 克，纯碱每升 0.3 克，温度 $40\sim42℃$，时间 $30\sim40$ 分钟。其他同（6）。

（12）分路：将浸水不足的挑出重新浸水。

（13）软化（酶软化）：经酶软化后可使皮板柔软，出材率大和重量轻。用"1398"蛋白酶（酸性酶）每毫升 $7\sim10$ 单位，硫酸每升 1.5 克，食盐每升 40 克，芒硝每升 50 克，温度（下皮之前）$38\sim42℃$，pH2.5$\sim$3.5，液比每张 30 升，时间 $6\sim8$ 小时。按酶液配制要求，在上述的温度下将除酶以外的全部材料入池搅匀，待全部溶化后,另用 35℃水将酶溶解后入池,搅拌 2～3 分钟后加入皮张。软化期间间歇划动 1～2 次,严格控制温度,注意检查软化程度。用手指轻推后肷部,针毛如有轻微脱落现象,即为软化完成。立即出皮,及时转入下道工序。

(14)浸酸:把毛皮放在酸液中处理的过程叫浸酸。浸酸的目的是终止酶继续作用,为铬鞣准备适宜的条件,使 pH 值从 7～8 降至 3 左右,防止铬盐沉淀和表皮过鞣内层铬少,使皮板发硬,利于铬盐渗透与结合。每升加硫酸 1.5 克,温度 35～38℃,时间 22～24 小时。浸酸要求达到皮板纤维松散为止。

(15)鞣制:设备用划槽。每升鞣液加三氧化二铬 5 克,食盐 35 克,芒硝 40～60 克。液比每张 22～25 升,温度 30～35℃,时间为 44～48 小时,pH(出缸)3.3～3.5。24 小时后开始加碱,分 6 次加,碱量视 pH 而定,控制 pH 在 2.8～4 之间。加碱时先用碱量的 20～30 倍水溶解,边搅拌边加入。加碱前 pH 控制在 2.5～2.9 之间。

(16)静置。

(17)水洗、中和:水洗目的是除去皮板和毛被上的部分中性盐、游离酸,未结合的鞣剂和其他杂质,使毛被洁净、重量减轻、产品质量稳定。每升用硫酸 0.1 克,时间 10～20 分钟。

(18)干燥:使毛皮水分降到 12％～18％,利于以后在干的情况下操作,干燥过程可使鞣质进一步固定,使油脂均匀地分布于真皮中。可用自然干燥或人工干燥法。干燥至八、九成,干燥均匀即成。

(19)回潮:用含水分 20％～30％的锯木在转鼓中与毛皮一起滚转,使毛皮回潮。或用喷水法回潮。方法是用 35～40℃温水均匀地喷在板面上,然后板对板堆放,周围盖好。24 小时后检查,以皮板能拉开呈白色为宜,不匀处补充喷水,使均匀为止。

(20)匀软和磨里:目的是使干燥过程中"黏结"纤维松散和伸

展,去掉皮板上的肉渣,使皮板变薄变轻,厚薄一致。用铲刀、勾刀、勾软机和磨里机人工或机器完成。

(21)起油(脱脂):将汽油涂刷在皮板上,投入滑石粉,在转鼓中转动4小时。大油皮用轻汽油萃取脱脂。

(22)漂洗:在划槽中进行。液比每张30升。每升用洗衣粉4克,纯碱1克。液温50℃,时间为1小时,pH 9.5～10。

(23)干燥。

(24)回潮、拉伸:可钉板拉伸、铲刀铲伸或用机器拉伸。

(25)打毛整修:打毛目的是去掉毛中锯末灰尘,毛被清洁散开。梳顺毛被,梳开毛结,除去浮毛。剪除毛梢使毛被平整,达到一定长度,至此即为成品。

2. 脲醛树脂鞣法

脲醛鞣剂(或脲环鞣剂)可鞣制多种毛皮。其鞣制的羊皮质量特点是毛、板洁白,色质自然,经久不变;无灰和无酸臭味,不吸潮,耐水洗,重量轻,抗张力强;丰满,柔软,手感好,出材率大。

(1)浸水:液比每千克皮16升水,常温,时间为20～24小时。

(2)打浑:在划槽内进行。液比每千克皮10升水,温度42℃,30～40分钟。其中利用旧液第一次打浑15～20分钟,新水第二次打浑15～20分钟。换新水浸泡21小时。

(3)去肉。

(4)脱脂:在划槽内进行。液比每千克皮10升水。脱脂液配比为每升水加纯碱0.5克、洗涤剂5克。温度42℃,时间20～30分钟。

(5)酶软化:液比每千克皮8升水,"1398"酶每毫升加10单位,每升加纯碱0.4～0.6克(视pH值而定),pH为7.0～7.5,温度40℃,时间3～4小时。

(6)浸酸:液比每千克8升,每升加食盐40克,芒硝50克,硫酸 6 克,J.F.C 渗透剂 0.3 克,温度 36～38℃,时间为 48 小时。

(7)鞣制:液比每千克 8 升。鞣制液配比为每升水加芒硝 40 克,脲醛树脂 8 克,食盐 30 克,小苏打 2 克,J.F.C 0.3 克。温度 36～38℃,下皮后两小时 pH 为 6.5,出皮时 pH 为 8.0～8.5,时间 48 小时。用纯碱分 3 次调 pH,前二次每升各加 1.5 克,第三次视 pH 而定。下皮 2 小时后加入脲醛树脂。

(8)中和:每升用明矾 10 克,硫酸 0.5～0.8 克。温度 36～38℃,中和后 pH 为 4.0～4.2,时间 24 小时。

(9)干燥。

(10)回潮。

(11)拉软、摔软、铲软、整理:即为成品。

((9)、(10)、(11)参照"铬鞣鞣制法"。)

3. 明矾鞣制法

(1)浸水:将收集的羊皮等原皮放入 15～18℃的温水中,浸泡 1～2 天,将附在皮上的血液、粪便等污物清除干净。

(2)削里:在长 1.5 米的半圆木上铺层厚布,将软化后的羊皮肉面向上平铺在半圆木上,用弓形刀刮去附着在肉面的残肉、脂肪等。

(3)脱脂:肥皂(切成薄片)3 份、碳酸钠(纯碱)1 份、水 100 份,投入锅中煮沸,待肥皂片溶化后晾凉待用。将毛皮放于一容器中,加入湿皮重量 4～5 倍的温水,再加入上述配好待用的混合液 5%～10%,控制水温在 38～42℃,充分搅拌 5～10 分钟。重新换洗液,再搅拌,直到除去毛皮油脂气味,溶液中的肥皂泡沫不再消失为止。

(4)水洗:脱脂后的毛皮立即投入清水中漂洗 2～3 次。

(5)鞣制:将 4～5 份明矾用温水溶解,再加入食盐 3～5 份,水 100 份混匀,配成鞣液。按湿皮 1 份,鞣液 4～5 份的比例将二者置于缸中充分搅拌,每天早、晚各搅拌 30 分钟,经 7~10 天鞣制结束。鞣好后毛皮肉面不需洗涤,仅将毛面用水冲一下即可。

(6)加脂:肥皂片 10 份,水 100 份共煮,肥皂片溶化后徐徐加入 10 份蓖麻油,搅拌使蓖麻油充分乳化,制成乳液。将脂液涂于半干状态的毛皮肉面,使肉面与肉面重叠,放置一夜。

(7)回潮:将鞣液涂布在干燥好的肉面上,再把毛皮的肉面与肉面重合,用油布或塑料布包扎后压上石块,放置一夜,使毛皮均匀吸收水分。

(8)整形:将加潮后的毛皮毛面向下铺在半圆木上,用钝刀刮软。然后将毛皮钉在木板上伸展开,阴干,充分干燥后用浮石或砂纸将肉面磨平,然后取下修整边缘。最后用梳子梳毛,修剪整齐即可。

4. 酸酵鞣制法

(1)毛皮的清洗:先将毛皮用水浸泡,使毛皮变软,恢复生皮状态,冲洗几次后加肥皂、洗衣粉或洗涤用碱浸泡。洗衣粉等的浓度不宜过大,浸泡的时间不能太长,一般浸泡 10 分钟左右。浸泡时,去掉皮板上的结缔组织,脂肪多的毛皮可在 35℃ 左右的温水中加洗衣粉洗 2~3 次,然后用清水冲净。晾晒时将毛皮拉展,毛向上,等毛基本晒干时再晒皮板,直至晒干。

(2)鞣液的配制:先配 5% 的食盐冷开水溶液备用,然后将发酵变酸的元麦粉或黄粉倒入食盐冷汗水溶液中搅拌均匀冷却,即成鞣液。发酵变酸的元麦粉或黄粉与食盐溶液的配比为 1:5 左右。如需连续使用时,只要在浸泡毛皮前加些元麦粉和食盐即可。

(3)鞣制:将洗净晒干的毛皮浸泡在鞣液中,鞣液的用量以浸没皮子为宜。气温 20~25℃ 时露放在外,晚上加盖,白天晒太阳,每天中午将皮子逐张上下翻动 1~2 次。判断毛皮是否鞣制好的标准是用手指甲在毛皮的腋部毛面刮一下,若表皮易脱落,说明已经鞣制好了。小羔皮的鞣制时间一般在 1~2 周。取出鞣制好的毛皮放在清水里浸泡 0.5 小时左右,洗掉面粉和盐分,洗净后晒干(方法同"毛皮的清洗")。

(4)揉软:揉皮时先在皮板上喷洒少量水,或将皮子放在较潮湿的地方让其回软,然后用手直接操作或用钝刀、铁片轻轻揉刮皮板,去掉皮板上在清洗过程中没有去净的结缔组织、肌肉、皮屑等。可以边擦边晒,但要防止暴晒。最后用光石打磨头、颈、肢的皮边。这样触感良好的毛皮就鞣制好了。鞣制后的毛皮皮面洁净、柔软、延伸力较强,有良好的触感。

5. 板表的质量标准

特等:板质良好,在重要部位允许带 0.2 平方厘米(如绿豆粒大小)伤痕一处,或板质尚好,重要部位没有任何伤残或缺点,可在接近两肷的边缘规定部分带有小的(0.2 平方厘米)伤痕一处。面积在 0.44 平方米以上。重量在 600 克以上。

一等:板质良好,在重要部位允许带 0.2 平方厘米绿豆粒大小)伤痕一处,或极质尚好,重要部位没有任何伤残或缺点,可在接近两肷的边缘规定部分带有小的(0.2 平方厘米)伤痕。面积在 0.23 平方米以上。重量在 325 克以上。

二等:板质较弱,或具有一等皮板质的轻烟熏板、轻冻板、轻疥癣板、钉板、回水板、死羊淤血板、老公羊皮,都可带不超过全皮面积的 0.3% 伤残;具有一等皮板质可带不超过全皮面积的 1% 的伤残;有集中疔、痘总面积不超过全皮面积的 10%,制革价值不低于80%。面积在 0.23 平方米以上。重量在 300 克以上。

三等:板质瘦弱,允许带超过全皮面积的 5% 的集中伤残;或具有二等皮板质的冻板、陈板、疥癣板、烟熏板、回水板,都允许带不超过全皮面积 10% 的集中伤残;具有一等皮板质,允许带伤残不超过全皮面积的 25%,制革价值不低于 60%。面积在 0.23 平方米以上。重量在 250 克以上。

第三节　肠衣的加工技术

肠衣是羊的主要副产品之一，也是我国传统的出口商品，早在 20 世纪初即开始出口，远销欧美各国。我国肠衣的特点是口径大小适宜，两端粗细均匀，颜色纯净透明，薄膜结实坚韧，富有弹性，经过高温蒸、煮、熏等工序均不会破裂，用它制成的各种香肠、腊肠、灌肠等产品，能长时间保持不变质、不走味。因此，我国肠衣在国际市场上享有很高的声誉，每年出口量占国际市场肠衣总贸易量的 60% 以上。

1. 肠衣的基本特征和品质要求

羊的小肠、大肠、直肠等，经过加工，除去各种不需要的组织后剩下一层有韧性的半透明薄膜，通称为肠衣。

在加工过程中，肠衣分为原肠、半成品肠衣和成品肠衣三种。

屠宰后将羊肠子取出，经过清理粪、尿，清洗干净等工序处理后，即为原肠。原肠的胸壁从里到外由黏膜层、黏膜下层、肌肉层和浆膜层组成。其中黏膜层、肌肉层和浆膜层在加工过程中均被除掉，只保留黏膜下层。

原肠经过浸泡、冲水、刮制、验质、去杂、量码、盐腌、扎把等工序后即成半成品肠衣。收购部门称为毛货、光肠或胚子。对半成品肠衣的要求是品质新鲜，无粪污染物，头子割齐，无破洞，气味正常，无腐败气味或异味，呈白色、乳白色、青白色或青褐色，以前两种颜色为上等肠衣。半成品肠衣再经验质、分路、量码、扎把、装桶等工序，即为成品肠衣。对半成品品质要求为肠壁坚韧，无痘疔，新鲜，无异味，呈白色、青白色、黄白色、灰白色、青褐色；按长度分

为 6 路：一路 22 米以上，二路 20～22 米，三路 18～20 米，四路
16～18 米，五路 14～16 米，六路 12～14 米；扎把要求为每根 31
米，3 根为一把，总长 93 米，节头不超过 16 个，每节不得短于 1
米；装桶要求为每桶 500 把，1500 根。

2. 肠衣的加工

将原肠加工成半成品，再加工成成品。

（1）浸漂：又称浸洗，是将 4～5 根原肠扎成一把，浸泡在清水
里。肠内如有气泡，应将空气挤出重新扎把。浸洗时间长短应根
据肠壁的老嫩厚薄和气温高低具体掌握。浸洗时间过长，会使肠
衣失去拉力和韧性；浸洗时间不够，则粪渍不易刮净，且易形成沙
眼或破洞。浸泡期间每天换水一次，用木棍上下摆动两次，但不应
旋动，以防肠打结。当原肠发酵浮起，颜色发白，肠内肉质松软，手
摸柔软时停止浸泡。

（2）刮肠：将浸洗好的原肠取出放在平板上，逐根用竹板或无刃
刮刀刮去肠内外无用部分。一般先将肠壁翻转，使肠内壁朝外，而
后刮去黏膜层。刮肠时动作要轻，用力要均匀，直到肠壁透明为止。

（3）灌水：将刮光后的原肠一端套于水龙头上放水冲洗，同时
检查有无漏水破孔，发现洞眼，即用刀割断，同时注意割除大弯头
和不透明的地方，未刮净的遗污要及时刮掉，然后洗净。

（4）量码：又称量尺。将羊肠衣按口径大小分为六路：一路 22
毫米以上，二路 20～22 毫米，三路 18～20 毫米，四路 16～18 毫
米，五路 14～16 毫米，六路 12～14 毫米。一至五路每把不超过
18 节，六路每把不超过 20 节，每节不短于 1 米。

（5）腌肠：将已扎把的肠衣解开，用精盐均匀揉腌，每把用盐
0.5～0.6 千克。腌好后，重新在每把头部打结放入竹筛中，沥出
盐水，静置 12～13 小时，其间上下翻动 1 次。

（6）缠把：待盐水沥尽，肠衣呈半干半湿状态时，将其折叠缠

把,此时即为半成品肠衣。

(7)漂浸洗涤:将光肠浸入清水中,反复换水洗涤,必须将肠内外不洁物洗去。注意应少浸多洗,水温不宜过高。漂洗时间,夏天不超过 2 小时,冬季可适当延长,但不得过夜。

(8)分路和配码:在洗后的光肠内灌水,检查有无破损,按肠衣的口径和规格分路扎把。

(9)腌肠及缠把:在分路扎把的肠衣上撒上精盐腌制。待沥干水分后,再缠成把,即成净肠成品。

3.下缸储存

储存时先在干净的缸底撒少量食盐,把原来附着在光肠上的盐抖落掉,逐把拧紧下缸,层层排紧,中心留一空隙,装完后往缸里灌入澄清晾冷的熟盐卤(24℃左右),液面要超过肠把 7 厘米左右,上面盖上清洁的木板,并压上重物。在储存中要经常检查,必要时可翻缸换卤,以防发生切缸、霉烂、起淀等现象。

第四节　其他产品的加工

肉羊屠宰的副产品除肠衣外,还有羊骨、羊血、瘤胃内容物等,在羔羊屠宰时,也常把其真胃归为此类。

1.羔羊小胃的加工利用

小胃是指宰杀 1～3 日龄羔羊所得到的第四胃(真胃),其内的凝乳酪和胃蛋白酶是制造干酪、酪素及制药工业的重要原料。

羊的真胃的一端与瓣胃相连,另一端与十二指肠相接,呈梨形。在真胃的黏膜上有一种特殊的细胞,能产生凝乳酶和胃蛋白酶,且以靠近瓣胃的真胃底部产生量最多。

(1)小胃的采集:在初生羔羊宰杀前,尽量让其吃足母乳,或用注射针筒给待宰羔羊灌饱乳汁。宰杀后尽快割取充满乳汁的小胃,扎紧两端。若小胃中乳汁重量达不到 100 克以上时,可再向胃中灌入母乳。扎紧两端后,挂在通风阴凉处风干。

(2)小胃的初加工:取出采集的小胃,把小胃中的大凝乳块等内容物从大切口挤出去,捏挤时不能用力过大。为避免影响小胃中凝乳酶的活性,禁止用水洗涤和冲洗小胃。用手小心地剥除小胃外面的血管、脂肪组织,注意勿伤其外膜。再用细绳把靠近第三胃的大切口扎紧,从小切口处用气压机或注射器以 0.15~0.2 个大气压力打入压缩空气,同样扎紧小切口,然后将小胃固定在细竹竿上或木棍上。每根木棍长约 2 米,可固定 10~15 个小胃。然后将小胃移入烘房,在 35~38℃条件下供 2~3 天,取出后从小切口排气,扎紧后按类包装,每 25~50 个为一捆。用特制机器压紧,细绳捆扎。

(3)小胃的质量要求:要求一等小胃外观无损伤,无脂肪残留物,颜色淡黄,有少量肌纤维,未发霉,无任何不良气味。凡不符合以上任何一项条件者,均列为下等品。

2.羊骨的加工利用

羊骨可用来生产骨胶原、骨胶、骨灰和骨粉等。从羊骨中脱出的脂肪,是重要的工业用脂肪。羊骨粉是优质饲料原料,粗制羊骨粉的加工方法是将骨压成小块,入锅煮沸 3~8 小时,除去部分油脂,沥干水分并晒干,放入 100~140℃的干燥室或干燥炉中,烘 10~12 小时,用粉碎机磨成粉末,即为成品。

3.羊血的加工利用

屠宰羊只的血液经加工制成的血粉,为畜禽的优质蛋白质补充料,加工方法很多。

(1)日晒法:将水泥晒池中凝固的血块摊成 5 厘米左右厚,上面覆盖芦席,用脚在各处均匀踩踏,使席下血块成豆腐脑状,血水排出池外后,将芦席揭开,日晒 2 小时左右表面便结成片状。用铲子每天翻转 5～8 次,一般夏季 3 天即可晒干,春、秋季需 4～5 天。晒干的血粉很酥脆,用手一捏即粉碎,将其用木棒打碎过筛即成血粉。

(2)煮压法:将凝固的血液切成边长 10 厘米的方块,放入沸水中。血块入锅后立即使水停沸,约停 20 分钟,血块内部也变色凝结即可取出。将血块放入厚布中包紧,在压榨机上压挤出水分,然后取出搓散,放在容器中晒 1～3 天,用磨磨细成血粉。

在食品工业中,羊血可用来生产黑布丁、血香肠、糕点、血饼、面包、冰激凌和奶酪等;在医药工业和轻工业方面,主要用来生产黏合剂、复合杀虫剂、皮革面漆、泡沫灭火剂、纸塑料和化妆品等。

4. 羊胃内容物的加工利用

据测定,羊的瘤胃内容物约含蛋白质 18%,脂肪 2%～3%,富含 B 族维生素和矿物质元素。瘤胃内容物可用于生产沼气,沼气池中的发酵干物质用做畜禽饲料或加在饲草和秸秆中进行混合青贮。在较大的屠宰场,可用机械将收集的瘤胃内容物中的液体挤压出来,然后于 100℃条件下烘干,粉碎后用于反刍动物口粮内。从瘤胃中挤出来的液体,可进一步浓缩或干燥处理用于猪的口粮内。在农村,可将羊的瘤胃内容物自然晒干或风干后饲喂牛、羊等。

5. 软组织、下水和胆汁的加工利用

软组织包括带骨和不带骨的软组织及废弃物,可用来加工肉粉或提取羊油。前者广泛用做畜禽和观赏动物的饲料,后者主要用做轻工业原料。

下水主要包括气管、肺、心、胃、肠、肝、头、蹄等，既可供人们食用，也可用于生产肉粉或作为畜禽饲料原料。

胆汁是医药工业的重要原料，当胆汁含 75% 左右的干物质时，可较长期保存。在实际生产中，可将胆囊收集起来，风干处理后交收购加工部门。

6. 羊粪尿的处理

羊也是反刍动物，对饲料咀嚼很细，但羊饮水少，故粪质细密而干燥，发热量比牛粪大，也属热性肥料。羊粪尿较其他畜粪尿浓厚，氮、铜、锰、硼、钼、钙、镁等营养元素的含量都较高，是粪尿中养分含量较高的品种之一。氮的形态主要为尿素态，容易分解，易被作物吸收。因此，羊场粪污的最佳利用途径是作肥料还田，粪肥还田可改良土壤，提高作物产量，生产无公害绿色食品，促进农业良性循环和农牧结合。羊粪用作肥料时，有的将鲜粪作基肥直接施入土壤，也可将羊粪发酵、腐熟堆肥后再施用。

自然堆肥是腐熟堆肥过程也就是好气性微生物分解粪便中有机物的过程，分解过程中释放大量热能，使肥堆温度升高，一般可达 60~65℃，可杀死其中的病原微生物和寄生虫卵等，有机物则大多分解成腐殖质，有一部分分解成无机盐类。

腐熟堆肥必须创造适宜条件，堆肥时要有适当的空气，如粪堆上插秸秆或设通气孔保持良好的通气条件，以保证好气性微生物繁殖。为加快发酵速度，也可在堆底铺设送风管，头 20 天经常强制送风；同时应保持 60% 左右的含水量，水分过少影响微生物繁殖，水分过多又易造成厌氧条件，不利于有氧发酵。

参 考 文 献

1. 王凤英,于振洋. 肉羊舍饲技术指南. 北京:中国农业大学出版社,2006
2. 马月辉,李义海,张金松. 肉羊百日出栏舍饲技术. 北京:科学技术文献出版社,2000
3. 李建国,田树军. 肉羊标准化生产技术. 北京:中国农业大学出版社,2003
4. 高本刚. 养羊高产与羊产品加工技术. 北京:人民军医出版社,2001
5. 岳文彬. 现代养羊. 北京:中国农业出版社,2000
6. 黄永宏. 肉羊高效生产技术手册. 上海:上海科学技术出版社,2003
7. 冯维棋,马月辉,陆离. 肉羊高效益饲养技术. 北京:金盾出版社,1997
8. 赵有璋. 羊生产学. 北京:中国农业出版社,2000

向您推荐